［改訂3版］

Fundamental Information
Technology Engineer

要点・用語早わかり

基本情報技術者

ポケット攻略本

福嶋 宏訓 著

技術評論社

contents

試験の概要と本書の使い方

試験は科目Aと科目Bに分かれている

　基本情報技術者試験は、科目A（知識を問う小問形式）と科目B（技能を問う小問形式）で行われます。下表のように、両方で基準点を超えると合格です。

　試験は通年で実施され、いつでも受験が可能です。受験方法は、受験する会場を予約し、全国の会場のコンピュータで行うCBT方式です。不合格の場合、受験日の翌日から30日を超えた日以降に再受験することができます。

　出題範囲は「試験要綱」に記載されているほか、範囲の詳細を示した「シラバス（情報処理試験における知識・技能の細目）※」が参考資料として示されています。

	科目A試験	科目B試験
試験時間	90分	100分
出題形式	四択式	多肢選択式
出題数	60問	問1～問20
出題内容	次ページを参照	**1　プログラミング全般に関すること** 実装するプログラムの要求仕様（入出力、処理、データ構造、アルゴリズムほか）の把握、使用するプログラム言語の仕様に基づくプログラムの実装、既存のプログラムの解読及び変更、処理の流れや変数の変化の想定、プログラムのテスト、処理の誤りの特定（デバッグ）及び修正方法の検討 など　※プログラム言語については、擬似言語を扱う。 **2　プログラムの処理の基本要素に関すること** 型、変数、配列、代入、算術演算、比較演算、論理演算、選択処理、繰返し処理、手続・関数の呼出し など **3　データ構造及びアルゴリズムに関すること** 再帰、スタック、キュー、木構造、グラフ、連結リスト、整列、文字列処理 など **4　プログラミングの諸分野への適用に関すること** 数理・データサイエンス・AI などの分野を題材としたプログラム など **5　情報セキュリティの確保に関すること** 情報セキュリティ要求事項の提示（物理的及び環境的セキュリティ、技術的及び運用のセキュリティ）、マルウェアからの保護、バックアップ、ログ取得及び監視、情報の転送における情報セキュリティの維持、脆弱性管理、利用者アクセスの管理、運用状況の点検 など
合格基準	1000点満点で600点以上	

※試験の詳細は、IPAのホームページにある「情報処理技術者試験 試験要綱」を参照してください。出題範囲の目安となるシラバスは、情報処理試験共通でレベル分けされており、基本情報技術者はレベル2が該当します。随時見直しが行われているので、最新のシラバスを入手しておきましょう。

合格基準の7割を狙い、効率よく学習しよう

基本情報技術者試験は、大きく3つの知識分野に分かれており、科目A試験では、各分野からまんべんなく知識を問われます。また、各分野に含まれる知識ボリュームや出題数は異なるためメリハリをつけながら学習を進める必要があります。

分野	大分類	中分類
テクノロジ系 コンピュータシステムやアルゴリズム、システム設計・開発などに関する知識	基礎理論	基礎理論
		アルゴリズムとプログラミング
	コンピュータシステム	コンピュータ構成要素
		システム構成要素
		ソフトウェア
		ハードウェア
	技術要素	ヒューマンインタフェース
		マルチメディア
		データベース
		ネットワーク
		セキュリティ
	開発技術	システム開発技術
		ソフトウェア開発管理技術
マネジメント系 開発プロジェクトのマネジメント、ITサービスの提供や運用に関する知識	プロジェクトマネジメント	プロジェクトマネジメント
	サービスマネジメント	サービスマネジメント
		システム監査
ストラテジ系 ビジネス(インダストリ)知識や製品知識、コンプライアンスや関連法令知識、経営戦略などに関する知識	システム戦略	システム戦略
		システム企画
	経営戦略	経営戦略マネジメント
		技術戦略マネジメント
		ビジネスインダストリ
	企業と法務	企業活動
		法務

時短合格を目指すなら、ときには"捨てる"割り切りも必要

本書は科目Aの受験対策書なので、この試験について触れておきましょう。科目A試験は、単純に1問あたり1分30秒で90分間解き続けなければなりません。試験の採点はIRT(解答結果から評価点を算出する方式)で行われ、合格基準は600点なので、60問中約7割の42問正解が目安になるでしょう。満点を狙う必要はありません。受験対策では全試験範囲を学習するのではなく、あまり出ないところや学習に時間がかかるところは"捨てる"という割り切りも必要です。

本書では、このような学習ラインを設定したうえで、「少ない労力で科目A試験の合格基準を超えられるような知識をつける」ことを目標にしています。

忙しい人でも合格できる学習戦術

戦術1　知識を学習しながら問題に慣れていく

「テキストで学習してから演習問題を解く」というオーソドックスな方法は正しい学習法です。しかし、時短合格を狙う場合は、最初から問題文を見て、「何が問われるのか」、「どの程度の知識が要求されるのか」、ということを知っておいたほうが学習時間を節約できます。

こんな問題が出る！

実際に出題された問題で、実戦感覚を掴みましょう。また、出題パターンを覚えることで得点力がつきます。解くためのポイントをマーカーで示し、説明などを加えています。最初は説明を見ながらでもかまいません。

時短で覚えるなら、コレ！

特に頻出する項目や間違えやすい用語、計算式、覚え方のコツなどをまとめています。学習時間が少ないときは、まずココからスタートすると効率的です。

確認のための実戦問題

力試しをするための問題です。重要な項目や演習が必要な項目なので、解けなかったときは、関連するテーマを学習し直しましょう。

戦術2　必要な用語は、問題文から覚えていく

実際の問題の選択肢は、1、2行で用語の意味が示されるので、詳しく覚えていてもピンとこないことも。そこで、出題された文章で用語を覚える方法です。単に用語を暗記するよりも、問題形式のほうがじっくり問題文を読め、覚えやすく、忘れにくいというメリットがあります。

解いて覚える頻出用語

ここで取り上げるほとんどの用語は本文での説明はなく、問題で初めて登場するものです。これは解くことで用語を覚えるための問題だからです。多くは過去に出題された問題から用語説明を引用しており、短時間で得点力をアップするのに効果的です。

●しっかり理解したいときは動画へGo！ 《著者による解説動画》

次のアドレスにて、著者による各章の「章末問題」の解説動画を視聴できます。

https://福嶋.net/

ユーザIDはpok023、パスワードはWebサイトに掲載
問い合わせメールアドレス　shitumon@fu94ma.com

※QRコードの読み取りでエラーになる場合は、読み取ったアドレスをブラウザで開いてください。

・パソコン、タブレット、スマホなどで、一般的な動画サイトを利用できれば視聴できます。
・動画を視聴できるのは、本書発行後3年です。
・著者の個人サイトであり、技術評論社は動画の内容やWebサイトの運用に関して一切関知しません。
・Webサイト、動画に関する問い合わせは、書名を書いて上記のメールアドレスにメールでお願いします。

テクノロジ系　第1章

情報の基礎理論

第1章の学習ガイダンス

情報の基礎理論

　「情報の基礎理論」は、学習や演習に時間がかかる割に出題は多くありません。時短合格を目指すには捨てることも戦術の1つですが、この章に掲載したテーマは、他の章で必要になる知識が多く、きちんと学習しておきたいものを選んでます。

　難しく感じられる部分もあると思いますが、捨てずに挑戦してくださいね。

勉強の最初に、確率の計算とか、2進数とかって、学校の勉強みたいでやだなぁ

ハハハ！そうだね！でも、そんなに難しくない基礎的なことだし、後の章で関連してくるんだ

数学というより、パズルを解くつもりで、まずは問題を解いてみて！

時短合格対策では、シラバスは参考程度と考えよう

　まずは、出題範囲の目安となるシラバスにも触れておきましょう。試験を実施しているIPA（独立行政法人 情報処理推進機構）からは、シラバス（情報処理技術者試験における知識・技能の細目）が公表されています。これは、各試験の出題範囲を更に詳細化し、知識・技能の幅と深さを体系的に整理、明確化したものです。

　ところが、シラバスだけで100ページ以上あり、シラバスに掲載されているものをしっかり学ぼうとすると本が何冊も必要になります。シラバスの項目は、情報処理技術者としては習得を目指すのが理想ですが、過去に1度も出題されていない項目が非常に多いのです。時短合格対策では、参考程度と考えておくとよいでしょう。

●基礎＋試験によく出るところだけ重点的に！

　シラバスの「中分類1：基礎理論」を見ると、以下のテーマがあります。

　　1. 離散数学（基数変換、負数、小数、シフト演算、精度、論理演算など）
　　2. 応用数学（確率と統計、数値計算、誤差など）
　　3. 情報に関する理論（情報理論、オートマトンなど）
　　4. 通信に関する理論
　　5. 計測・制御に関する理論

　第1章で取り上げているテーマは、上記のうち、1から3を中心に、基礎になるものと出題頻度の多いものを扱っています。もちろんシラバスには、まだまだたくさんのテーマが含まれていますが「試験によく出るところ」に絞って解説しています。

第1章は他の章を学ぶための基礎となる

　2進数などの基数の知識は、後の章のテーマでも必要になります（例：ネットワークでのIPアドレスの割当て）。高校の情報科目でも学ぶため、詳しく説明していませんが、自信のない方は解説動画（アクセス方法は6ページを参照）をご覧ください。

　また、確率は、他の章で学ぶキャッシュメモリや稼働率の計算問題などでも必要となるため、常識として知っておきたい知識です。状態遷移図は、OS（オペレーティングシステム）のところでも出てきます。

●基数変換の問題は今後も出る

　令和2年度以降の基本情報技術者試験の問題は非公開ですが、受験者の目安となる公開問題が不定期に出されています。この公開問題では過去問題も取り上げられています。例えば問1は16進数の小数の問題で、本書31ページの「こんな問題が出る！」と同一問題でした。

　今後も基数変換の問題は出題するから学習で手を抜かないように、という出題者からのメッセージかもしれません。

組合せと確率

基本情報技術者試験の出題範囲を示すシラバスの基礎理論の最初に書かれているのが数学です。なかでも確率はこれまでに何回も出題されていて、今後も出題される可能性が高いテーマといえます。なお数学の範囲は、過去に出題されていない項目も多いので、高校数学をすべて復習する必要はありませんよ。

組合せ

ひらがなカードの組合せ

「あ」から「お」までの5枚のカードから2枚を引いたとき、引く順番には関係なく、2枚のカードの組合せは何通りでしょうか。

2枚ずつ書き出すと、（あ, い）、（あ, う）、（あ, え）、（あ, お）、（い, う）、（い, え）、（い, お）、（う, え）、（う, お）、（え, お）の10通りです。

中学で習った組合せ（Combination）の公式 $_5C_2$ が浮かんだ人も多いでしょう。

 時短で覚えるなら、**コレ！**

組合せの数
n 個の中から r 個を取り出す組合せの数は、次の式で表せる

$$_nC_r = \frac{n!}{(n-r)!\,r!}$$

"！"で示される n の階乗は、n から 1 までを掛け合わせたもの。3 の階乗なら、3×2×1で、6になるよ。

上記の公式を使うと、次のように10通りになります。

$$_5C_2 = \frac{5!}{(5-2)!\,2!} = \frac{5\times4\times3\times2\times1}{(3\times2\times1)\,(2\times1)} = \frac{5\times4}{2\times1} = 10通り$$

場合の数と確率

確率といえば、まずはコインやサイコロ

次の例を解いてみましょう。

① コインを投げて、表が出る確率はいくらですか？
② サイコロを投げて、4の目が出る確率はいくらですか？

〔考え方〕

① コインは2面あるから……

コインは表と裏の2面あり、表は1面なので確率は次のようになります。

$$\frac{1面}{2面} = \frac{1}{2}$$

もしコインが4枚あれば、2×2×2×2＝16通りの状態があります。2面あるコインは、1桁を0と1で表す2進数の考え方に通じるものです。

●＝0　　○＝1

一般的なコンピュータでは、2進数で演算を行いますから、2進数4桁でも次のように16種類の並びを作ることができます。

0000、0001、0010、0011、0100、0101、0110、0111、
1000、1001、1010、1011、1100、1101、1110、1111

0000を10進数の0とするので、2進数4桁では10進数の0から15までの16種類の値を表せることになります。

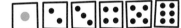

② サイコロは6面あるから……

1から6までの6面中、4の目は1面なので確率は次のようになります。

$$\frac{1面}{6面} = \frac{1}{6}$$

コインやサイコロ投げのように繰り返すことができる操作や実験などを試行と呼び、試行した結果を事象といいます。例えば、サイコロを投げるのが試行で、4の目が出たというのが事象です。

事象の数を場合の数と呼びます。サイコロ全体には、1から6の目までの6つの事象があり、全体の場合の数は6です。4の目が出る場合の数は1なので、4の目が出る確率は、全体の場合の数6で割った1/6になります。

事象Aが起こる確率は、次のとおりです。

 時短で覚えるなら、コレ！

まずは、全体の
場合の数をつか
んでおくことだよ

P(A)：事象Aが起こる確率

$$P(A) = \frac{事象Aが起こる場合の数}{全体の場合の数} \qquad 0 \le P(A) \le 1$$

　問題を解く際には、与えられた条件を満たす場合に、何通りあるかを考えれば、それが場合の数です。例えば、サイコロを投げて、3で割り切れる目が出る確率を考えてみましょう。3で割り切れるのは、目が3と6のときの2通りですから、2/6＝1/3です。では、3で割り切れない目が出る確率はいくらでしょう。

　確率は、100%起きるとき1、絶対に起きないとき0です。そして、3で割り切れる確率と3で割り切れない確率を足すと1になります。

　したがって、3で割り切れない確率は、$(1 - \frac{1}{3}) = \frac{2}{3}$ です。

 時短で覚えるなら、コレ！

公式の1って、
100%のことな
んだね。

事象Aが起こらない確率

1 － 事象Aが起こる確率

こんな問題が出る！

コインの表が2回出る確率

コインを4回投げたときに、表（おもて）が2回だけ出る確率は幾らか。

悩んだら、すべてのケースを書き出してみよう

　ア　0.2　　　　イ　0.375　　　　ウ　0.5　　　　エ　0.75

解説

　コインを4回投げると2^4＝16通りの状態があり、これが全体の場合の数です。後は、表が2回出る場合の数を求めて、16で割るだけです。

　表を○として、表が2回出るケースは次の6通りです。

1枚目が最初の表：　○○●●　○●●○　○●●○
2枚目が最初の表：　●○○●　●○●○
3枚目が最初の表：　●●○○

　したがって、確率は、$\frac{6}{16} = \frac{3}{8}$ ＝0.375　となります。

解答　イ

12

組合せの公式を使った確率問題の解き方

さて、コインを4回投げたとき2回だけ表になるのは、4枚のカードから2枚を引く組合せと同じ考え方です。組合せの公式を使うと次のとおりです。

$$_4C_2 = \frac{4!}{2!\,(4-2)!} = \frac{4\times3\times2\times1}{2\times1\times2\times1} = \frac{4\times3}{2\times1} = 6通り$$

問 図の線上を、点Pから点Rを通って、点Qに至る最短経路は何通りあるか。

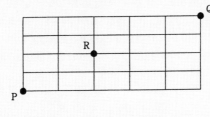

ア　16　　　　イ　24　　　　ウ　32　　　　エ　60

● **問の解説** …… 正攻法は公式だが、選択肢から予想する方法もアリ！

　PからRまで行くルートを数えると、①上上右右、②上右上右、③上右右上④右上上右、⑤右上右上、⑥右右上上の6通りです。次にRからQに行く経路で考えます。"上"と書いたカードが2枚、"右"と書いたカードが3枚あるとします。5枚のカードの並びのどこに"上"のカードの2枚を置くかという組合せを考えればよいでしょう。

$$_5C_2 = \frac{5!}{2!\,(5-2)!} = \frac{5\times4\times3\times2\times1}{(2\times1)\times(3\times2\times1)} = \frac{5\times4}{2\times1} = \underline{10通り}$$

　問題条件は、Rを必ず通る必要があるので、6通り×10通り＝60通りです。

　小問形式の科目Aではこれ以上複雑な経路は出しにくいので、画面上でたどったほうが手っ取り早いこともあります。また、<u>PからRをたどった時点で6通りですから、RからQはもっと多いはず</u>。つまり、6通り×6通り＝36通りより多いので、RからQはたどることなくエを選べます。

解答　エ

基数変換と負数の表現

> コンピュータは、「電流を流す、流さない」、「電圧が高い、低い」など、2つの状態に0と1を割り当て、2進数で数値を表します。科目A試験では、2進数の知識を必要とする問題が、1、2問程度は出題されています。特に負数の表現方法は、しっかりと理解しておくとよいでしょう。

N進数の特徴はこれだ

N進数の右からk桁目には、N^{k-1}の重みがついている

N進数のNを基数と呼びます。N進数は、0からN−1までの数字を用い、2進数なら0と1、8進数なら0〜7、10進数なら0〜9で表現します。1桁のN−1の数字の次は、繰り上がって10になります。2進数の1の次は10、8進数の7の次は10、10進数の9の次は10です。

2進数	0	1	10	11	100	101	110	111	1000
8進数	0	1	2	3	4	5	6	7	10
10進数	0	1	2	3	4	5	6	7	8

16進数は15までを1つの数字で表すために、9の次はA、B、C、D、E、Fと続き、0〜Fで表します。16進数のFの次は10です。

10進数	0	1	2	3	4	5	6	7	8	9	10	11	12	13	14	15	16
16進数	0	1	2	3	4	5	6	7	8	9	A	B	C	D	E	F	10

N進数を10進数に変換するには重みを掛けて足す

N進数の右からk桁目には、N^{k-1}の重みが付きます。10進数なら、10^{k-1}の重みが付き、4桁なら重みは1000、100、10、1です。1234と並んだ数字は、

$$1 \times 10^3 + 2 \times 10^2 + 3 \times 10^1 + 4 \times 10^0 = 1234$$ の意味があります。

重み	N^3	N^2	N^1	N^0
	×	×	×	×
N進数	1	2	3	4

重み	10^3	10^2	10^1	10^0
	×	×	×	×
10進数	1	2	3	4

Nが8の8進数なら、こんな式で10進数に変換できるよ

$$1 \times 8^3 + 2 \times 8^2 + 3 \times 8^1 + 4 \times 8^0 = 512 + 128 + 24 + 4 = 668$$

10進数をN進数に変換するには、Nで割り、余りを求める

10進数の668を8進数に変換するには、668を**8**で割り、その商が**0**になるまで8で割り続けます。余りを下から書き並べると、8進数の**1234**が得られます。

$$668 \div 8 = 83 \quad 余り \quad 4$$
$$83 \div 8 = 10 \quad 余り \quad 3$$
$$10 \div 8 = 1 \quad 余り \quad 2$$
$$1 \div 8 = 0 \quad 余り \quad 1$$

右のように
筆算で書ける

```
8 ) 688   余り  4
8 )  83   余り  3
8 )  10   余り  2
      1
```
余りを下から
書き並べる

基数の知識

こんな問題が出る！

次の計算は何進法で成立するか。

$$131 - 45 = 53$$

1 から 5 を引けないので、N を借りてくる
N + 1 − 5 = 3
N にアからエを入れて、3 になるものを探す

ア 6 　　　　　 イ 7 　　　　　 ウ 8 　　　　　 エ 9

解説

N進法の足し算はNで繰り上がり、引き算ではNを借りてくる

筆算で式を書きます。ついでに、式を変形した53＋45＝131も示します。

```
   131
 −  45
─────
    53
```
1 − 5 = 3
なので、
7 を借りている

```
    53
 +  45
─────
   131
```
3 + 5 = 8 なのに、
1 になっているので、
7 で繰り上げている

1から5は引けないので、Nを借りてきて、N＋1−5＝3が成り立つNを求めます。N＝3＋5−1＝7です。

これで7進数とわかりました。試験場では次の問題に取り掛かればよいのですが、学習時には問題の式を計算して確認しておきましょう。

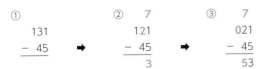

解答 イ

1の補数と2の補数

4ビットの2進数1010の1の補数と2の補数の組合せはどれか。

	1の補数	2の補数
ア	0101	0110
イ	0101	1001
ウ	1010	0110
エ	1010	1001

←☞ 1の補数は、
1010のビットを反転

2の補数は、
1の補数＋1

 2の補数は、ビットを反転、プラス1

与えられた数をある決められた数から引いて得られる数を補数といいます。k桁の数なら基数のk乗から引いた基数の補数は、2進数4桁なら、$2^4＝16$から引いた数です。また、2進数は下記のような重みがついています。10進数の16は、重みが16のところだけ1となる5桁の2進数10000になります。つまり、2進数4桁の1010の2の補数は10000から引いた数です。

　　　　　　　2^4　2^3　2^2　2^1　2^0　　　　10000

重み	16	8	4	2	1
2進数	1	0	0	0	0

－1010
――――
0110 ←☞ 2の補数

k桁の数なら基数のk乗−1から引いた補数が、基数−1の補数です。2進数なら2−1の補数で、1の補数と呼びます。2進数4桁なら、$2^4−1＝15$から引いた数であり、2進数の1111から引いた数です。

重み	16	8	4	2	1
2進数		1	1	1	1

1111
－1010
――――
0101 ←☞ 1の補数

2のべき乗から1を引いた値は、必ず全てが1になる

本来の補数の意味を必ず覚えたうえで、2進数の性質を利用すると、次のようにして、1の補数と2の補数を簡単に求めることができます。

 時短で覚えるなら、コレ！

| 1の補数：全ビットを反転する　　例）1010を反転すると0101
| 2の補数：1の補数に1を足す　　例）0101＋1＝0110

解答　ア

確認のための実戦問題

問1 負数を2の補数で表す8ビットの数値がある。この値を10進数で表現すると-100である。この値を符号なしの数値として解釈すると、10進数で幾らか。

    ア 28   イ 100   ウ 156   エ 228

問2 負数を2の補数で表す16ビットの符号付き固定小数点方式で、最大値を16進数として表したものはどれか。

    ア 7FFF   イ 8000   ウ 8001   エ FFFF

●問1の解説 …… 2の補数なので2^8-100、これを覚えていれば一発

10進数の+100の2進数は、重みを組み合わせて求めることができます。

	2^8	2^7	2^6	2^5	2^4	2^3	2^2	2^1	2^0
重み	256	128	64	32	16	8	4	2	1
2進数			1	1			1		
		①	②			③			

① 100-64=36
② 36-32=4
③ 4-4=0

2進数4桁を1桁の数値に変換したものが16進数です（ここでは、見やすいように、2進数の4桁ごとにスペースを入れて表記します）。

10進数の+100を8ビットの2進数で表すと、**0110 0100**だとわかりました。
2の補数は、ビットを反転して**1**を加えることで求めることができます。

1の補数：1001 1011
2の補数：1001 1100 ◁☞ 負数を2の補数で表すとこれが-100
負数のない純2進数と考えると、**128+16+8+4＝156** ◁☞ これが答え
さて、2の補数の意味を思い出すと、2^8から100を引いたものです。
$2^8-100=256-100=156$ ◁☞ 2進数に直さなくても簡単に計算できる

●問2の解説 …… 一番左は符号を表すので0のはずと考える

負数を2の補数で表すとき、左端のビットは符号を表します。
最大値は、符号が0の **0111 1111 1111 1111**（10進数の+32767）
最小値は、符号が1の **1000 0000 0000 0000**（10進数の-32768）

符号（0：ゼロか正　1：負）

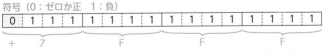

論理演算と論理式

論理演算は、同じ桁位置のビットごとに演算を行うところに注意しましょう。試験では、「ビット列の論理演算が理解できているか」、「4つの論理式がわかっているか」、また「論理式を変形することができるか」といったことを中心に問われます。

論理演算の種類と論理式

基本的な4つの論理演算

代表的な論理演算は、次の4つです。ここでは、**1**を真、**0**を偽と考え、4ビットのデータAとBの同じ桁位置のビットどうしを演算したときの結果がFに示してあります。ベン図は、円の中が真 (1) で、演算の結果が真 (1) になるところが色で示してあります。

論理演算	真理値表と論理式	ベン図
論理和 (OR)	A 0011 B 0101 　同じ桁位置で演算 F 0111 F = A + B	1が1つでもあれば1
論理積 (AND)	A 0011 B 0101 F 0001 F = A・B	両方とも1なら1
排他的論理和 (XOR)	A 0011 B 0101 F 0110 F = $\overline{A}$・B + A・$\overline{B}$	値が異なれば1
論理否定 (NOT)	A 01 F 10 F = $\overline{A}$	1なら0、0なら1

注) 論理式の+は論理和、・は論理積、￣は否定を表す。

論理式の変形　全体の否定を見たら、ド・モルガンの法則を当てはめよう

論理式 $\overline{(\overline{A}+B)} \cdot (A+\overline{C})$ と等しいものはどれか。ここで、・は論理積、+は論理和、$\overline{X}$はXの否定を表す。

ア　$A \cdot \overline{B} + \overline{A} \cdot C$　　　　　イ　$\overline{A} \cdot B + A \cdot \overline{C}$

ウ　$(A + \overline{B}) \cdot (\overline{A} + C)$　　　　エ　$(\overline{A} + B) \cdot (A + \overline{C})$

解説　覚えておきたいド・モルガンの法則

時短で覚えるなら、コレ！

ド・モルガンの法則

① $\overline{A \cdot B} = \overline{A} + \overline{B}$　　　② $\overline{A + B} = \overline{A} \cdot \overline{B}$

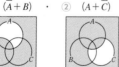　

ド・モルガンの法則は、2つとも覚えておいてね！

論理演算の式は、＋と・、0と1をすべて入れ替えた式も成り立つので、①を覚えておけば、＋と・を入れ替えた②の式も導き出せます。

さて、問題の論理式を①を使って変形すると、　$\overline{(\overline{A}+B)} + \overline{(A+\overline{C})}$

②を使って括弧の式をそれぞれ変形すると、　$(A \cdot \overline{B}) + (\overline{A} \cdot C)$

ベン図を描けば、一目瞭然

解答群のある問題なので、問題と解答群の論理式をベン図で表し、同じ図になるものを選ぶこともできます。問題の論理式のベン図を描いてみます。

①　$\overline{(\overline{A}+B)}$　・　②　$(A+\overline{C})$　→　③　①・②　→　④　③の否定

①はAでないところとBを、②はAとCでないところを塗ります。③は①と②の論理積をとり両方塗ってあるところだけ塗ります。④で③を否定すると、③の塗ってないところだけが塗られます。このように考えていけば複雑な論理式もベン図にできます。すべての選択肢のベン図を示す紙面の余裕はありませんが、アの論理式をベン図にして確認しておきます。

① $(A \cdot \overline{B})$　+　② $(\overline{A} \cdot C)$　→　③　①+②

←⌒問題の論理式の
　　ベン図と同じ

計算で解く方法も知っておこう

　A、B、C が、それぞれ1と0をとるとすれば、その組合せは2×2×2＝8通りです。論理式に値を入れて計算すれば、真理値表ができます。この問題は既に示した方法で解くべきですが、真理値表を埋める問題などで必要になります。

　問題の論理式で、$A=B=C=1$ と $A=B=C=0$ のときを計算してみます。

$$\overline{(\overline{A}+B) \cdot (A+\overline{C})} = \overline{(\overline{1}+1) \cdot (1+\overline{1})} = \overline{(0+1) \cdot (1+0)} = \overline{1 \cdot 1} = \overline{1} = 0$$

$$\overline{(\overline{A}+B) \cdot (A+\overline{C})} = \overline{(\overline{0}+0) \cdot (0+\overline{0})} = \overline{1 \cdot 1} = 0$$

　細かく計算式を書いているので面倒そうですが、たとえば1の否定は0と暗算できるので、容易に計算できます。特に、$A=B=C=1$（3つが交わったところ）や $A=B=C=0$（3つの円の外側）のような値は、選択肢を絞り込むためにも利用できます。

　選択肢アからエまでの論理式を、$A=B=C=1$ で計算してみましょう。

ア　$A \cdot \overline{B} + \overline{A} \cdot C = 0+0 = 0$　｝結果が 0 のアとイの 2 つに絞り込めた
イ　$\overline{A} \cdot B + A \cdot \overline{C} = 0+0 = 0$　｝後は、アとイのベン図を描くのが早い。

ウ　$(A+\overline{B}) \cdot (\overline{A}+C) = 1 \cdot 1 = 1$

エ　$(\overline{A}+B) + (A+\overline{C}) = 1+1 = 1$

　論理和は足し算、論理積は掛け算で計算して、0以外を1にすることで計算できます。たとえば、1+1は2ですが0以外なので1にします。

　選択肢アとイの論理式は、$A=B=C=0$の場合、0と論理積をとることになるので、アとイの結果が同じです。結果が変わるように、$A=B=C=0$、$C=1$で計算してみます。

ア　$A \cdot \overline{B} + \overline{A} \cdot C = 0+1 = 1$
イ　$\overline{A} \cdot B + A \cdot \overline{C} = 0+0 = 0$

問題の論理式
も計算してみて
くださいね

解答　ア

確認のための実戦問題

問 XおよびYはそれぞれ0または1の値をとる変数である。$X \square Y$をXとYの論理演算としたとき、次の真理値表が得られた。$X \square Y$の真理値表はどれか。

X	Y	X AND $(X \square Y)$	X OR $(X \square Y)$
0	0	0	1
0	1	0	1
1	0	0	1
1	1	1	1

ア
X	Y	$X \square Y$
0	0	0
0	1	0
1	0	0
1	1	1

イ
X	Y	$X \square Y$
0	0	0
0	1	1
1	0	0
1	1	1

ウ
X	Y	$X \square Y$
0	0	1
0	1	1
1	0	0
1	1	1

エ
X	Y	$X \square Y$
0	0	1
0	1	0
1	0	0
1	1	0

● **問の解説** …… 両方が1のとき1のAND、片方が1のとき1のOR

この問題は、Yは気にしなくていいということに気づけば簡単です。

X	$X \square Y$	X AND $(X \square Y)$	X OR $(X \square Y)$
0	① 1	0	1
0	② 1	0	1
1	③ 0	0	1
1	④ 1	1	1

①と②：OR（論理和）が1になるためには、1でなければならない。

③：AND（論理積）が0になるためには、0でなければならない。

④：AND（論理積）が1になるためには、1でなければならない。

解答　ウ

シフト演算とビット演算

2進数のビット位置をずらして桁移動するだけで、掛け算や割り算ができます。また論理演算を使うと、ビットが並んだビット列の一部を強制的に1にしたり、0にしたり、反転させたりといったビット操作ができます。頻出テーマなので、しっかり理解しましょう。

シフトを使って乗除算ができる

桁をずらすと、重みが変わる

2進数を左や右に桁移動することをシフトといいます。シフトの結果、あふれたビットは捨て、空いたところには0を入れます。

①左シフト

・全ビットを左に桁移動する。

例) 10進数の10を2ビットだけ左シフトする

1桁の左シフトは、10進数なら10倍だけど、2進数なら2倍なんだ

128	64	32	16	8	4	2	1
0	0	0	0	1	0	1	0

10進数の10

| 0 | 0 | 0 | 0 | 1 | 0 | 1 | 0 | 0 | 0 |

10進数の40　←〜 $2^2 = 4$倍

0を入れる

②右シフト

・全ビットを右に桁移動する。

例) 10進数の80を3ビットだけ右シフトする

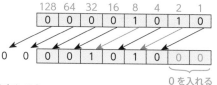

2進数1桁の右シフトなら、1/2倍だね

| 0 | 1 | 0 | 1 | 0 | 0 | 0 | 0 |

10進数の80

| 0 | 0 | 0 | 0 | 1 | 0 | 1 | 0 | 0 | 0 | 0 |

10進数の10　←〜 $1/2^3 = 1/8$倍

🕐 **時短**で覚えるなら、**コレ！**

左シフト：正数に限り、左へnビットシフトすると2^nを掛けることになる

右シフト：正数に限り、右へnビットシフトすると2^nで割ることになる

シフトの組合せによる乗算

こんな問題が出る！

レジスタはビットを記憶させることができる

数値を2進数で格納するレジスタがある。このレジスタに正の整数 x を設定した後、"レジスタの値を2ビット左にシフトして、x を加える"操作を行うと、レジスタの値は x の何倍になるか。ここで、あふれ（オーバーフロー）は、発生しないものとする。

アンダーライン部分を式で書くと、$x \times 2^2 + x$

ア　3　　　　イ　4　　　　ウ　5　　　　エ　6

2ビットの左シフトは 2^2 倍だ

解説

2ビットの左シフトは、2^2 倍＝4倍です。つまり、$4x$ に x を加えるから、**$5x$** になります。よく出題されるのが、10倍処理です。正の整数 x を10倍するには、どうすればいいでしょうか？ いろいろなやり方があります。

① 8倍＋2倍

x を左に3ビットシフトしたものと、x を左に1ビットシフトしたものを足す。

② （4倍＋1倍）×2倍

x を左に2ビットシフトしたものに x を加え、それを左に1ビットシフトする。

このように、シフトと加減算を組み合わせると任意の掛け算ができます。

単純なシフトでは、正の整数しか扱えない

全ビットがシフトの対象になるものを論理シフトといいます。論理シフトで乗除算ができるのは、正の整数だけです。負数を2の補数で表すコンピュータでは、左端のビットが符号ビットになります。この符号を除いてシフトするのが算術シフトです。算術シフトは、負の数の乗除算ができます。

例えば、-5 の2進数は、00000101の2の補数である11111011です。これを左に2ビット算術シフトしてみます。

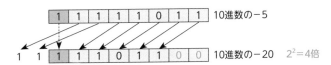

11101100は、2の補数をとると00010100で＋20になるので、-20 です。

解答　ウ

ビット列の操作

8ビットのビット列の下位4ビットが変化しない操作はどれか。

～～そのまま取り出すのは、論理積

ア　16進表記0Fのビット列との論理積をとる。

イ　16進表記0Fのビット列との論理和をとる。

ウ　16進表記0Fのビット列との排他的論理和をとる。

エ　16進表記0Fのビット列との否定論理積をとる。←～ NOT（論理積）

～～ 16進数の0Fを2進数に直せば、00001111

解説

論理演算でビットを操作することができる

8ビットのabcdefghというビット列があります。a～hは、0か1を自由に設定できます。00001111との論理演算を行うと、次のとおりです。

論理和	論理積	排他的論理和
強制的に1	そのまま取り出す	反転させる
abcdefgh OR　00001111 abcd1111	abcdefgh AND　00001111 0000efgh	abcdefgh XOR　00001111 abcd____ ※ _ は反転した値
efghが0でも1でも、どちらかに1があれば1になるので、必ず1になる。	efghが1のときだけ1になるので、結果として、efghと同じになる。0で指定した上位4ビットは0になる。	efghが0のときには1、1のときには0になるので、efghを反転させることになる。

時短で覚えるなら、**コレ！**

・**1で指定したビットを1にする**　OR（論理和）

・**1で指定したビットだけをそのまま取り出す**　AND（論理積）

・**1で指定したビットだけを反転させる**　XOR（排他的論理和）

なお、エの否定論理積は、論理積の結果を否定する演算です。

解答　**ア**

確認のための実戦問題

問 16ビットの2進数nを16進数の各桁に分けて、下位の桁から順にスタックに格納するために、次の手順を4回繰り返す。a、bに入る適切な語句の組合せはどれか。ここで、xxxx₁₆は16進数xxxxを表す。

〔手順〕

(1) ［　a　］をxに代入する。

(2) xをスタックにプッシュする。

(3) nを［　b　］論理シフトする。

	a	b
ア	n AND 000F$_{16}$	左に4ビット
イ	n AND 000F$_{16}$	右に4ビット
ウ	n AND FFF0$_{16}$	左に4ビット
エ	n AND FFF0$_{16}$	右に4ビット

● **問の解説** ―― 解答群を見れば、ANDと4ビットシフトだとわかる

　スタックは、p.44で説明しますが、値を格納することができるものです。(2)で、xの値をスタックに格納します。

　さて、「16ビットの2進数を16進数の各桁に分けて」とは、4ビットずつスタックに格納するという意味です。　　　　　　上位12ビットはすべて0

　任意の16ビットの2進数を次のように表します。

a	b	c	d	e	f	g	h	i	j	k	l	m	n	o	p

　下位の桁から順にスタックに格納するので、1回目は、**mnop**が格納されます。つまり、下位4ビットを指定して、ANDで取り出せばよいのです。

	a	b	c	d	e	f	g	h	i	j	k	l	m	n	o	p
AND	0	0	0	0	0	0	0	0	0	0	0	0	1	1	1	1
	0	0	0	0	0	0	0	0	0	0	0	0	m	n	o	p

　次に**ijkl**を取り出すためには、右に4ビット論理シフトしなければなりません。

0	0	0	0	a	b	c	d	e	f	g	h	i	j	k	l

解答 イ

論理図記号と論理回路

コンピュータ内部では、論理演算を電気的な論理回路によって実現しています。四則演算についても、基本となる論理演算を組み合わせて加算器を作ることで実現します。試験では、論理回路を論理式に直せるか、同じ出力が得られる等価な論理回路を選択する問題などがよく出ています。

論理演算を電気回路で実現する

論理回路と回路記号は結びつけて覚えておこう

試験では、次のような論理回路（素子）と回路記号が使われます。

論理回路	回路記号	論理回路	回路記号
論理和素子 （OR）		否定論理和素子 （NOR）	
論理積素子 （AND）		否定論理積素子 （NAND）	
排他的論理和 素子 (XOR)		論理一致素子	
		論理否定素子 （NOT）	

回路記号では、左側が入力で右側が出力です。例えば、論理和素子を使った *A* OR *B* → *C* は、次のように書きます。

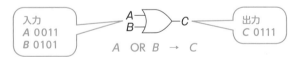

入力
A 0011
B 0101

A OR *B* → *C*

出力
C 0111

記号を覚えておかなくても、試験問題についている図を見れば、回路図を論理式に直すことができます。しかし、形が似ていて間違えやすいので、論理積はANDの**D の形**と覚えておきましょう。そうすれば、論理和と間違うことが少なくなります。

なお加算器には、1桁の2進数を2つ入力し、出力として加算結果と上位への桁上げを得る半加算器、1桁の2進数2つと下位桁からの桁上がりの計3つを入力し、出力として加算結果と桁上げを得る全加算器があります。ただし、科目A試験の題材として取り上げられるのは、ほとんどが半加算器のほうです。

こんな問題が出る！

論理回路

図の論理回路と同じ出力が得られる論理回路はどれか。

A = B = 0 で、トレースしてみよう

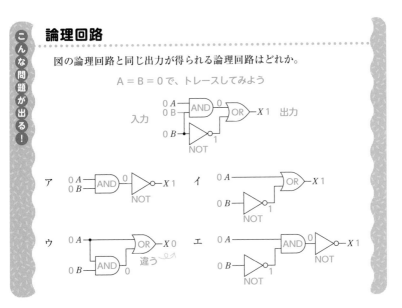

0011と0101で真理値表を作ろう

問題を解くときには、メモ用紙に問題の図を書き写し、ANDやORなど書き込んでいくとよいでしょう。間違いが減るばかりでなく、考えやすくなります。

問題文には、**A**と**B**が**0**だったときに、出力される**X**の値がいくつになるか、トレースした結果を色文字で示しました。

問題の論理回路は、次のように4つのケースでトレースしましょう。

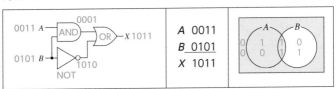

等価な回路を選択する問題では、すべて0やすべて1の値でトレースして絞り込みます。解答群の論理回路を*A=B=0*でトレースするとウがはずれ、ア、イ、エが

残ります。**A**=**B**=1でトレースしてみてください。アがはずれます。

　次に、前ページのベン図で唯一塗られていない**A**=0、**B**=1でトレースすると、イが等しいことがわかります。

論理回路から論理式を作ろう

　試験会場では画面を見て解かなければなりませんが、練習時には問題の図を回転させるとわかりやすいです。こうして練習しておけば、頭の中で図を回転させて、画面を見て解けるようになります。

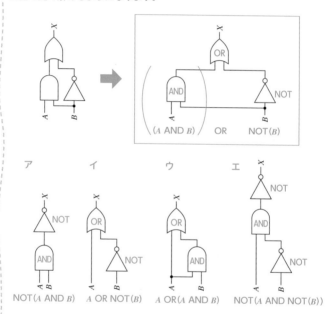

　論理式からベン図を描けば、等価な論理回路がわかります。

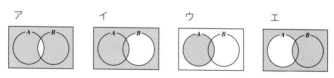

解答　イ

確認のための実戦問題

問1 2つの入力と1つの出力をもつ論理回路で、2つの入力 A 、B がともに1のときだけ、出力 X が0になるものはどれか。

ア　AND回路　　イ　NAND回路　　ウ　OR回路　　エ　XOR回路

問2 図に示す1桁の2進数 x と y を加算し、z（和の1桁目）および c（桁上げ）を出力する半加算器において、AとBの素子の組合せとして、適切なものはどれか。

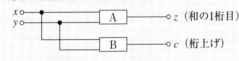

	A	B
ア	排他的論理和	論理積
イ	否定論理積	否定論理和
ウ	否定論理和	排他的論理和
エ	論理積	論理和

●問1の解説 …… 基礎知識で一瞬で解く

AND、OR、XORを知っていれば、両方が1のときだけ0になる演算でないことはわかります。したがって、残りの**NAND**しかありません。

NANDは、Not ANDであり、ANDの否定です。真理値表は右の表のようになります。

A	B	X
0	0	1
0	1	1
1	0	1
1	1	0

1と1のときだけ0

●問2の解説 …… 真理値表を作って眺める

半加算器は、1桁の足し算を行う回路です。1+1のときだけ、c が1になり、これは論理積で実現できます。

桁上げを示す z は、右の表を見ればわかるとおり、排他的論理和で実現できます。

x	y	c	z
0	0	0	0
0	1	0	1
1	0	0	1
1	1	1	0

$$\begin{array}{r} x \\ +\ y \\ \hline cz \end{array}$$

解答　問1 イ　問2 ア

小数の表現と演算誤差

> コンピュータでは、0.1などの小数を正確に表すことができません。このため、演算誤差に注意する必要があります。誤差の種類を問う問題もあるので、基本的なものを知っておくとよいでしょう。なお、基数変換の中でも小数の出題は多いのですが、解き方を知っていれば数秒で正解できる問題もあります。

小数の変換

N進数の小数点以下k桁の重みは、N^{-k}

N進数の小数点以下k桁目には、N^{-k}の重み、つまり $\left(\dfrac{1}{N^k} \right)$ の重みがついています。2進数の小数は、次のような重みになります。

▼小数点の位置

	2^{-1}	2^{-2}	2^{-3}	2^{-4}
重み	$\dfrac{1}{2}$	$\dfrac{1}{4}$	$\dfrac{1}{8}$	$\dfrac{1}{16}$
2進数				
例1	0	1	0	1
例2	1	1	1	1

← 分数の分母は、必ず2のべき乗になる。それ以外の数は、2進数では正確に表現できない（誤差が発生する）。

例1は、2進数の0.0101、例2は0.1111で、それぞれ1のところの重みを足せば10進数の小数になります。

例1) $\dfrac{1}{4} + \dfrac{1}{16} = \dfrac{4+1}{16} = \dfrac{5}{16} = 0.3125$

例2) $\dfrac{1}{2} + \dfrac{1}{4} + \dfrac{1}{8} + \dfrac{1}{16} = \dfrac{8+4+2+1}{16} = \dfrac{15}{16} = 0.9375$

上の例とは逆に、10進数の小数0.3125ならば、10000を分母とした分数にすることができます。これは5で割っていくと容易に約分でき、分数の重みを組み合わせれば2進数に直すことができます。

$$0.3125 = \dfrac{3125}{10000} = \dfrac{625}{2000} = \dfrac{125}{400} = \dfrac{25}{80} = \dfrac{5}{16} = \dfrac{4}{16} + \dfrac{1}{16} = \dfrac{1}{4} + \dfrac{1}{16}$$

16進数の小数

こんな問題が出る！

16進小数 0.C を 10進小数に変換したものはどれか。

16進数のCの2進数は1100

ア　0.12　　　　イ　0.55　　　　ウ　0.75　　　　エ　0.84

解説

16進数は、16^{-k} の重みが付く

16進数の小数には、次のような重みが付きます。

16進数のCは、10進数の12だから…

▼小数点の位置

	16^{-1}	16^{-2}	16^{-3}	16^{-4}
重み	$\dfrac{1}{16}$	$\dfrac{1}{16^2}$	$\dfrac{1}{16^3}$	$\dfrac{1}{16^4}$
16進数	C			

$$\frac{12}{16}=\frac{3}{4}=0.75$$

16進数の1桁は、4桁の2進数になる

2進数に変換してから、2進数の重みを使う方法もあります。16進数のCを2進数変換すると1100になるので、1/2と1/4の重みが1になります。

▼小数点の位置

重み	$\dfrac{1}{2}$	$\dfrac{1}{4}$	$\dfrac{1}{8}$	$\dfrac{1}{16}$
	0.5	0.25	0.125	0.0625
2進数	1	1		

$$\frac{1}{2}+\frac{1}{4}=0.5+0.25=0.75$$

2進数の重みは、1を2で割っていけばよいので、0.5、0.25、0.125、……と容易に書き出すことができます。

分母が2のべき乗でないものはダメ

この問題は上のどちらかで解くべきですが、次の見分け方を知っておくと、他の問題で役立つことがあるでしょう。解答群の4つの数値を分数にしてみます。

ア　$\dfrac{12}{100}=\dfrac{3}{25}$　　イ　$\dfrac{55}{100}=\dfrac{11}{20}$　　ウ　$\dfrac{75}{100}=\dfrac{3}{4}$　　エ　$\dfrac{84}{100}=\dfrac{21}{25}$

16進数は、2進数4桁を1桁で表しているだけで、本質は2進数です。2進数の小数で正確に表現できるのは、分母が2のべき乗になる分数だけです。

解答　ウ

浮動小数点表示

実数 a を $a = f \times r^e$ と表す浮動小数点表示に関する記述として、適切なものはどれか。

ア　f を仮数、e を指数、r を基数という。
イ　f を基数、e を仮数、r を指数という。
ウ　f を基数、e を指数、r を仮数という。
エ　f を指数、e を基数、r を仮数という。

試験では、基数が 2 のものしか出ない。例えば、0.11×2^{-3}

　10進数でいえば、**0.05** という表し方を固定小数点表示、**0.5×10⁻¹** という表し方を浮動小数点表示といいます。

0.5×10^{-1}

解答　ア

 解いて覚える**頻出用語**　**演算誤差**

次の説明文と関連の深い用語を選べ。

一般的なコンピュータでは、小数は浮動小数点演算になる

(1) 浮動小数点演算において、絶対値の大きな数と絶対値の小さな数の加減算を行ったとき、絶対値の小さな数の有効桁の一部または全部が結果に反映されないこと。

(2) 数表現の桁数に限度があるので、最下位桁より小さい部分について四捨五入や切上げ、切捨てを行うことによって生じる誤差。

(3) 演算結果がコンピュータの扱える最大値を超えることによって生じる誤差。

(4) 浮動小数点演算において、絶対値がほぼ等しく同符号である数値の減算を行ったとき、有効桁数が大きく減少すること。

ア　丸め誤差　　　　　　　　イ　桁落ち
ウ　情報落ち　　　　　　　　エ　あふれ（オーバーフロー）

　情報落ちの回避法もまれに出題されます。「絶対値の小さなものから足していくと誤差が小さくなる」と覚えておきましょう。

解答　(1) ウ　(2) ア　(3) エ　(4) イ

問1　16進数の小数0.248を10進数の分数で表したものはどれか。

　　　ア　$\dfrac{31}{32}$　　　　　イ　$\dfrac{31}{125}$　　　　　ウ　$\dfrac{31}{512}$　　　　　エ　$\dfrac{73}{512}$

問2　10進数の分数 $\dfrac{1}{32}$ を16進数の小数で表したものはどれか。

　　　ア　0.01　　　　　イ　0.02　　　　　ウ　0.05　　　　　エ　0.08

問3　次の10進小数のうち、8進数に変換したときに有限小数になるものはどれか。

　　　ア　0.3　　　　　イ　0.4　　　　　ウ　0.5　　　　　エ　0.8

● **問1の解説** ⋯⋯ 16進数の分数の重み表で解く

	16^{-1}	16^{-2}	16^{-3}
重み	$\dfrac{1}{16}$	$\dfrac{1}{16^2}$	$\dfrac{1}{16^3}$
16進数	2	4	8

$$\dfrac{2}{16}+\dfrac{4}{16^2}+\dfrac{8}{16^3}=\dfrac{2\times16^2+4\times16+8}{16^3}=\dfrac{73}{512}$$

● **問2の解説** ⋯⋯ 2進数を求め、4桁を1つの数字に

　分母の32は2^5です。4桁に満たない場合0を追加して4桁にしてから、16進数に直します。追加を忘れると、0.01になってしまいます。

	2^{-1}	2^{-2}	2^{-3}	2^{-4}	2^{-5}	2^{-6}	2^{-7}	2^{-8}
重み	$\dfrac{1}{2}$	$\dfrac{1}{4}$	$\dfrac{1}{8}$	$\dfrac{1}{16}$	$\dfrac{1}{32}$	0を追加して4桁に		
2進数	0	0	0	0	1	0	0	0
重み	8	4	2	1	8	4	2	1
		0				8		

● **問3の解説** ⋯⋯ 分数にして分母を見る

　8進数は2進数の3桁を1つの数字にしたもので、本質は2進数です。分数にして、分母が2のべき乗になれば有限小数になります。0.5は、1/2です。

解答　問1　エ　　問2　エ　　問3　ウ

07 状態遷移図と有限オートマトン

> 赤旗と白旗を使って「赤上げて」などと指令を出す旗上げゲームがあります。過去にこのゲームの状態遷移図が出題されたことがありました。状態遷移図は、状態の変化を表わすのによく用います。科目A試験でもオートマトンの状態遷移図が出題されています。

状態の変化を表す状態遷移図

入力と状態で出力が決まる

　旗上げゲームの状態遷移図を考えてみましょう。状態遷移図は、いろいろな要因によって変化する状態の遷移を表した図で、状態を円や楕円などで表します。

　また、旗上げゲームは、赤旗と白旗を上げているか下げているかで4つの状態を作り出します。ここでは、赤旗と白旗を上げている状態を「赤上」、「白上」、下げている状態を「赤下」、「白下」で表します。旗を持つ人への指令は、「赤上げ」、「白上げ」、「赤下げ」、「白下げ」の4つです。なお、ゲームを盛り上げるために使うまぎらわしい表現、「下げないで」や「赤白上げ」などはないものとします。

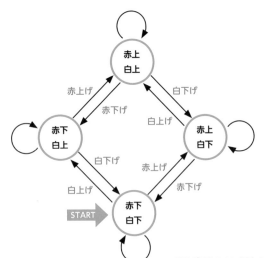

　左図では、状態の遷移を矢印で表し、遷移の条件を矢印の近くに書いて、どの状態に遷移するのかがわかるようにしています。

　例えば、「赤下、白下」からスタートして、「白上げ」なら左上の「赤下白上」に進み、「赤上げ」なら右上の「赤上白下」に進みます。「赤下げ」、「白下げ」の指令は状態に変化がないので、矢印は自分から出て自分に戻ります。

＊状態が変化しない場合の指令は省略。

自動販売機の状態遷移

図は、150円のジュースを販売する自動販売機の状態遷移において、状態を"S_i"、遷移条件を"X／Y＋Z"で表したものである。"S_0"を初期状態とすると、図中のa、bに入れるべき字句の適切な組合せはどれか。

ここで、Xは入力を示し、使用可能な硬貨は50円と100円だけであり、一度に1枚だけ投入できる。Yは出力を示し、＊は何も出力されないことを表す。また、ZはXとYによる付帯条件"釣銭"を表し、釣銭がない場合は記述しない。例えば、"100／ジュース＋50"は、100円硬貨を投入するとジュースが出て、釣銭が50円であることを表す。

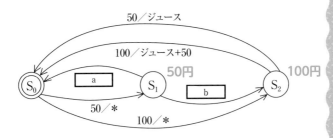

	a	b
ア	100／＊	50／＊
イ	100／50	50／ジュース
ウ	100／ジュース	50／＊
エ	100／ジュース	50／ジュース

解説 まずS_1とS_2がいくらの状態かを確認する

S_0で、50円を投入するとS_1へ、100円を投入するとS_2へ遷移します。図に色字で示したようにS_1は50円、S_2は100円が投入されている状態です。S_2で50円を投入すれば、150円になるのでジュースを出力してS_0へ遷移します。

　空欄a：50円の状態のS_1で100円を投入すれば、合計で150円なのでジュースを出してS_0に戻ります。

　空欄b：S_1で、50円投入すれば合計で100円になりS_2に遷移します。

解答　ウ

抜けなく記述できる状態遷移表

状態遷移表には2つの書き方がある

　状態遷移図は、状態がどのように推移するかがわかりやすいですが、記入漏れが起こることがあります。状態遷移表は、いろいろな要因によって変化する状態の遷移を表した表です。状態遷移図よりも見づらいですが、状態と遷移条件（イベント）を抜けなく記述することができます。

　状態遷移表には、2つの書き方が用いられます。先の旗上げゲームの状態を2つの方法で書いてみました。

・状態遷移表1

縦軸に今の状態
横軸に遷移の条件（指令）
交差する欄に次に遷移する状態

指令＼状態	赤上げ	赤下げ	白上げ	白下げ
赤上 白上		赤下 白上		赤上 白下
赤上 白下		赤下 白下	赤上 白上	
赤下 白上	赤上 白上			赤下 白下
赤下 白下	赤上 白下		赤下 白上	

注）空白は変化しない

・状態遷移表2

縦軸に今の状態
横軸に次の状態
交差する欄に遷移の条件

次状態＼状態	赤上 白上	赤上 白下	赤下 白上	赤下 白下
赤上 白上		白下げ	赤下げ	
赤上 白下	白上げ			赤下げ
赤下 白上	赤上げ			白下げ
赤下 白下		赤上げ	白上げ	

注）空白は変化しない

　状態遷移表1は、縦軸を"今の状態"、横軸を遷移の条件である"指令"とします。例えば、今「赤下・白下」の状態で、「白上げ」の指令を受けたなら、交差する欄の「赤下・白上」の状態に遷移することがわかります。

　状態遷移表2は、縦軸を"今の状態"、横軸を"次の状態"とします。例えば、「赤下・白下」の状態で、次に「赤下・白上」の状態に遷移したいなら、交差している欄にある「白上げ」の指令をすればよいことがわかります。

　また、状態遷移表2は、例えば、「赤下・白下」の状態から、1回の指令では「赤上白上」に遷移できないことがわかります。もしも、赤旗と白旗を一度に上げる「両上げ」というような指令を作れば、「赤上白上」に遷移することができる、ということも状態遷移表2から容易に読み取ることができます。

こんな問題が出る！

状態遷移表

　表は、文字列を検査するための状態遷移表である。検査では、初期状態をa とし、文字列の検査中に状態が e になれば不合格とする。

　解答群で示される文字列のうち、不合格となるものはどれか。ここで、文字列は左端から検査し、解答群中の△は空白を表す。

初期状態	文字				
現在の状態		空白	数字	符号	小数点	その他

現在の状態	空白	数字	符号	小数点	その他
a	a	b	c	d	e
b	a	b	e	d	e
c	e	b	e	d	e
d	a	e	e	e	e

ア　＋0010　　　イ　－1　　　ウ　12.2　　　エ　9.△

ひっかけ問題もあるので思い込みに注意しよう

　解答群を見て、不合格になりそうなのは、エの9.△です。小数点の後は、空白がきそうにありません。アも2進数には符号の＋がつかないでしょう。それに比べ、イやウは、合格しそうです、と思って解き始めたら裏切られました。

　この状態遷移表は、縦軸が現在の状態、横軸が推移条件の文字、交差した欄が次の状態です。横軸を見ると、空白はa、数字はb、符号はc、小数点はdの状態で、eになる欄があります。つまり、eにならなければ、現在の状態の縦軸のaは空白、bは数字、cは符号、dは小数点です。それぞれ横に見てeを探すと、数字bの次に符号があると不合格。ア～エに該当なし。符号cの次に空白や符号があると不合格。該当なし。小数点dの次に、数字、符号、小数点があると不合格。小数点の次に数字の2があるウが該当します。

　ウを初期状態からたどると、初期状態(a)→1は数字(b)→2は数字(b)→.は小数点(d)→2は数字(e)となり、不合格になります。

解答　ウ

問題文をよく読んで間違わないようにね！

1文字ずつ読み込む有限オートマトン

入力値と状態によって出力が変わる

入力値だけで出力が決まるのでなく、入力値と内部の状態とによって、次の遷移状態が決まる機械のモデルをオートマトン(状態機械)といいます。

元々は、ヨーロッパで発達したオルゴールのことで、音楽を鳴らしながら動く自動人形をオートマシン(自動機械)と呼んでいて、それが輸出されるときにオートマトンと聞き間違えられたそうです。

有限個の入力値と状態を扱うのが有限オートマトンで、いくつかの種類があります。試験に出るのは、1文字ずつ読み込む入力装置と状態を遷移させる制御装置から構成されて、言語の認識を行う有限オートマトンです。

矢印の開始状態から始め、最後に二重丸で終われば受理状態といいます。

オートマトンの状態遷移図

図は1の数が偶数個のビット列を受理するオートマトンの状態遷移図であり、"偶"と書かれた二重丸が受理状態を表す。a、bの正しい組合せはどれか。

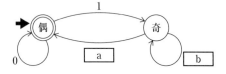

	a	b
ア	0	0
イ	0	1
ウ	1	0
エ	1	1

解説 1が奇数個あるとき、1を読み込んだら偶数個になる

例えば、①1が奇数個の「10」は受理されず、②1が偶数個の「11」は受理されるはずです。

① 1文字目の「1」で(奇)に遷移します。2文字目の「0」で(偶)に遷移すると受理されてしまうので、空欄aは「1」、空欄bは「0」のはずです。

② 1文字目の「1」で(奇)に遷移します。2文字目の「1」で(偶)に遷移して受理されるためには、空欄aは「1」、空欄bが「0」のはずで、①と同じです。

解答　ウ

章末問題

出典：基本情報技術者試験
科目A試験サンプル問題

解説動画
p.6

問1-1　2の補数

目標解答時間　30秒

問　負数を2の補数で表すとき、8ビットの2進正数nに対し−nを求める式はどれか。ここで、+は加算を表し、ORはビットごとの論理和、XORはビットごとの排他的論理和を表す。

ア　(n OR 10000000) + 00000001
イ　(n OR 11111110) + 11111111
ウ　(n XOR 10000000) + 11111111
エ　(n XOR 11111111) + 00000001

●解説

「2の補数は、ビット反転＋1」を思い出せば一瞬で解ける

　全ビットを反転するためには、全ビット1の11111111とXORをとります（p.24参照）。反転しているのは、エしかありません。そして、1を加えています。

【解答】　エ

問1-2　命題の真理値

目標解答時間　1分

問　P、Q、R はいずれも命題である。命題Pの真理値は真であり、命題 (not P) or Qおよび命題 (not Q) or Rのいずれの真理値も真であることがわかっている。Q、Rの真理値はどれか。

　ここで、X or YはXとYの論理和、not XはXの否定を表す。

	Q	R
ア	偽	偽
イ	偽	真
ウ	新	偽
エ	真	真

●解説

偽 or Q＝真、偽 or R＝真だから、QやRは真だ

　必ず真か偽かになり、それが確定した式や主張を命題といいます。

　論理和のX or Yは、XとYの両方が偽のときだけ偽になり、どちらかが真か両方が真なら真になります。(not P)は偽なので、命題 (not P) or Qが真になるのはQが真のときだけです。Qが真なら、(not Q)は偽なので、命題 (not Q) or Rが真になるのはRが真のときだけです。

【解答】　エ

問　入力記号、出力記号の集合が {0, 1} であり、状態遷移図で示されるオートマトンがある。0011001110 を入力記号とした場合の出力記号はどれか。

　ここで、入力記号は左から順に読み込まれるものとする。また、S₁は初期状態を表し、遷移の矢印のラベルは、入力／出力を表している。

〔状態遷移図〕

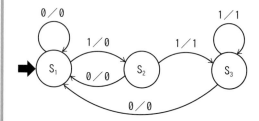

ア　0001000110
イ　0001001110
ウ　0010001000
エ　0011111110

●解説

　この問題のオートマトンは出力装置を持つことから、出力付き有限オートマトンと呼ばれ、例えば文字を違う文字に変換する用途などに使います。ただし、この問題は、入力記号も出力記号も扱うのは0と1だけです。次の表の入力記号は、0011001110を左から1つずつ読み込んだものを示しています。

状態	入力記号	矢印とラベル	出力記号
S₁	0	0/0　S₁のまま	0
	0	0/0　S₁のまま	0
	1	1/0　S₂に遷移	0
S₂	1	1/1　S₃に遷移	1
S₃	0	0/0　S₁に遷移	0
S₁	0	0/0　S₁のまま	0
	1	1/0　S₂に遷移	0
S₂	1	1/1　S₃に遷移	1
S₃	1	1/1　S₃のまま	1
	0	0/0　S₁に遷移	0

　出力記号と一致するのは、選択肢のアになります。

【解答】　ア

データ構造と
アルゴリズム

第2章の学習ガイダンス

データ構造とアルゴリズム

　基本情報技術者試験では、科目Bでアルゴリズム（擬似言語プログラム）が重点的に出題されますが、科目Aでもアルゴリズム問題は出題されており、非常に重要視されていることがわかります。学習対策としては、流れ図の問題は必ず出ると考え、トレースできるようにしておきましょう。

　また、キューやスタックなど、各データ構造を操作する問題もよく出ています。

このテーマは、科目Bに深く関わってくるので、まとめて学習を進めていくといいよ！

アルゴリズムの勉強はまだだし、何かコツってある？

手順を一つひとつ書き出しながら処理を追ってみて！これをトレースっていうよ

プログラミング未経験者なら、まず科目Bの学習から

　基本情報は、科目Aと科目Bの両方が合格基準を超えないと合格できません。科目Bは、アルゴリズムとプログラミング分野の擬似言語の問題16問と情報セキュリティ分野の文章問題4問です。

　プログラミングの経験がない場合は、科目Bの擬似言語の学習に十分時間をかけてください。そうすれば、科目Aのアルゴリズムの問題はスムーズに理解でき、解けるようになります。実務経験者の場合は、実務ではあまり使わない流れ図の見方などに目を通して、1～2問トレースしておけばよいでしょう。

●代表的なアルゴリズムの特徴を知っておこう

　本書では、実務経験者や学習経験者が復習できる程度に、データ整列やデータ探索などの代表的なアルゴリズムの特徴を示しました。

　全く聞いたことがないという人は、ネットで「バブルソート」などを検索してみてください。視覚的にわかりやすく解説しているサイトがたくさん見つかります。

どのようなデータ構造か、特徴を理解しよう

　データ構造の種類として、シラバスには次の5つが掲載されています。

　　① 配列
　　② リスト（線形リスト、単方向リスト、双方向リスト）
　　③ スタック とキュー（FIFO、LIFO、プッシュ、ポップ）
　　④ 木構造（2分木、完全2分木、2分探索木など）

　まずは、各データ構造の特徴を理解することから始めましょう。

●スタックとキューの問題は図を描いて

　スタックやキューを操作する問題がよく出ます。スタックやキューは構造が単純なので、図を描いて慎重に操作すれば誰でも容易に正解できる問題です。定規を使っていねいに描く必要はありません。試験本番で時間配分に困らないよう、学習時に手早く簡単に図を描く練習をして慣れておきましょう。

●線形リストや2分木は科目Bでも出題される

　平成5年度からの新試験を実施するにあたって、最初に公開された科目Bのサンプル問題には、線形リストや2分木のプログラムがありました。これらのデータ構造は科目Aの知識問題として学習するだけでなく、科目Bのプログラム問題として学習したほうが効果的です。

01 データ構造の種類と特徴

格納される項目が順序付けられたデータ構造として代表的なものに、スタック（後入れ先出し）やキュー（先入れ先出し）、リスト（連結リスト）があります。試験では、スタックやキューへのデータの格納と取り出し、連結リストへのデータの追加や削除がよく出題されています。

スタックとキューの特性を知っておこう

すべての基本となる「変数」と「配列」

　最も基本的なデータ構造には、データを1つ格納できる変数や複数のデータを順に格納できる配列があります。配列は複数の要素をもつことができるので、要素番号（添字）によって何番目の要素であるかを特定します。例えば、配列Aならば、A［要素番号］、A（要素番号）などと表します。

　また、後から格納したデータを先に取り出すことができるスタックや、データを次々に格納しても最初に格納されたデータから取り出すことができるキューは論理的なデータ構造といえるものです。スタックやキューは、配列と変数を組み合わせて実現することもありますが、まずは特性を知っておきましょう。

データ構造	スタック	キュー
特徴	後から格納したデータから、先に取り出されるデータ構造。	先に格納したデータから、先に取り出されるデータ構造。
イメージ図	PUSH → POP う い あ "あ"、"い"、"う"の順で格納。 "う"、"い"、"あ"の順で取出し。	ENQUEUE う い あ DEQUEUE "あ"、"い"、"う"の順で格納。 "あ"、"い"、"う"の順で取出し。
特性	後入れ先出し （LIFO：Last In First Out）	先入れ先出し （FIFO：First In First Out）

スタックとキュー

こんな問題が出る！

空の状態のキューとスタックの二つのデータ構造がある。次の手続を順に実行した場合、変数xに代入されるデータはどれか。ここで、

データyをスタックに挿入することを push (y)、

スタックからデータを取り出すことを pop ()、

データyをキューに挿入することを enq (y)、

キューからデータを取り出すことを deq ()、

とそれぞれ表す。

```
push (a)              ←①スタックにaを積む
push (b)              ←②スタックにbを積む
enq (pop ())          ←③スタックからbを取出し、キューにbを入れる
enq (c)               ←④キューにcを入れる
push (d)              ←⑤スタックにdを積む
push (deq ())         ←⑥キューからbを取出し、スタックにbを積む
x ← pop ()            ←⑦スタックからbを取出し、xにbを入れる
```

ア a　　　　　　イ b　　　　　　ウ c　　　　　　エ d

解説　スタックやキューの問題は、必ず図を書きながらトレースしよう

問題文に①から⑦の説明を色文字で書きました。この①から⑦のときのスタックとキューの状態は、次のようになります。自分で書く場合には、キューもスタックも1つの図で、値を書き込んだり消したりすればいいわけです。

ここでは、説明のために、キューを1つ、スタックは状態が変化した場合に5つの図に分けて示します。

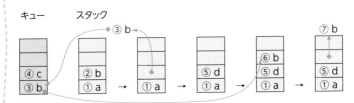

解答　イ

ポインタをもつ連結リスト

データの追加や削除が容易な連結リスト

データとそれを順序付けるポインタをもつデータ構造を連結リスト（線形リスト）といいます。論理的なデータ構造は、次のデータを指すポインタをもつことで順序付けられています。次のデータへのポインタをもつものを単方向リスト、加えて前のデータを指すポインタをもつものを双方向リストと呼びます。ただし、実際の物理構造は、主記憶装置内にばらばらに並んでいてもかまいません。

双方向リスト

双方向のポインタをもつリスト構造のデータを表に示す。この表において新たな社員Gを社員Aと社員Kの間に追加する。追加後の表のポインタa～fの中で追加前と比べて値が変わるポインタだけをすべて列記したものはどれか。

表

アドレス	社員名	次ポインタ	前ポインタ
100	社員A	300	0
200	社員T	0	300
300	社員K	200	100

追加後の表

アドレス	社員名	次ポインタ	前ポインタ
100	社員A	a 400	b 0
200	社員T	c 0	d 300
300	社員K	e 200	f 400
400	社員G	x 300	y 100

ア a、b、e、f　　　イ a、e、f　　　ウ a、f　　　エ b、e

解説　単方向リストは1箇所、双方向リストは2箇所変更になる

次のように、追加する社員Gを指すポインタだけが400に変更になります。

社員A→社員G→社員K→社員T

社員A←社員G←社員K←社員T

解答　ウ

確認のための実戦問題

問1 配列と比較した場合の連結リストの特徴に関する記述として、適切なものはどれか。

ア 要素を更新する場合、ポインタを順番にたどるだけなので、処理時間は短い。

イ 要素を削除する場合、削除した要素から後ろにあるすべての要素を前に移動するので、処理時間は長い。

ウ 要素を参照する場合、ランダムにアクセスできるので、処理時間は短い。

エ 要素を挿入する場合、数個のポインタを書き換えるだけなので、処理時間は短い。

問2 データ構造に関する記述のうち、適切なものはどれか。

ア 2分木は、データ間の関係を階層的に表現する木構造の一種であり、すべての節が二つの子をもつデータ構造である。

イ スタックは、最初に格納したデータを最初に取り出す先入れ先出しのデータ構造である。

ウ 線形リストは、データ部と次のデータの格納先を指すポインタ部から構成されるデータ構造である。

エ 配列は、ポインタの付替えだけでデータの挿入・削除ができるデータ構造である。

●**問1の解説** ‥‥‥‥ リスト構造は、挿入と削除が得意

× ア：要素を更新する場合には、ポインタを順番にたどって、更新するデータを見つけなければならないので、処理時間は長くなります。

× イ：配列のように要素を前に移動する時間は必要ありません。

× ウ：要素を参照する場合には、ポインタをたどる必要があり、ランダム（規則性のない順番）にアクセスはできません。

○ エ：要素を挿入する場合は、ポインタを書き換えるだけです。

●**問2の解説** ‥‥‥‥ 自信のあるデータ構造から見ていって解く

× ア：木構造は次ページで扱いますが、完全2分木の説明です。

× イ：スタックは、後入れ先出し構造です。

○ ウ：試験では、線形リストという用語も連結リストを指します。

× エ：配列にはポインタがありません。

解答 問1 **エ** 問2 **ウ**

木構造と木の巡回

> データが親子関係をもつデータ構造を木構造といいます。データベースで高速な検索をするために、高度な木構造が用いられます。試験では、2分木や2分探索木、逆ポーランド表記法などが出題されます。また木の巡回とは、木構造に含まれるデータをどのようにたどりながら拾い集めるかということです。

樹木を逆さまにした形の木構造

木構造の基本用語を整理しよう

木構造 (ツリー構造) は、データに親子関係 (上下関係) があって、親データが複数の子データをもつことができるデータ構造です。子データもさらに自分の子データ (親から見れば孫) をもつことができます。

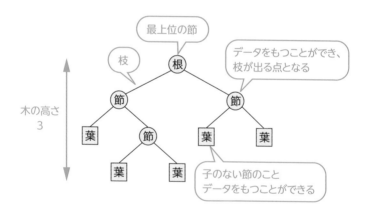

データをもつことができるのが節 (ノード) で、最上位のものが根 (ルート) です。節から枝 (ブランチ) が伸びます。葉 (リーフ) から根までの枝の数の中で最も多いものを木の高さといいます。上の例では、葉から3つの枝を通って根にいくので、木の高さは3です。

節から出た枝が2本以下のものを2分木、すべての葉が同じ高さであり葉以外のすべての節点が2つの子をもつものを完全2分木といいます。3本以上の多分木は、データベースなどで用いられます。試験には2分木がよく出ます。

第2章

テクノロジ系 × データ構造とアルゴリズム

木構造の表現と葉の数

こんな問題が出る！

　節点1, 2, …, nをもつ木を表現するために、大きさnの整数型配列A[1]、A[2]、…、A[n]を用意して、節点iの親の番号をA[i]に格納する。節点kが根の場合はA[k]＝0とする。表に示す配列が表す木の葉の数は、いくつか。

子のない節

i	1	2	3	4	5	6	7	8
A[i]	0	1	1	3	3	5	5	5

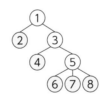

節点3の親は節点1だということ

ア　1　　　　　イ　3　　　　　　ウ　5　　　　　エ　7

解説　配列で木構造を表現できる

　配列を使って木構造を表現する方法は、いくつかあります。この問題は、親の番号が配列に格納されています。まずは、木構造の図を書いてみましょう。下図のように真ん中に①の節を書いて、表を見ながら枝を伸ばしていきます。

　この問題では葉の数が問われています。葉とは、子がない節でした（色網を付けた部分）。数えると全部で5つになります。

```
          (1)
         /   \
       (2)   (3)
              /  \
            (4)  (5)
                /|\
             (6)(7)(8)
```

　また、次のように子から親として指定されている節を×で消していき、残ったものを数えることでも解くことができます。

i	1	2	3	4	5	6	7	8
A[i]	0	1	1	3	3	5	5	5

解答　ウ

例えば、節4の親は3になっているから、節3を消すんだね！

データを探すのが楽な2分探索木

探索しやすい規則で節を並べた2分木だ

2分探索木は、節のデータが次のような規則で並べられ、データの探索が可能な2分木です。

 時短で覚えるなら、**コレ！**

2分探索木の規則

左の全ての節　＜　親　＜　右の全ての節

ある節の左側にある節のデータは全て小さく、右側にある節のデータは全て大きくなります。

こんな問題が出る！

2分探索木

2分探索木として適切なものはどれか。ここで、1〜9の数字は、各ノード（節）の値を表す。

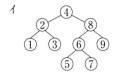

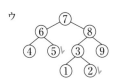

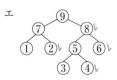

 誤り箇所をすばやく見つけて、除外していこう

解説

間違っている節を1箇所でも見つければ除外できます。図に間違っている節を示しました。イが正しいので、イの2分探索木から⑤を見つけてみましょう。

1回目：④＜⑤なので、右に進む。

2回目：⑧＞⑤なので、左に進む。

3回目：⑥＞⑤なので、左に進む。

4回目：⑤＝⑤　探索終了。

> 少ない回数で、探索できる。
> 完全2分木なら、1回で半分になるので O ($\log_2 n$) になる

解答　**イ**

数式の木を巡回してみよう

数式を表した木は、3つのたどり方で3つの式ができる

右図のように数式を木で表すことができます。この木を「左の節→根→右の節」の順でたどってみましょう。

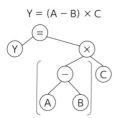

$Y = (A − B) × C$

左の節の「Y」、根の「＝」、次に右の節ですが、部分木（木の一部）なので、左の節の「A」、「−」、「B」、そして、「×」、「C」です。部分木に括弧を付けて、続けて書き出すと、

Y＝((A−B)×C)

という式になりました。

今度は、「左の節→右の節→根」の順でたどってみましょう。左の節の「Y」、次に右の節ですが部分木なので、「A」、「B」、「−」、次に右の節の「C」、部分木の根である「×」、全体の根である「＝」です、続けて書き出すと、

YAB−C×＝

という式になりました。これを逆ポーランド表記法（後置表記法）といいます。逆ポーランド表記法は、コンパイラの数式評価などで使われています。

先行順	中間順	後行順
・根→左の節→右の節	・左の節→根→右の節	・左の節→右の節→根
ポーランド表記法	普通の数式	逆ポーランド表記法
例　＋AB	例　A＋B	例　AB＋

この考え方で覚えたほうが、ミスは少ないのです。

もっと簡単に書き出す方法もあります。例えば、後行順は、帰りがけ順とも呼ばれ、節から帰るとき（節の上の枝に向かうとき）に書き出していきます。

下図を見てください。節の上の枝に向かうところに矢印を付けました。書き出した順に並べると、

YAB−C×＝

になります。

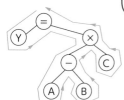

矢印の部分で、節の要素を書き出せばいいんだね

逆ポーランド表記法

後置表記法（逆ポーランド表記法）では、例えば、式 $Y = (A - B) \times C$ を

$$YAB - C \times =$$

と表現する。次の式を後置表記法で表現したものはどれか。

$$Y = (A + B) \times (C - (D \div E))$$

ア　$YAB + CDE \div - \times =$　　　　イ　$YAB + C - DE \div \times =$

ウ　$YAB + EDC \div - \times =$　　　　エ　$YBA + CD - E \div \times =$

解説 逆ポーランドの問題は式の変形で解こう

前ページで説明したので、数式の木を使えば解くことができます。しかし、この種の問題は、式を変換したほうが簡単です。

A＋Bと表されている式を、AB＋に変形していくだけです。

①優先順位を明確にするために括弧を付ける

$$Y = ((A + B) \times (C - (D \div E)))$$

②演算子が後ろに来るように大きな単位で変換する

$$Y = \boxed{((A + B) \times (C - (D \div E)))}$$

$$Y \boxed{((A + B) \times (C - (D \div E)))} =$$

③括弧を外しながら括弧の中も変換

$$Y \boxed{(A + B)} \times \boxed{(C - (D \div E))} =$$

$$Y \boxed{(A + B)} \boxed{(C - (D \div E))} \times =$$

$$Y \quad AB+ \quad C \ (D \div E) - \times =$$

$$Y \quad AB+ \quad C \ DE \div - \times =$$

したがって、次のようになります。

$$YAB + CDE \div - \times =$$

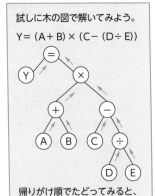

試しに木の図で解いてみよう。

$$Y = (A + B) \times (C - (D \div E))$$

帰りがけ順でたどってみると、

$$YAB + CDE \div - \times =$$

式を変換したものと同じです。

解答　ア

確認のための実戦問題

問1　逆ポーランド表記法で表現されている式ABCD－×＋において、A＝16、B＝8、C＝4、D＝2のときの演算結果はどれか。

　　ア　32　　　　　　　イ　46　　　　　　　ウ　48　　　　　　　エ　94

問2　すべての葉が同じ深さをもち、葉以外のすべての節点が二つの子をもつ2分木に関して、節点数と深さの関係を表す式はどれか。ここで、nは節点数、kは根から葉までの深さを表す。例に示す2分木の深さkは2である。

　　　　例　　k＝2

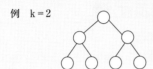

　　ア　n＝k(k＋1)＋1　　　　　　　　　　　イ　n＝2^k＋3
　　ウ　n＝2^{k+1}－1　　　　　　　　　　　エ　n＝(k－1)(k＋1)＋4

● **問1の解説** …… 少しずつ計算して解いていこう

　ABCD－×＋を普通の数式に変換して解いてみましょう。

　A(B(CD－)×)＋　➡　A＋(B(CD－)×)　➡　A＋(B×(CD－))

➡　A＋(B×(C－D))　　値を入れて計算すると、16＋(8×(4－2))＝32です。

　さて、逆ポーランド表記法では、演算子が演算の順序どおりに並びます。これを覚えておけば、内側から演算式の順序で簡単に計算できます。数値が2桁であるため、括弧を使って表します。

　(16) (8) <u>(4) (2) －</u>×＋　➡　(16) (8) <u>(4－2)</u>×＋　➡　(16) <u>(8) (2)</u>×＋

➡　(16) <u>(8×2)</u>＋　➡　<u>(16) (16)</u>＋　➡　<u>(16)＋(16)</u>　➡　<u>32</u>

● **問2の解説** …… 図を書いて節点を数え、解答群の式に入れて解く

　節点が3個のときは深さ1です。kに1を入れて3になるか確かめましょう。

　アは3、イは5、ウは3、エは4で、アかウです。kに2を入れて7になるか確かめます。アは7、ウも7です。kに3を入れて15になるか確かめます。アは13、ウは15で、ウが正解です。

解答　**問1 ア　問2 ウ**

03 流れ図のトレースと計算量の考え方

流れ図は、コンピュータに演算させる手順を図で示したものです。科目Bで擬似言語を使ったアルゴリズムの問題が重点的に出題されるので、科目Aでの出題数は減ると思われていましたが、公開されたサンプル問題では、流れ図が2問も出題されていました。

試験で使われる流れ図記号

重要な流れ図記号は、たったの6種類

次のような流れ図記号を用います。特に、処理記号と判断記号の書き方に注意してください。

記号	名称	説明
⬭	端子	流れ図の始めや終わりを示す。
───	線	制御の流れを表す。矢印を付けてもよい。
▭	処理	処理を表す。演算式などを記入する。 a←3は、変数 aに3を代入する。
◇	判断	1つの入口から入り、条件式を評価して、複数の出口の1つを選ぶ制御機能を表す。 記号内に、a>3のように条件を示す書き方と、a:3のように比較を示す書き方がある
⬡ ⬡	ループ端 ループ始端 ループ終端	始端と終端を対で用い、ループ（繰返し）制御機能を表す。 始端と終端は同じ名前を持ち、どちらかにループの繰返し条件などを記入する。 通常、問題文で説明される
▱	データ	媒体を問わないデータを表す。 キーボードからの入力、磁気ディスク装置のファイルの入出力やディスプレイへの表示、プリンターへの出力など。

第2章
テクノロジ系・データ構造とアルゴリズム

流れ図記号を1つずつ見ていくトレース

流れ図をプログラムとして実行したときの動作をシミュレート（模擬的に実行すること）して、流れ図で使われている変数の値を書き出しながら追跡していくことを<u>トレース</u>といいます。

例えば、下の流れ図の問題を見てください。①の「L ← A」で変数Aの内容を変数Lにコピーするという意味になり、これを「変数Aを変数Lに代入する」といいます。Aが876のときは、Lに876がコピーされますが、Aには876が残っています。

②のひし形の判断記号の「L：S」は、LとSを比べ、その大小関係で進む道が分かれています。③の「L ←（L−S）」は、<u>今のLからSを引いた値が新しいLの値</u>になります。

こんな問題が出る！

流れ図のトレース

次の流れ図は、二つの数A、Bの最大公約数を求めるユークリッドの互除法を、引き算の繰返しによって計算するものである。Aが876、Bが204のとき、何回の比較で処理は終了するか。

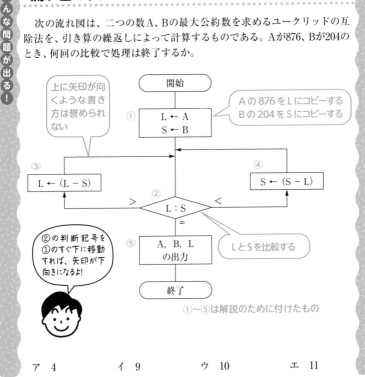

①〜⑤は解説のために付けたもの

ア　4　　　　　　イ　9　　　　　　ウ　10　　　　　エ　11

解説

トレースの訓練を積めば、流れ図は得意になる

　流れ図に慣れていない人は、トレース表を見る前に、まず自分でトレースしてみましょう。

[トレース表]

比較	記号	A	B	L	S
	開始	876	204	?	?
	①	876	204	876	204
1回	②	876	204	876	204
	③	876	204	672	204
2回	②	876	204	672	204
	③	876	204	468	204
3回	②	876	204	468	204
	③	876	204	264	204
4回	②	876	204	264	204
	③	876	204	60	204
5回	②	876	204	60	204
	④	876	204	60	144
6回	②	876	204	60	144
	④	876	204	60	84
7回	②	876	204	60	84
	④	876	204	60	24
8回	②	876	204	60	24
	③	876	204	36	24
9回	②	876	204	36	24
	③	876	204	12	24
10回	②	876	204	12	24
	④	876	204	12	12
11回	②	876	204	12	12
	⑤	876	204	12	12
	終了				

　ユークリッドの互助法は、aとb（ただし、a＞b）の最大公約数を求めるとき、a÷bの余りcを求めて、次にb÷cの余りdを求めることを繰り返します。

　876と204なら、次のように計算します。

$$876 \div 204 = 4 \quad 余り \quad 60$$

$$204 \div 60 = 3 \quad 余り \quad 24$$

$$60 \div 24 = 2 \quad 余り \quad 12$$

$$24 \div 12 = 2 \quad 余り \quad 0$$

　問題の流れ図は、割り算を引き算で行っています。876÷204の余りの60を出すために、204を4回引いています。この4回が商であり、②の比較回数なのです。したがって、上で求めた商を足せば比較回数の合計を求めることができます。

$$4+3+2+2=11回$$

876、204、12を出力

　演習時はぜひトレースしてほしいのですが、試験場でトレースしていると時間が足りなくなるので、要領よく解く方法も覚えておいてください。

解答　エ

計算量オーダの考え方

データ件数n個とし、nが変化したときの実行時間の変化を考える

実行にかかる時間を計算量という客観的な尺度を用いて、アルゴリズムを評価することがあります。これは、処理するデータ件数nによって、プログラムの実行時間がどのように変化するかを示すものです。計算量を表すときには、Oという記号を用い、オーダ、またはビッグオーと読みます。

オーダは定数や係数を無視し、実行時間の数式の中からnの最高次数だけを取り出したものです。例えば、あるアルゴリズムが、次のような実行時間の式であったとき、最高次数のn^2だけが取り出され、$O(n^2)$と表します。

例）　$3n^2 + 5n + 100$

　　↓ 定数や係数を無視し、最高次数だけを取り出す

　　$O(n^2)$

つまり、$O(n^2)$は、nが2倍になれば、実行時間はおおよそ$2^2 = 4$倍になるということを示しているにすぎません。同じ$O(n^2)$のアルゴリズムでも、定数や係数を無視しているため、実際の実行時間は異なります。

まだ、アルゴリズムを説明していませんが、計算量が問われたことがあるアルゴリズムを次に示します。

計算量	実行時間	計算量が試験に出るアルゴリズム
$O(1)$	nが増えても一定	ハッシュ法 (p.67)
$O(n)$	nに比例して増加	線形探索法 (p.64)
$O(n^2)$	n^2に比例して増加	バブル、挿入、選択ソート (p.59〜61)
$O(\log_2 n)$	nが倍になると1増加	2分探索法 (p.65〜66)

$\log_2 n = X$ は、$2^X = n$という意味で、nが2倍になるとXが1増えます。また、nが半分になるとXが1減ります。p.65で2分探索法を説明しますが、データ列を2分割していくようなアルゴリズムでは、$O(\log_2 n)$になります。

試験では、対数$\log$の底を2にして出題されることが多いです。

 時短で覚えるなら、コレ！

計算量の特徴
- **計算量は、最大次数だけを示したもの**
- **計算量が同じでも、実行時間は異なる**

計算量は、アルゴリズムの性能を大まかに知るために必要なんだよ!

データの整列アルゴリズム

バブルソート、挿入ソート、選択ソートについては、具体的な並べ替えの手順や計算量についても出題されています。また、クイックソートなどの高度なソートについては、特徴を知っていれば解けます。ただし、科目Bでは具体的なアルゴリズムが問われることもあるので余裕があれば学んでおきましょう。

整列の基礎知識からはじめよう

昇順、降順、安定、安定でない、の意味を知っておこう

データの列を並べ替えることを、ソート (整列) といいます。データを小さい順に並べることを昇順、大きい順に並べることを降順といいます。

昇順の例	1,2,3,4,5	a,b,c,d,e	あ、い、う、え、お
降順の例	5,4,3,2,1	e,d,c,b,a	お、え、う、い、あ

単純にデータ自体を並べ替えるのでなく、キー項目でデータをソートする場合、元々の並びが大切なことがあります。例えば、得点の降順で、同じ得点なら元の名簿順に並べ替えるときなどです。

ソート前

得点	氏名
5	あ
3	い
5	う
8	え
5	お

安定でないソート

得点	氏名
8	え
5	お
5	あ
5	う
3	い

順序を保たない

安定なソート

得点	氏名
8	え
5	あ
5	う
5	お
3	い

順序を保つ

キーの値が同じとき、ソート前の順序が保たれるものを安定なソート、保たれることが保証されないものを安定でないソートといいます。安定でないソートでも、偶然にソート前の順序を保っていることはあります。

ソートの目的に応じて、最適なアルゴリズムを選択する必要があります。現在は、有用なソートツールやデータベース、ソート関数などが用意されているので、プログラマが自分でソートプログラムを書くことは少なくなっています。

3つの基本的なソートアルゴリズム

バブルソートは交換ソートとも呼ばれる

バブルソートは、隣り合う2つのデータを比較して、大小関係が整うように交換することを繰り返して、並べ替えを行います。

次の例は、大きな値が右側にくるように、交換していくことを繰り返します。

例

・ソート範囲（5個）

④②⑤③①
②④⑤③①
②④⑤③①
②④③⑤①
②④③①❺

・ソート範囲（4個）

②④③① ❺
②④③① ❺
②③④① ❺
②③①❹ ❺

・ソート範囲（3個）

②③① ❹❺
②③① ❹❺
②①❸ ❹❺

・ソート範囲（2個）

②① ❸❹❺
①❷ ❸❹❺

> 隣どうしを比較して交換していくと、一番大きな⑤が右にきて確定する

注）確定したものを黒丸で、ソート対象でない確定済みのものは離して示した。

次のページにバブルソートの流れ図を示しました。ループ記号が入れ子（二重）になっていて、データ件数nのとき外側のループ回数も内側のループ回数も、約nです。したがって、定数や係数を無視する計算量は、$O(n^2)$になります。

こんな問題が出る！

バブルソート

配列A[i]（i=1, 2, …, n）を、次のアルゴリズムによって整列する。行2～3の処理が初めて終了したとき、必ず実現されている配列の状態はどれか。

〔アルゴリズム〕

行番号

1　iを1からn−1まで1ずつ増やしながら行2～3を繰り返す

2　jをnからi+1まで減らしながら行3を繰り返す

3　もしA[j] < A[j−1]ならば、A[j]とA[j−1]を交換する

ア　A[1]が最小値になる 　　　イ　A[1]が最大値になる
ウ　A[n]が最小値になる 　　　エ　A[n]が最大値になる

バブルソートだから、大きなものがいつも右側にくるわけではない

　行1から行3までの処理の流れ図を書いてみました。過去の問題で流れ図が示され、判断記号のところが空欄で出題されたことがあります。

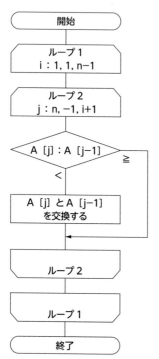

昇順にするか降順にするか、並び順は問題文でちゃんと確かめてね。

n＝5の例でトレースしてみましょう。

i	j	A	[1]	[2]	[3]	[4]	[5]
初期値			4	2	5	3	1
1	5		4	2	5	1	3
1	4		4	2	1	5	3
1	3		4	1	2	5	3
1	2		1	4	2	5	3
2	5		1	4	2	3	5
2	4		1	4	2	3	5
2	3		1	2	4	3	5
3	5		1	2	4	3	5
3	4		1	2	3	4	5
4	5		1	2	3	4	5

行2〜3の処理が初めて終了するのは、i が1、j が2のときで、いちばん小さな1がA [1] に来ています。

注) ループ端の繰返し指定は、変数名:初期値,増分,終値を示す。

 時短で覚えるなら、**コレ！**

バブルソート

・隣どうしのデータを順に比較して、大小関係が逆ならば交換を行う

・計算量　$O(n^2)$

解答　ア

選択ソートと挿入ソート

選択ソートは、データ列の中から最大値か最小値を選択して、データ列の先頭か末尾に置くことで、昇順か降順に並べ替えます。下の例では、最大値を選択してデータ列の末尾に置いて昇順に並べ替えています。

挿入ソートは、昇順に並んだデータ列の適切な位置にデータを追加することで昇順に並んだデータ列を得ます。ファイルからデータを読み込んで、同時に並べ替えていくような場合に効果的です。下の例では、④を置き、挿入位置を探して②を挿入、というようにして並べ替えています。

選択ソート	挿入ソート
最大値（または最小値）をもつデータを探して、最後のデータと交換を行う。	整列済みのデータ列にデータを挿入していく。
計算量 $O(n^2)$	計算量 $O(n^2)$

選択ソート

④②⑤③① 一番大きな⑤を選び出して最後に置いた
④②①③❺
③②①❹❺
①②❸❹❺

挿入ソート

④②⑤③① ソート前のデータ
❹　　②⑤③①
❷❹　　⑤③①
❷❹❺　　③①
❷❸❹❺　　①
❶❷❸❹❺

注）確定したものを黒丸で示した。

整列アルゴリズム

四つの数の並び (4, 1, 3, 2) を、ある整列アルゴリズムに従って昇順に並べ替えたところ、数の入替えは次のとおり行われた。この整列アルゴリズムはどれか。

(1, 4, 3, 2) ← 4と1が入れ替わっている

(1, 3, 4, 2) ← 4と3が入れ替わっている、選択ソートなら2を選択するはず

(1, 2, 3, 4) ← バブルソートなら4と2が入れ替わるはず

ア　クイックソート　　　　イ　選択ソート
ウ　挿入ソート　　　　　　エ　バブルソート

解説　明らかに異なるものを除外し、実際に並べ替えて解く

　この種の問題でクイックソート（次ページ参照）の具体例が求められる可能性は低いでしょう。したがって、残りの候補は3つです。実際に (4, 1, 3, 2) を並べ替えてみれば正解がわかります。

選択ソート	挿入ソート	バブルソート
4, 1, 3, 2	4,　　　1, 3, 2	4, 1, 3, 2
1,　　4, 3, 2	1, 4,　　3, 2	1, 4, 3, 2
1, 2,　　4, 3	1, 3, 4,　　2	1, 3, 4, 2
1, 2, 3,　　4	1, 2, 3, 4	1, 3, 2, 4
1, 2, 3, 4		1, 3, 2,　　4
		1, 2, 3,　　4
注) 小さなものを選択		1, 2, 3,　　4
		1, 2,　　3, 4

解答　ウ

解いて覚える頻出用語　高度な整列アルゴリズム

　次の説明文と関連の深い用語を選べ。

(1) ある一定間隔おきに取り出した要素から成る部分列をそれぞれ整列し、更に間隔を詰めて同様の操作を行い、間隔が1になるまでこれを繰り返す。

(2) データ列の半分の容量の作業領域を用意し、データ列の分割、整列、併合を、繰り返す。

(3) 中間的な基準値を決めて、それよりも大きな値を集めた区分と小さな値を集めた区分に要素を振り分ける。

(4) 未整列の部分を順序木に構成し、そこから最大値または最小値を取り出して既整列の部分に移す。これらの操作を繰り返して、未整列部分を縮めていく。

ア　ヒープソート
イ　クイックソート
ウ　マージソート
エ　シェルソート

　これらの高度なソートは、科目Aでは並べ替えの特徴や計算量が問われる。プログラムが長くなりやすいため、小問形式の科目Bでも、出題しにくいはず。ただし、大まかなアルゴリズムは知っておくとよい。

解答　(1) エ　(2) ウ　(3) イ　(4) ア

確認のための実戦問題

問　クイックソートの処理方法を説明したものはどれか。

ア　既に整列済みのデータ列の正しい位置に、データを追加する操作を繰り返していく方法である。

イ　データ中の最小値を求め、次にそれを除いた部分の中から最小値を求める。この操作を繰り返していく方法である。

ウ　適当な基準値を選び、それより小さな値のグループと大きな値のグループにデータを分割する。同様にして、グループの中で基準値を選び、それぞれのグループを分割する。この操作を繰り返していく方法である。

エ　隣り合ったデータの比較と入替えを繰り返すことによって、小さな値のデータを次第に端の方に移していく方法である。

●問の解説 —— 基準値というキーワードで解く

ウに「基準値」とあるので、クイックソートと判断できます。その他の選択肢も考えてみてください。アは挿入ソート、イは選択ソート、エはバブルソート（交換ソート）です。

クイックソートは、基準値（軸）との大小関係でデータを分類し、2つに分割することを再帰的に繰り返します。基準値の決め方はいろいろありますが、ここでは並びの中央のデータを用いた例を示します。

1) 基準値を決める	⑧⑥④⑦③①⑤②
分類と分割	②⑥④⑤③①　　⑦　　⑧
2) 基準値を決める	②⑥④⑤③①　　❼　❽
分類と分割	②①③　④　⑤⑥　　❼　❽
3) 基準値を決める	②①③　④　⑤⑥　　❼　❽
分類と分割	①　②③　❹　⑤　⑥　❼　❽
4) 基準値を決める	❶　②③　❹　❺　⑥　❼　❽
分類と分割	❶　②　③　❹　❺　❻　❼　❽
整列終了	❶　❷　❸　❹　❺　❻　❼　❽

注) 確定したものを黒丸で示した。

解答　ウ

データの探索アルゴリズム

> データ探索のうち、代表的な2分探索法については、流れ図の穴埋め問題や探索時の比較回数を求める問題などが過去に出ています。そのほか、ハッシュ関数のハッシュ値を求めてデータを格納したり、探索する問題もよく出ているので漏らさないようにしましょう。

単純な線形探索法

最後に番兵を置いて、上から順々に比較していく

線形探索法は、配列に格納されているデータを、順々に探索キーと比較し、目的のデータを探し出す方法です。

データがランダムに並んでいても探索可能で、さらにデータが整列されていれば途中で探索を打ち切ることが可能です。また、最後のデータの次に探索キーと同じデータを置く番兵を使うと、最後に必ず一致するので、配列要素範囲のチェックが不要になります。

探索キー		データ
た	→	あ
		い
		う
		え
		お
	番兵	た

順に比較

⏱ 時短で覚えるなら、コレ！

線形探索法

- 平均比較回数：$(n+1) \div 2$回　　　　　注) nはデータ件数
- 最大比較回数：n回　　← 運が悪ければ、一番最後に見つかる
- 探索の計算量：$O(n)$　　← n に比例する
- 追加の計算量：$O(1)$　　← 配列の末尾に新データを追加すればよい

こんな問題が出る！

番兵が有効な探索法

次の探索方法のうちで番兵が有効なものはどれか。

ア　2分探索　　　　　　　　イ　線形探索
ウ　ハッシュ探索　　　　　　エ　幅優先探索

> 番兵は、見つからなかったときの終了判定のために使うんだ！

解答　イ

単純だが速い2分探索法

1回の比較で探索範囲を半分にできる

2分探索法は、データ領域の中央の値と探索キーを比較し、1回の比較で探索範囲を半分に絞り込み、目的のデータを探し出します。ただし、**探索対象のデータが、昇順か降順に整列されていなければなりません。**

2分探索法の流れ図

昇順に整列済の配列要素 A (1), A (2), …, A (n) から、A (m) = k となる配列要素 A (m) の添字 m を 2 分探索法によって見つける処理を図に示す。終了時点で m = 0 の場合は、A (m) = k となる要素は存在しない。

図中の ┃ a ┃ に入る式はどれか。ここで、／は、**小数点以下を切り捨てる除算**を表す。

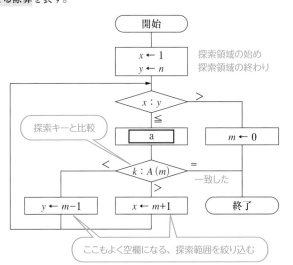

ア $m \leftarrow (x + y)$ イ $m \leftarrow (x + y) / 2$

ウ $m \leftarrow (x - y) / 2$ エ $m \leftarrow (y - x) / 2$

探索キーと中央の値を比較し、どちらにあるかを判断する

探索キーのkが"き"で、n＝11の例で説明します。

最初は、xが1、yが11です。x＞yになったらm＝0にして終了ですが、　a　の処理に行きます。その下で、探索キーkとA（m）を比較しているので、mを求める式が入ります。

中央の添字を求めるので、イになります。

$(1＋11)／2＝6$

探索キーkとA（m）を比較すると、

$"き" ＞ "か"$

なので、xを7に更新します。次は、A（7）からA（11）が探索領域になります。

中央値は$(7＋11)/2＝9$で、"き" ＜ "け"なので、今度はyを8に更新します。このようにして、探索領域を絞り込むことで、少ない比較回数で見つけ出すことができるのです。

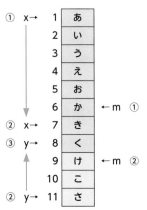

流れ図で見たように、中央値の1つ上や1つ下にx、yを再設定するので、完全に半分にするとは限らないのですが、データ件数が多い場合は、半分にすると考えることができます。もしも、探索領域が2^x件であったとすると、1回の比較で半分になるので、探索領域は $2^x÷2＝2^{x-1}$ 件になります。つまり、x回比較すると探索領域は $2^{x-x}＝1$ になります。2^x件のデータがあるときは、ほぼx回の比較で見つけ出すことができます。

なお、n件のデータがあったとき、$n＝2^x$のxは、$x＝\log_2 n$で求めることができます。

時短で覚えるなら、コレ！

2分探索法

- 平均比較回数：$log_2 n$回
- 最大比較回数：$(log_2 n)＋1$回
- 探索の計算量：$O(log n)$
- 追加の計算量：$O(n)$
  - 追加位置を見つけ、後ろにずらして挿入する

注）nはデータ件数、計算量は対数の底2を省略できるが、回数は省略できない。

平均比較回数　　最大比較回数

$$2^x ≦ n ＜ 2^y$$

解答　イ

ほぼ1回で探索できるハッシュ法

データの格納位置を計算で決める

ハッシュ法 (ハッシュ表探索法) は、ハッシュ関数で格納位置を求め、ほぼ1回で目的のデータを探索する方法です。しかし、異なるデータが同じ位置 (同じハッシュ値) になる衝突が発生して格納できないことがあります。同じハッシュ値になるキーを<u>シノニム</u> (synonym)、既に格納されているレコードを<u>ホームレコード</u>、格納できなかったレコードを<u>シノニムレコード</u>といいます。

〰️シノニムは、同義語の意味

 時短で覚えるなら、**コレ！**

ハッシュ法
- 平均比較回数：**1回**
- 最大比較回数：**n回**
- 探索の計算量：**$O(1)$** 最悪の場合：**$O(n)$**
- 追加の計算量：**$O(1)$** 最悪の場合：**$O(n)$**

注) nはデータ件数

ハッシュ法のシノニム

キーxのハッシュ関数としてh (x) = mod $(x, 97)$を用いるとき、キー1094とハッシュ値が一致するものは、キー1～1000の中にいくつあるか。
ここで、mod $(x, 97)$は、xを97で割った余りを表す。

ア 9 イ 10 ウ 11 エ 12

 問題文のキーでハッシュ値を求めてみよう

$$1094 \div 97 = \frac{1094}{97} = \frac{970+124}{97} = 11 + \frac{27}{97} = 11 \ \text{余り} 27$$

したがって、mod $(1094, 97) = 27$

$97n + 27 \leq 1000$ ←この式を満たすnが、いくつ存在するかを求める

$97n \leq 973$

$n \leq 10 + 3/97$

したがって、nは10以下であり、<u>0から10までの11個</u>が存在します。
ちなみに、n＝0のときの27も、ハッシュ値は27になります。

解答 **ウ**

問1 探索方法とその実行時間のオーダの正しい組合せはどれか。ここで、探索するデータ数をnとし、ハッシュ値が衝突する(同じ値になる)確率は無視できるほど小さいものとする。また、実行時間のオーダがn^2であるとは、n個のデータを処理する時間がcn^2(cは定数)で抑えられることをいう。

	2分探索	線形探索	ハッシュ探索
ア	$\log_2 n$	n	1
イ	$n \log_2 n$	n^2	1
ウ	n^2	1	n
エ	$n \log_2 n$	n	$\log_2 n$

問2 2,000個の相異なる要素が、キーの昇順に整列された表がある。外部から入力したキーによってこの表を2分探索して、該当するキーの要素を取り出す。該当するキーが必ず表中にあることがわかっているとき、キーの比較回数は最大何回か。

ア 9 　　　　　イ 10 　　　　　ウ 11 　　　　　エ 12

問3 次の規則に従って配列の要素A[0]，A[1]，…，A[9]に正の整数kを格納する。16、43、73、24、85を順に格納したとき、85が格納される場所はどれか。ここで、x mod yはxをyで割った剰余を返す。また、配列の要素はすべて0に初期化されている。

〔規則〕

(1) A[k mod 10] = 0 ならば、k → A[k mod 10]とする。

(2) (1)で格納できないとき、A[(k+1) mod 10] = 0 ならば、
　　k → A[(k+1) mod 10]とする。

(3) (2)で格納できないとき、A[(k+4) mod 10] = 0 ならば、
　　k → A[(k+4) mod 10]とする。

ア A[3] 　　　　　イ A[5] 　　　　　ウ A[6] 　　　　　エ A[9]

● **問1の解説** …… 平均比較回数から計算量を考えて解く

　オーダはデータ数をnとしたとき、実行時間がどのように変化するか、計算量を示したもので、Oで表します。各探索法の説明で既に計算量を示しています。

　ハッシュ値が衝突する確率が無視できるほど小さい場合、ほぼ1回の比較で見つけることができ、$O(1)$と表します。これで、選択肢のアとイに絞り込めました。

　線形探索法は、最大でn回の比較で見つけられるので、n^2になることはありません。したがって、アを選択できます。線形探索は、nに比例して比較回数が増えるので、$O(n)$です。2分探索法は、nが2倍になっても1回しか比較回数が増えないので、$O(\log_2 n)$です。

● **問2の解説** …… 不等号の式にあてはめて解く

　2分探索法の平均比較回数や最大比較回数は、logを使わずに次の式にあてはめて解くと簡単です。また、$2^{10} = 1,024$は覚えておきたいところです。

$$\underset{(1,024)}{2^{10}} \;\leqq\; 2,000 \;<\; \underset{(2,048)}{2^{11}}$$

● **問3の解説** …… 配列の図を書いて、埋めながら確認しよう

　ハッシュ関数は「k mod 10」なので、10で割った余りです。衝突が発生した場合、まずは「(k+1) mod 10」、これもダメなら「(k+4) mod 10」を使います。

　10で割った余りなので、16、43、73、24、85の順で格納しようとすると、1の位が3の73がシノニム（格納場所が重複する）になります。

　実際の格納位置を見てみると、右図のように、まず16をA [6] に、43をA [3] に格納します。次の73はシノニムなので、73+1を10で割った余りを求め、A [4] に格納します。さらに、24もシノニムになるので、24+1を10で割った余りを求め、A [5] に格納します。

　さて、85はA [5] でシノニム、A [6] でシノニムになり、85+4を10で割った余りの9を求め、A [9] に格納することになります。

A [0]	
A [1]	
A [2]	
A [3]	43
A [4]	73
A [5]	24
A [6]	16
A [7]	
A [8]	
A [9]	85

解答　問1 ア　問2 ウ　問3 エ

再帰関数の呼出し

科目Aの再帰関数の問題は、式に代入していく式を変形することで、素早く解くことができます。ただし、科目Bでも再帰関数は出題されることがあり、こちらは科目Aのように簡単にはいきません。再帰処理の仕組みについて、しっかりと理解しておく必要があります。

再帰的に問題を解くことが大切

まぎらわしい用語は出題者が好む

再帰処理を学ぶ前に、よく出るまぎらわしい用語を整理しておきましょう。

 時短で覚えるなら、**コレ！**

再帰 (recursive)
　関数が自分自身を繰り返し呼び出すことができ、与えられた問題を小さな問題に分解することを繰り返して問題を解く手法。
再使用可能 (reusable)
　あるタスクで使用したプログラムを、他のタスクでも使用できる。
再入可能 (reentrant)
　あるタスクが実行しているプログラムを、他のタスクが同時に実行できる。
再配置可能 (relocatable)
　主記憶装置の任意のアドレスに置くことができるプログラム。

<table>
<tr><td>こんな問題が出る！</td></tr>
</table>

プログラムの性質

　処理が終了していないプログラムが、別のプログラムから再度呼び出されることがある。このプログラムが正しく実行されるために備えるべき性質はどれか。

ア　再帰的 (リカーシブ)　　　　　イ　再使用可能 (リユーザブル)

ウ　再入可能 (リエントラント)　　エ　再配置可能 (リロケータブル)

解答　ウ

変数をスタックに保存してから呼び出す

簡単な例として、次のような再帰関数 f (n) を考えましょう。

> 　　　　　　　　ℓ→ ifの条件が真のとき
> f (n): if n ≦ 1 then return 1
> 　　　　　 else return n + f (n−1)
> ifの条件が偽のとき 𝒸↗　　　　　ℓ→自分自身を呼び出している
> 注) n＞0、returnは戻り値を返す

再帰関数をトレースするときには、同じ関数を繰り返し呼び出すため、目印を付けて、呼び出し関係がわかるようにしておきます。ここでは、丸数字を付けて、①f (n) と表します。では、f (3) で呼び出してみましょう。

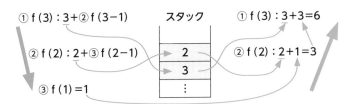

①f (3) で呼び出すと、3＞1なのでelseのn＋f (n−1) が実行されます。nが3なので、3＋②f (3−1) ですが、②f (2) を呼び出す前に、nの値3をスタックに保存します。再帰呼出しをするときには、変数の値などをスタック保存することで、自分自身を呼び出して変数の値が変わっても、呼び出した関数から戻ってきたときに演算を続けられるようにしています。

再帰的プログラムの記憶管理

再帰的な処理を実現するためには、実行途中の状態を保存しておく必要がある。そのための記憶管理方式として、適切なものはどれか。

ア　FIFO　　　　イ　LFU　　　　ウ　LIFO　　　　エ　LRU

Last In First Out　後入れ先出し構造のスタック

実行途中の状態を保存するなら、スタックが結びつくね。

解答　ウ

71

問1 nの階乗を再帰的に計算する関数 F (n) の定義において、 ☐ に入れるべき式はどれか。ここで、n は非負の整数である。

n＞0のとき、F (n) = ☐

n＝0のとき、F (n) ＝1

ア　n＋F (n−1)　　　　　　　イ　n−1＋F (n)

ウ　n×F (n−1)　　　　　　　エ　(n−1)×F (n)

問2 非負の整数nに対して次のように定義された関数F (n)、G (n) がある。F (5) の値は幾らか。

```
F (n) : if  n≦1  then  1
               else  n× G (n−1)
G (n) : if  n−0  then  0
               else  n＋F (n−1)
```

ア　50　　　　　イ　65　　　　　ウ　100　　　　　エ　120

問3 十分な大きさの配列Aと初期値が0の変数pに対して、関数f (x) とg () が次のとおり定義されている。配列Aと変数pは、関数fとgだけでアクセス可能である。これらの関数が操作するデータ構造はどれか。

```
function f (x){            function g (){
    p = p + 1                 x = A [p]
    A [p] = x                 p = p − 1
    return None               return x
}                         }
```

ア　キュー　　　イ　スタック　　　ウ　ハッシュ　　　エ　ヒープ

●**問1の解説** ─── 再帰関数といえば階乗、仕組みを理解して解こう

　再帰関数の説明でたびたび利用されるのが階乗の計算です。例えば、3！なら3×2×1と計算します。p.71で説明した3＋2＋1と似ています。

　n＞0のとき、F (n) ＝n×F (n−1) とすれば階乗を求めることができます。

　本来、先に示したように自分自身から呼び出して戻ってくるのですが、科目Aの問題は、右のようにして解くことができます。

```
F (3) ＝3×F (3−1)
      ＝3×(2×F (2−1))
      ＝3×(2×(1))
      ＝6
```

●**問2の解説** ─── 呼出しを理解したうえで、式の変形で解こう

　再帰関数では、自分から直接的に自分を呼び出すだけでなく、自分が呼び出した関数が自分を呼び出すというような間接的な呼出しもできます。

```
F (5) ＝5×G (5−1)
      ＝5×(4＋F (4−1))
      ＝5×(4＋(3×G (3−1)))
      ＝5×(4＋(3×(2＋F (2−1))))
      ＝5×(4＋(3×(2＋(1))))
      ＝65
```

　演習の際には、実際に再帰呼出しをトレースしてみてください。これは、科目Bの試験で再帰関数が出題された場合に、式の変形で解く方法しか知らないと手が出なくなるからです。

```
F (5) ＝5×G (5−1)              F (5) ＝5×13＝65
   G (4) ＝4＋F (4−1)           G (4) ＝4＋9＝13
      F (3) ＝3×G (3−1)        F (3) ＝3×3＝9
         G (2) ＝2＋F (2−1)     G (2) ＝2＋1＝3
            F (1) ＝1           F (1) ＝1
```

●**問3の解説** ─── 変数pの役割を見抜いて正解を導く

　再帰関数ではありませんが、再帰関数でも利用しているスタックについて理解を深めておきましょう。スタックを管理するスタックポインタpを用いることで、プログラムで実現できます。関数fが値xを配列Aに積むPUSH機能、関数gが配列Aから値を取り出すPOP機能です。

　最初のpが0だとします。f (30) で呼び出すと、pが1になりA [1] に30を格納します。次にf (10) を呼び出すと、pが2になりA [2] に10が格納されます。ここで、g () を呼び出すと、最後に積んだA [2] の10が戻り値として返され、pが1になります。

解答　問1 ウ　問2 イ　問3 イ

出題例　**2次元配列の回転**　　　　　目標解答時間　　2分

問　配列Aが図2の状態のとき、図1の流れ図を実行すると、配列Bが図3の状態になった。図1のaに入れる操作はどれか。ここで、配列A、Bの要素をそれぞれA (i, j) 、B (i, j) とする。

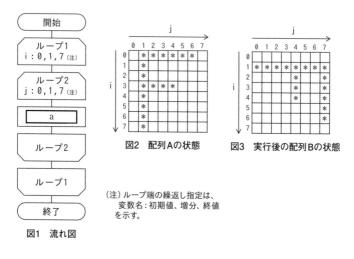

図1　流れ図

図2　配列Aの状態

図3　実行後の配列Bの状態

(注) ループ端の繰返し指定は、
　　変数名：初期値、増分、終値
　　を示す。

ア　B (7−i, 7−j) ← A (i, j)　　　　　イ　B (7−j, i) ← A (i, j)

ウ　B (i, 7−j) ← A (i, j)　　　　　　エ　B (j, 7−i) ← A (i, j)

●解説

わかりやすい移動点を決め、解答群の式に入れて確かめよう

　解答群から絞り込んでいくことで、トレースしなくても解ける問題もあります。
　選択肢を見ると、右辺はすべてA (i, j) です。まず、計算のしやすいA (0, 0) がB (0, 7) になるか調べてみましょう。アはB (7, 7)、イはB (7, 0)、ウはB (0, 7)、エはB (0, 7) です。次にウとエを判別するため、A (0, 7) がB (7, 7) になるか調べます。ウはB (0, 7−7) =B (0, 0)、エはB (7, 7) で、これが正解です。

【解答】　エ

コンピュータ
システム

第3章の学習ガイダンス

コンピュータシステム

コンピュータシステムは、コンピュータを構成する装置やUSBケーブルなど、パソコンやスマートフォンを思い浮かべながら、学習するとよいでしょう。知識問題だけでなく、キャッシュメモリのアクセス時間、プロセッサ (CPU) の性能、磁気ディスク装置の容量やアクセス時間など、計算問題や考える問題もあります。

身近にパソコンがあったら、見比べると内容が掴みやすいかもね。でもシステム構成の稼働率は計算が出てくるよ！

この章からは、本格的にコンピュータが出てきますね。これまでの章よりも馴染みやすいテーマで勉強しやすそう！

$$稼働率 = \frac{MTBF}{(MTBF + MTTR)}$$

シラバスの内容は多いので少しずつ進めていこう！

シラバスにおけるコンピュータシステムの分野は内容が多く、大まかに掴むだけでもたいへんです。本書ではOSとソフトウェアを第4章に分離しています。

シラバス 中分類3：コンピュータ構成要素
1. プロセッサ (コンピュータの構成、プロセッサの動作原理、性能など)
2. メモリ (DRAM、SRAM、フラッシュメモリなど)
3. バス (システムバス、バス幅、クロック周波数など)
4. 入出力デバイス (シリアルATA、USB、Bluetoothなど)
5. 入出力装置 (磁気ディスク装置、ディスプレイ、プリンターなど)

シラバス 中分類4：システム構成要素
1. システムの構成
   (トランザクション処理、クライアントサーバシステム、デュアルシステムなど)
2. システムの評価指標 (MTBF、MTTR、稼働率など)

●計算問題は早めに手をつけておきたい

稼働率の計算問題は、昔からよく出ています。計算問題は、用語問題と違って1度理解すれば忘れないので、早くから準備しましょう。その際、自分で具体的に計算したほうが理解しやすくなります。本番ではNGの電卓も、学習時には自由に使って問題をたくさん解いたほうが効率的です。ただしCBT方式の試験では、具体的に計算するのではなく、例えばp.121の問2のように計算式を答えさせるような問題が増えてくるのではないかと予想しています。

CBTでは昔の問題も復活するかもしれない

例えば、10年ぐらい前にメモリインタリーブという用語がよく出題されていたのですが、近年はあまり出なくなっていました。ところが、令和5年度の公開問題で復活しています。CBTではプールされた問題を出題する傾向があるので、昔の問題も再利用され出題されるのかもしれません。なお、メモリインタリーブとは、主記憶装置を複数のバンクに分けて同時並列的にアクセスして高速化する方式です。プログラムは、主記憶装置の連続した領域を順にアクセスすることが多いことから考え出された手法です。用語として覚えるのは、以下の用語メモで。

用語メモ	
メモリインタリーブ	主記憶装置を独立して動作する複数のグループ (バンク) に分けて、同時並列的にアクセスする方式。

01

コンピュータの構成

コンピュータ本体の中には、CPU（プロセッサ）やメモリがあります。「このPCには24Gバイトのメモリがある」といったりします。単位の接頭語や5大装置そのものを問う問題の出題率は減っていますが、他の問題を解くときに必要になる基礎知識といえるでしょう。

SI接頭語を覚えよう

大きな数や小さな数を表すSI接頭語

コンピュータでは、0か1かをとることができる情報の最小単位をビット（bit）といい、8ビットをまとめてバイト（byte）といいます。10の3乗ごとにk（キロ）やM（メガ）、G（ギガ）などのSI接頭語を用いて表します。これは、大きな単位や小さな単位をわかりやすくするための国際単位系による接頭語のこと。例えば、「800,000,000,000＝800×10^9バイト」は、「800Gバイト」と表すことができます。

大きな値を表すSI接頭語

10の整数乗倍を表す接頭語の記号G（ギガ）、k（キロ）、M（メガ）、T（テラ）について、その大小関係を正しく表しているものはどれか。

ア　G < k < M < T 　　　　　イ　k < G < T < M
ウ　k < M < G < T 　　　　　エ　M < G < k < T

時短で覚えるなら、コレ！

記憶容量などに用いるSI接頭語

記号	接頭語	乗数
T	テラ	10^{12}
G	ギガ	10^9
M	メガ	10^6
k	キロ	10^3

概算値も覚えよう
2^{40}
2^{30}
2^{20}
$2^{10}＝1,024$

解答　ウ

小さな値を表すSI接頭語

　時間の単位として、ナノ (n) 秒、ピコ (p) 秒、マイクロ (μ) 秒、ミリ (m)秒などが用いられる。この n、p、 μ、m は、10の整数乗倍を表す接頭語である。これらを小さい順に並べたものはどれか。

ア　n＜p＜ μ ＜m　　　　　イ　n＜ μ ＜p＜m

ウ　p＜n＜ μ ＜m　　　　　エ　p＜ μ ＜n＜m

第3章 テクノロジ系 » コンピュータシステム

 時短で覚えるなら、**コレ！**

時間などを表すときに用いるSI接頭語

記号	接頭語	乗数
m	ミリ	10^{-3}
μ	マイクロ	10^{-6}
n	ナノ	10^{-9}
p	ピコ	10^{-12}

解答　ウ

コンピュータの5大装置

コンピュータ本体の中には、CPUと主記憶装置がある

　コンピュータは、5つの機能 (制御、演算、記憶、入力、出力) をもつ装置で構成されます。コンピュータ本体の中には、CPU (Central Processing Unit：中央処理装置) と主記憶装置があり、CPUは制御機能と演算機能をもっています。

　コンピュータの論理構造は次の図のようになっています。それぞれの装置は、単独で動作するのではなく、制御装置のコントロールの基に連係して処理を行っていきます。どの処理が何を行っているのかを大まかに掴んでおきましょう。

●コンピュータの論理構造

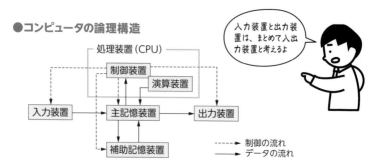

①制御装置

プログラムに従って、他の装置へ制御信号を送ってコントロールします。

②演算装置

主記憶装置からデータを取り出し、算術演算や論理演算、数値の比較などの判断を行い、結果を主記憶装置に返します。算術演算と論理演算を行う装置は、ALU (Arithmetic and Logic Unit：算術論理演算装置) と呼ぶこともあります。現在のコンピュータは、一般にCPU (処理装置、プロセッサともいう) の中に制御機能や演算機能を持つ構造です。

③主記憶装置

主記憶装置は、入力装置から入力されたプログラムやデータを記憶します。制御装置や演算装置と深く結びついています。主記憶装置に使われるメモリは高価なので、数Tバイトといった大容量にすることは現実的ではありません。例えば、現在のパソコンには数Gバイトから数十Gバイトの主記憶装置が搭載されています。また、電源を切ると記憶内容が消えます。

④補助記憶装置

ハードディスクなどの大容量の記憶装置で、プログラムやデータを保存します。単体では数十Tバイトの記憶容量をもつほか、複数台を組み合わせて、さらに大容量の補助記憶装置を実現します。電源を切っても記憶内容は消えません。

⑤入出力装置 (入力装置、出力装置)

・入力装置

プログラムやデータをコンピュータに入力する装置です。代表的なキーボードやマウスの他にも、いろいろな入力装置があります。

・出力装置

コンピュータ内の情報を外に出すための装置です。代表的なディスプレイ装置やプリンターの他にも、いろいろな出力装置があります。

問1 フォンノイマン型コンピュータの特徴を表す用語はどれか。

ア　パイプライン処理　　　　イ　プログラム記憶方式

ウ　プロセス制御方式　　　　エ　マルチメディア処理

問2 あるコンピュータのメモリとディスクのアクセス時間および容量は、表に示す値である。その値を、単位の10の整数乗倍を表す接頭語を用いて表現したものはどれか。

	アクセス時間	容量
メモリ	70×10^{-9}秒	32×10^{6}バイト
ディスク	20×10^{-3}秒	1.5×10^{9}バイト

	メモリ		ディスク	
	アクセス時間	容量	アクセス時間	容量
	70	32	20	1.5
ア	ナノ秒	ギガバイト	マイクロ秒	メガバイト
イ	ナノ秒	メガバイト	ミリ秒	ギガバイト
ウ	ミリ秒	ギガバイト	マイクロ秒	テラバイト
エ	マイクロ秒	メガバイト	ミリ秒	ギガバイト

●**問1の解説** ……「ノイマンは記憶」と記憶する

　現在のコンピュータは、フォンノイマンという数学者が発表したもので、次の特徴があります。

🕐 **時短**で覚えるなら、**コレ!**

プログラム内蔵方式 (プログラム記憶方式、プログラム格納方式)
　プログラムを主記憶装置に読み込んで実行する

逐次制御方式
　プログラムを主記憶装置に記憶し、命令を1つずつ順に実行していく

●**問2の解説** …… 熊が(k M G)大きくなるぞ、小さくなって見舞いなの(m μ n)

　SI接頭語は、語呂合わせでも何でも使って覚えておいてください。記憶容量は10^3ずつ大きくなるkMG、アクセス時間は小さくなるmμnを使います。

解答　問1 イ　問2 イ

コンピュータの性能

コンピュータの性能を表すMIPSの計算問題は、よく出題されています。計算に時間を取られないよう十分に演習しておきましょう。また命令実行の際、機械語命令の種類によって実行時間が異なるため、命令ごとに重みを付けて性能を評価する出題パターンもあります。

機械語命令の実行回数で性能を表す

命令ごとに必要なクロック信号の数が決まっている

コンピュータは、プログラムを実行する速度が速いほど、多くの処理を行うことができます。このため、常により速いCPU（プロセッサ）が求められています。

CPUは、正確な周期のクロック信号を発生させて、周辺装置とのタイミングをとっています。1秒間に発生するクロック信号の数をクロック周波数と呼び、同じアーキテクチャのCPUなら、クロック周波数が高いほど実行速度が速いです。

〜〜アーキテクチャ（CPUの構造）が異なると、比較できない

なお、機械語命令ごとに、その命令を実行するためのクロック信号の数が決まっています。

コンピュータの性能を表すためには、1秒間に何百万回の命令が実行されるかを表したMIPS（ミップス）を用います。

🕐 時短で覚えるなら、コレ！

クロック周波数
  1秒間に発生するクロック信号の数で、Hz（ヘルツ）という単位で表す
    〜〜 1MHz は、1メガヘルツで、1秒間に 10^6 回のクロック信号が発生する

クロックサイクル時間
  クロック信号が発生する時間の間隔 ←〜 1÷クロック周波数で計算

CPI（Cycles Per Instruction）
  1命令の実行に要するクロック信号の数

MIPS（Million Instructions Per Second）
  1秒間に実行される命令の回数を100万単位で表したもの

クロック周波数は、G（ギガ）やM（メガ）の接頭語を付けて、GHzやMHzで表すことが多いので、問題文で示されている単位に注意しましょう。

クロック周波数と命令実行回数

1GHzで動作するCPUがある。このCPUは、機械語の1命令を平均0.8クロックで実行できることがわかっている。このCPUは1秒間に約何万命令実行できるか。

　　　　　　　　　　　　　　　　　　　　　　　　単位に注意

　ア　125　　　　　イ　250　　　　　ウ　80,000　　　　　エ　125,000

解説

1秒間に発生するクロック数がHz

1GHzは、1秒間に10^9回のクロック信号を発生させる。

(10^9クロック÷0.8クロック/命令)÷1万

＝10^5÷0.8＝125,000

解答　エ

コンピュータの性能（MIPS）

平均命令実行時間が20ナノ秒のコンピュータがある。このコンピュータの性能は何MIPSか。　　10^{-9}秒

　　　　　　　1マイクロ秒に1つの命令を実行すれば1MIPS

　　ア　5　　　　　イ　10　　　　　ウ　20　　　　　エ　50

解説

1マイクロ秒の命令実行数がMIPS

1MIPSは1秒間に100万回の命令を実行します。つまり、$1×10^6$マイクロ秒に$1×10^6$回の命令を実行すれば1MIPSであり、10^6を消すと1マイクロ秒に1回の命令を実行すれば1MIPSです。これを覚えておくと、楽に計算できることが多いです。20ナノ秒は0.02マイクロ秒ですから、

1÷0.02マイクロ秒＝50MIPS

もちろん、オーソドックスに、次のように求めることもできます。

1÷20ナノ秒＝1÷20×10^{-9}＝10^9÷20＝1,000×10^6÷20＝50×10^6回/秒

50×10^6回/秒＝50MIPS

解答　エ

第3章 テクノロジ系 ＞ コンピュータシステム

クロック周波数

PCのクロック周波数に関する記述のうち、適切なものはどれか。

ア CPUのクロック周波数と、主記憶を接続するシステムバスのクロック周波数は同一でなくてもよい。　　　データを伝送する信号線の束

イ CPUのクロック周波数の逆数が、1秒間に実行できる命令数を表す。
　　　　　　　　　クロックサイクル時間

ウ CPUのクロック周波数を2倍にすると、システム全体としての実行性能も2倍になる。　システムにはいろいろな装置が接続されている
　　　　　　　　　これらの装置も2倍にしないと2倍にならない

エ 使用しているCPUの種類とクロック周波数が等しければ、2種類のPCのプログラム実行性能は同等になる。

実行速度は、CPUのクロック周波数だけで決まるわけではない

○ ア：装置間でデータ伝送するための共通の伝送路が**バス**です。**システムバス**は、CPUと主記憶装置などを接続します。CPUのクロック周波数と、システムバスのクロック周波数は、同一でなくてもかまいません。一般にCPUのクロック周波数は、システムバスのクロック周波数の数倍です。

× イ：CPUのクロック周波数の逆数は、クロックサイクル時間です。1つの命令は1クロックで実行されるとは限らないので、命令数を表すわけではありません。

× ウ：CPUのクロック周波数を上げても、磁気ディスク装置などの他の装置が速くならなければ、システム全体としての性能は上がりません。

× エ：システム全体の性能は、CPU以外の装置にも依存するので、CPUの種類とクロック周波数が等しいだけでは実行性能は同等にはなりません。

解答　ア

用語メモ	
バス (bus)	複数の装置の間でデータを伝送するための共通の伝送路。
システムバス	CPUと他の装置 (主記憶装置など) を接続するバス。

確認のための実戦問題

問1 表のCPI（Cycles Per Instruction）と構成比率で、3種類の演算命令が合計1,000,000命令実行されるプログラムを、クロック周波数が1GHzのプロセッサで実行するのに必要な時間は何ミリ秒か。

演算命令	CPI	構成比率（%）
浮動小数点加算	3	20
浮動小数点乗算	5	20
整数演算	2	60

ア 0.4 　　　　イ 2.8 　　　　ウ 4.0 　　　　エ 28.0

問2 動作クロック周波数が700MHzのCPUで、命令の実行に必要なクロック数とその命令の出現率が表に示す値である場合、このCPUの性能は約何MIPSか。

命令の種別	命令実行に必要なクロック数	出現率（%）
レジスタ間演算	4	30
メモリ・レジスタ間演算	8	60
無条件分岐	10	10

ア 10 　　　　イ 50 　　　　ウ 70 　　　　エ 100

●問1の解説……大きな値はミスしやすいので、"万"を使って解く

1GHzのプロセッサなので、1秒間に10^9回、1ミリ秒に10^6回＝100万回のクロック信号が発生します。　　　└──答の単位にする

100万命令のプログラムのうち、20万命令は3クロック、20万命令は5クロック、60万命令は2クロックで実行されます。

20万×3クロック＋20万×5クロック＋60万×2クロック＝280万クロック

280万クロックに何ミリ秒かかるかを求めましょう。

280万クロック÷100万クロック＝2.8ミリ秒

●問2の解説……「1MIPSは1マイクロ秒に1命令実行」で、解く

1命令の平均クロック数＝4×0.3＋8×0.6＋10×0.1＝7クロック/命令

700MHzは1秒間に700×10^6回、1マイクロ秒間に700回。

この単位を使うと指数が少ないので計算が楽

700回/マイクロ秒÷7回/命令＝100命令/マイクロ秒＝100MIPS

解答 問1 イ 　問2 エ

第3章 テクノロジ系 ● コンピュータシステム

03 コンピュータシステム
命令の実行と
アドレス指定方式

コンピュータは、主記憶装置に格納されている機械語命令を1つひとつ取り出して演算装置に送り、実行していきます。このような実行手順や主記憶に格納されているデータを指定するアドレス指定方式は、頻度は高くないものの出題テーマになっています。ひととおり押さえておきましょう。

機械語命令を解読して実行する

主記憶装置に機械語命令が格納されている

ノイマン型のコンピュータは、主記憶装置に機械語命令で書かれたプログラムが格納されています。機械語命令は、コンピュータが唯一理解できるもので、CPUの種類によって、命令語の種類や構成は異なります。

1つの命令語は、命令の種類を表す命令コード（命令部）と使用するレジスタや主記憶装置のアドレスを表すオペランド（アドレス部）で構成されたビット列です。

命令コード（命令部）	オペランド（アドレス部）
命令の種類	使用するレジスタや値 参照する主記憶装置のアドレスなど

CPUは、レジスタという数ビットの高速な記憶装置を何種類か持っています。

プログラムを実行する際には、命令アドレスレジスタの示す主記憶装置の領域から、命令語を命令レジスタに取り出し、命令デコーダで解読します。

用語メモ

命令レジスタ	主記憶装置から取り出した命令語を格納する。
命令アドレスレジスタ （プログラムレジスタ） （プログラムカウンター）	実行する命令語が格納されている主記憶装置のアドレスを保持する。
命令デコーダ （命令解読器）	命令語の命令部を解読する装置。 制御装置（制御機構）に分類される

次の問題は、CPUの代わりにプロセッサという用語が用いられています。

第3章 テクノロジ系 » コンピュータシステム

こんな問題が出る！

命令の格納順序

図はプロセッサによってフェッチされた命令の格納順序を表している。
a にあてはまるものはどれか。 　　fetchは、「取り出す」という意味

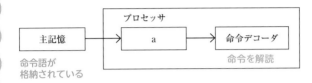

プロセッサ

| 主記憶 | → | a | → | 命令デコーダ |

命令語が
格納されている　　　　　　　　　　　　　　命令を解読

ア　アキュムレーター　　　 演算に用いるレジスタ

イ　データキャッシュ

ウ　プログラムレジスタ (プログラムカウンター)

エ　命令レジスタ

命令を取り出して、解読する

主記憶装置に格納された機械語プログラムは、

命令フェッチ → 命令の解読 → オペランドフェッチ → 命令の実行

という順序で実行されます。したがって、主記憶装置に格納されている命令語を
命令レジスタにフェッチし、命令デコーダで解読します。命令語の種類によっては、
オペランドがないこともあります。

用語メモ

アキュムレーター	演算に必要なデータや演算結果を格納するレジスタ。
汎用レジスタ	いろいろな目的で利用できるレジスタ。
指標レジスタ (インデックスレジスタ)	オペランドのアドレス定数にその内容を加えて、実効アドレス (p.88) を変更するための値をもつレジスタ。

　データキャッシュは、CPUが処理するデータ (オペランド) を格納しておくための
キャッシュメモリ (p.93) です。命令を格納しておくものを命令キャッシュといい
ます。

解答　エ

1命令ずつ処理されていくということを頭に入れておくといいよ！

理解したら、「即値、直接、間接」と覚える

実践的な問題を解きながら、さらに理解を深めていきましょう。

アドレス指定方式

主記憶のデータを図のように参照するアドレス指定方式はどれか。

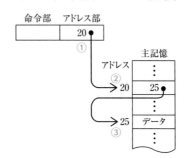

ア　間接アドレス指定　　　　　イ　指標アドレス指定

ウ　相対アドレス指定　　　　　エ　直接アドレス指定

アドレス指定の種類を知っておこう

演算対象になるデータが格納されている主記憶装置のアドレスを**実効アドレス**といいます。

用語メモ

即値アドレス指定	主記憶装置を参照せず、オペランドの内容が、そのまま演算データになる。　問題例では、①20が演算データの場合
直接アドレス指定	オペランドに指定してあるアドレスが、そのまま実効アドレスになる。　②20が実効アドレスとなる
間接アドレス指定	オペランドに指定してあるアドレスの領域に実効アドレスが格納されている。　③25が実効アドレスとなる
指標アドレス指定	オペランドのアドレス定数に、指標レジスタの内容を加えたものが実効アドレスになる。

相対アドレス指定は、覚える必要はありませんが、オペランドのアドレス定数にプログラムレジスタの内容を加えたものが実効アドレスになります。

解答　ア

確認のための実戦問題

問1　RISCプロセッサの5段パイプラインの命令実行制御の順序はどれか。
ここで、このパイプラインのステージは次の五つとする。

① 書込み
② 実行とアドレス生成
③ 命令デコードとレジスタファイル読出し
④ 命令フェッチ
⑤ メモリアクセス

ア　③、④、②、⑤、①　　　　　　　　イ　③、⑤、②、④、①
ウ　④、③、②、⑤、①　　　　　　　　エ　④、⑤、③、②、①

問2　インデックス修飾によってオペランドを指定する場合、表に示す値のときの実効アドレスはどれか。

インデックスレジスタの値	10
命令語のアドレス部の値	100
命令が格納されているアドレス	1,000

ア　110　　　　　　イ　1,010　　　　　ウ　1,100　　　　　エ　1,110

● **問1の解説** ……命令フェッチ(取り出し)してから命令デコード(解読)

　RISC (Reduced Instruction Set Computer) は、命令の種類を大幅に削減し、ほとんどの命令の実行時間が等しくなる方式で、命令を並行して実行するパイプライン処理に向いています。この問題は、RISCやパイプラインはあまり関係なく、命令の実行順を考えるだけです。結果を書き込む①は最後。命令フェッチしてから命令デコードなので④、③の順で、ウかエ。③の前に⑤のメモリアクセスは必要ないのでウです。

● **問2の解説** ……インデックスレジスタは、何個後ろかを示す

　インデックス修飾は、インデックスレジスタ (指標レジスタ) の値を、命令語のアドレス部の値に加えたものが実効アドレスになります。
　したがって、100＋10＝110　　←〇 100番地の10個後ろ
　命令が格納されているアドレスの1,000は、実効アドレスの計算には必要ありません。

解答　問1 ウ　問2 ア

04 記憶装置の種類と特徴

> IC（半導体）を利用した記憶装置（メモリ）には、読み書きできるRAMと読出し専用のROMがあります。RAMは主にコンピュータの主記憶装置に使われ、ROMはハードウェアに組み込まれる用途のほか、メモリカードなどで多用されています。メモリの種類やキャッシュメモリなど、多様な出題があります。

RAMは電源を切ると情報が消える揮発性

SRAMは高速で高価、DRAMは高集積でき主記憶装置に

RAM（Random Access Memory）は、情報を読むだけでなく書き込むことができますが、電源を切ると記憶している情報が消える揮発性です。

↞ 1ビットの情報を記憶できる回路

SRAM（static RAM）は、フリップフロップ回路で構成され、高速ですがコストが高く、たくさんは使えないため、キャッシュメモリなどで利用します。

DRAM（Dynamic RAM）は、電荷を蓄えるコンデンサで構成され、コストが安く高集積できるので、主記憶装置などで広く利用されています。

こんな問題が出る！ SRAMとDRAMの特徴

SRAMと比較した場合のDRAMの特徴はどれか。

ア　SRAMよりも高速なアクセスが実現できる。　↞ SRAMのほうが速い

イ　データを保持するためのリフレッシュ動作が不要である。
　　　　　　　　　DRAMで必要 ↜

ウ　内部構成が複雑になるので、ビット当たりの単価が高くなる。
　　　　　　　　　　　DRAMのほうが安い ↜

エ　ビット当たりの面積を小さくできるので、高集積化に適している。
　　　　　　　だから、DRAMは主記憶に使われる ↜

解説 リフレッシュ動作が必要なDRAM

DRAMは、時間がたつと自然に放電するため、一定時間ごとに電流を流して再書き込みし、記憶内容が消えないようにするリフレッシュ動作が必要です。

解答　エ

ROMは電源を切っても情報が消えない不揮発性

書き換えできないマスクROM、書き換え可能なフラッシュメモリ

ROM (Read Only Memory) は、電源を切っても記憶内容が消えません (不揮発性)。読み出し専用という意味ですが、書き換えできるROMもあります。マスクROMは、工場で書き込まれて出荷され、利用者は読み出すだけで書き換えはできません。

フラッシュメモリは、ブロック単位で電気的にデータの消去ができ、書き換えが可能です。ただし、RAMよりも読み書きの速度は遅く、書き換え回数にも数万回程度の制限があります。

SDメモリカードの名称でスマートフォンなどのデータ記録媒体、USBメモリの名称でファイルなどを持ち運ぶための携帯用の補助記憶媒体として利用されています。

SDメモリカード

USB メモリ

 解いて覚える頻出用語 **RAM と ROM の種類**

次の用語と関連の深い用語を選べ。

(1) コンデンサに電荷を蓄えた状態か否かによって1ビットを表現する。主記憶としてよく用いられる。

(2) 製造時にデータが書き込まれる。マイクロプログラム格納用メモリとして用いられる。

(3) 電気信号によってデータの書換え、消去が可能なメモリであり、電源を切っても内容を保持できるもの。

(4) フリップフロップで構成され、高速であるが製造コストが高い。キャッシュメモリなどに用いられる。

ア フラッシュメモリ　　　　　イ マスクROM
ウ DRAM　　　　　　　　　　エ SRAM

 種類を見分けるキーワードを結び付けておこう

解説　マイクロプログラムは、論理回路を制御するマイクロ命令で構成され、ハードウェアとソフトウェアの中間にあたるので、ファームウェアと呼ばれます。

解答　(1) ウ　(2) イ　(3) ア　(4) エ

第3章 テクノロジ系 ★ コンピュータシステム

誤り訂正符号

自動的に誤りを訂正できるメモリ

高度な信頼性が求められるシステムでは、メモリにビット誤りが発生しても自己訂正できるECCメモリが用いられます。

ECC (Error-Correcting Code) は、誤り訂正符号の一つで、誤りを検出し自己訂正できる符号です。

なお試験では、ECCといえばハミング符号です。ECCに用いるものとして、ハミング符号を選ぶ問題が過去にありました。ハミング符号は、元々の情報ビットに検査用の冗長ビットをつけることで、1ビットの誤りを訂正できます。

なお、自己訂正はできないものの、誤りを検出できるものを誤り検出符号といいます。本書では第6章のネットワークで扱いますが、パリティチェック(p.190)がその代表です。

ECC

メモリのエラー検出及び訂正にECCを利用している。データバス幅 2^n ビットに対して冗長ビットが $n+2$ ビット必要なとき、128ビットのデータバス幅に必要な冗長ビットは何ビットか。

ア 7 　　　　イ 8 　　　　ウ 9 　　　　エ 10

データバス幅は信号線の本数だと考える

データバス幅を信号線の本数だと考え、128が 2^7 であることがわかれば、7+2 =9ビットと暗算でも計算できます。

時短で覚えるなら、コレ！

2のべき乗のうち、次の値を覚えておくと便利

$2^3 = 8$ 　　　　$2^4 = 16$ 　　　　$2^5 = 32$

$2^8 = 256$ 　　　　$2^{10} = 1024$ 　　　　$2^{16} = 65536$

解答　ウ

高速なSRAMのキャッシュメモリ

遅い主記憶装置からの読み出しを速くするキャッシュメモリ

コンピュータは、機械語命令やデータを主記憶装置からCPUに読み込んで実行します。CPUに比べれば、主記憶装置のアクセス速度は遅いものです。

キャッシュメモリは、CPUと主記憶装置の間において、速度差を補うために用いる高速な記憶装置です。1度読み出した命令やデータを、キャッシュメモリに保存しておくことで、2回目からキャッシュメモリから読み出せるようにします。キャッシュメモリに該当データが存在することをヒットといい、データが存在する確率をヒット率といいます。

第3章

テクノロジ系 ❖ コンピュータシステム

こんな問題が出る！ キャッシュメモリと主記憶装置の更新方式

キャッシュメモリに関する記述のうち、適切なものはどれか。

ア 書込み命令を実行したときに、キャッシュメモリと主記憶の両方を書き換える方式と、キャッシュメモリだけを書き換えておき、主記憶の書換えはキャッシュメモリから当該データが追い出されるときに行う方式とがある。

　　　　　　　　　　　　ハードウェアによって ⤸

イ キャッシュメモリにヒットしない場合に割込みが生じ、プログラムによって主記憶からキャッシュメモリにデータが転送される。

ウ キャッシュメモリは、実記憶と仮想記憶のメモリ容量の差を埋めるために採用される。　⤶ 仮想記憶だけで使われるわけではない

エ 半導体メモリのアクセス速度の向上が著しいので、キャッシュメモリの必要性は減っている。　⤶ 必要性は減っていない

 解説 キャッシュメモリ更新時、主記憶装置の更新方式が2つある

キャッシュメモリの制御はハードウェアで行われます。キャッシュメモリを内蔵しているCPUが一般的になっています。

用語メモ

ライトスルー	書き込み時にキャッシュメモリと主記憶装置に同時に書き出す方式。
ライトバック	書き込み時にキャッシュメモリだけ更新し、主記憶には後から書き出す方式。

解答　ア

ヒット率70%なら残りの30%は主記憶装置から読む

　キャッシュメモリは、同じデータを再び読む確率が高いというメモリアクセスの局所性を利用しています。この局所性をより有効に利用するために、命令用とデータ用のキャッシュを別に設けたプロセッサが一般的になっています。

　例えば、キャッシュメモリのアクセス時間が40ナノ秒、主記憶装置のアクセス時間が400ナノ秒でヒット率70％なら、平均的な実効アクセス時間は次式で求めることができます。　　　　　　　　　　　　　　　　↙ 100％−70％＝30％

実効アクセス時間＝40ナノ秒×70％＋400ナノ秒×30%＝148ナノ秒

キャッシュメモリのヒット率

　図に示す構成で、表に示すようにキャッシュメモリと主記憶のアクセス時間だけが異なり、ほかの条件は同じ2種類のCPU XとYがある。

```
CPU
 ┌──────────┐    ┌──────────┐
 │キャッシュ │    │          │
 │メモリ    │    │ 主記憶    │
 │32kバイト  │    │ 8Mバイト  │
 └──────────┘    └──────────┘
```

図　構成

単位　ナノ秒

	CPU X	CPU Y
キャッシュメモリ	40	20
主記憶	400	580

表　アクセス時間

　あるプログラムをCPU XとYでそれぞれ実行したところ、両者の処理時間が等しかった。このとき、キャッシュメモリのヒット率は幾らか。ここで、CPU処理以外の影響はないものとする。

ア　0.75　　　　　　イ　0.90　　　　　　ウ　0.95　　　　　　エ　0.96

"1−ヒット率"の
"1"は、全体ということを示しているよ

解説　主記憶装置から読み込む確率は、（1−ヒット率）

　キャッシュメモリに存在しないデータは、
主記憶装置から読み込まなければなりません。

時短で覚えるなら、コレ！

実効アクセス時間 ＝ C×ヒット率 ＋ M×（1−ヒット率）

ヒットしないデータは主記憶から読む

C：キャッシュメモリのアクセス時間
M：主記憶のアクセス時間
ヒット率：該当データがキャッシュメモリに存在する確率

ヒット率をhとおきます。主記憶装置から、

① CPU Xの処理時間＝40×h＋400×（1－h）＋その他の処理時間
② CPU Yの処理時間＝20×h＋580×（1－h）＋その他の処理時間

①と②は等しいので、①－②＝0

20h－180＋180h＝0

h＝0.9

解答　イ

最大容量2TバイトのSDXC

SDメモリカードは、フラッシュメモリを利用したメモリカードの規格

広く使用されているSDXCが2Tバイトが最大、ファイルシステムにexFATを採用しているということは知っておくとよいでしょう。

規格	SD	SDHC	SDXC
容量	最大2Gバイト	2GB超、最大32GB	32GB超、最大2TB
ファイルシステム	FAT 12、16	FAT 32	exFAT

exFAT（Extended File Allocation Table）は、フラッシュドライブ用に最適化されたファイル管理システムです。オプションとして、コピーワンス（1回だけコピー可）のコンテンツ保護技術（CPRM）が搭載されたものもあります。

SDメモリカード

SDメモリカードの上位規格の一つであるSDXCの特徴として、適切なものはどれか。

ア　GPS、カメラ、無線LANアダプタなどの周辺機能をハードウェアとしてカードに搭載している。　　覚えなくていいが、これはSDIO

イ　SDメモリカードの4分の1以下の小型サイズで、最大32Gバイトの容量をもつ。　　micro SDHC

ウ　著作権保護技術としてAACSを採用し、従来のSDメモリカードよりもセキュリティが強化された。　これはDVDなどのプロテクト

エ　ファイルシステムにexFATを採用し、最大2Tバイトの容量に対応できる。　　どちらも、SDXCの特徴

解答　エ

確認のための実戦問題

問1 命令キャッシュを効果的に使用できるプログラムの作成方法はどれか。

ア　アクセスする作業領域部分をまとめる。

イ　作業領域全体を平均的にアクセスするように作成する。

ウ　頻繁に実行される処理部分をまとめる。

エ　プログラム全体を平均的に実行するように作成する。

問2 さまざまなサイズのメモリ資源を使用するリアルタイムシステムのメモリプール管理において、可変長方式と比べた場合の固定長方式の特徴として、適切なものはどれか。

ア　メモリ効率が良く、獲得及び返却の処理速度は遅く一定である。

イ　メモリ効率が良く、獲得及び返却の処理速度は遅く不定である。

ウ　メモリ効率が悪く、獲得及び返却の処理速度は速く一定である。

エ　メモリ効率が悪く、獲得及び返却の処理速度は速く不定である。

● **問1の解説** ……命令キャッシュは命令の局所性を利用するはずだと考える

　　命令キャッシュは、実行する命令を保存しておき、主記憶装置から命令を読み出す回数を減らすことを目的にしています。したがって、アとイの作業領域は関係ありません。エのように平均的に実行するプログラムでは効果が低いです。ウのように、頻繁に実行される処理部分をまとめておくと、キャッシュのヒット率が上がり、効果的に使用できます。

● **問2の解説** ……固定長は単純だが融通が利かないはずだと考える

　　メモリプールは、各プログラムが実行中に割り当てたり解放したりできる主記憶領域のことです。可変長方式は、必要なサイズだけを割り当てるのでメモリの無駄がなく使用効率が良いです。しかし、メモリ管理は複雑で、メモリの割り当てと解放を繰り返すことで、使い物にならない小さな領域であるフラグメンテーション (断片化) が発生します。

　　固定長方式は、あらかじめ同じ大きさの区画に分割します。例えば、10Mバイト区画に分割した場合、3Mバイトの領域が必要な場合も10Mバイト割り当てることになり7Mバイトが無駄になります。しかし、メモリ管理は単純なので処理速度は速いです。

解答　問1 ウ　　問2 ウ

05 入出力装置と 入出力インタフェース

過去に出題されていたプラズマディスプレイは、各社が製造をやめました。パラレルインタフェースも使われなくなり、パソコンでもスマホでもUSBが用いられています。このように規格の主流は移り変わりますが、普段コンピュータに接しているときに耳にする用語は、知識として身につけておきましょう。

画面の情報もビットで記憶している

RGBの3色で色を表す

ディスプレイは、1つのピクセル (画素) ごとに、RGB (Red：赤、Green：緑、Blue：青) の光の三原色で色を表しています。RGBが各1ビットなら、2×2×2＝8種類の色を表現できます。つまり、1つのピクセルを3ビットで表すと、2^3色を表現できます。

こんな問題が出る！ 解像度と色数

2^{16}色とは、1画素を16ビットで表すということ

ディスプレイの解像度が800×600画素のとき、最大2^{16}色の色数で表示できるパソコンがある。解像度を1,600×1,200画素にしたとき、表示できる最大の色数はいくらか。ここで、主記憶の一部をビデオメモリとして使用することはないものとする。表示用のビデオメモリは同容量ということ

ア　2^4　　　　イ　2^8　　　　ウ　2^{12}　　　　エ　2^{16}

解説 すぐに計算を始めずに楽な計算方法を考えよう

画面には、横に800画素、縦に600画素が並び、800×600画素があります。ビデオメモリは、この画素1つごとに16ビットの情報を記憶できるだけの容量があります。1,600×1,200画素では、何ビットの情報を持てるかを考えます。

$$\frac{(800 \times 600) 画素 \times 16 ビット}{(1,600 \times 1,200) 画素} = \frac{8 \times 6 \times 16}{16 \times 12} = 4 ビット$$

解答　ア

液晶ディスプレイが主流

　CRT（ブラウン管）は、見やすく表示速度も速いのですが、奥行きが長く机の上に置くと場所をとり、消費電力が大きいので使われなくなりました。代わって、液晶ディスプレイや有機ELディスプレイなどの薄型ディスプレイが用いられるようになりました。液晶は光を通すか通さないかを制御できるだけで発光はしないので、後ろから光をあてるためのバックライトが必要です。スマホでは、自ら発光する薄くて軽い有機ELディスプレイを用いたものが増えています。

液晶ディスプレイ	電圧によって光の透過率を制御できる液晶を利用。バックライトが必要。消費電力は小さい。
有機ELディスプレイ	電圧をかけると自ら発光する有機化合物を利用。消費電力が小さいが、寿命が短く大型化が難しい。

シリアルインタフェースのUSBが主流

　コンピュータと周辺装置を接続するための規格を入出力インタフェースといいます。一昔前までは、複数ビットを同時に転送するパラレルインタフェースが用いられていました。現在では、1ビットずつ転送するシリアルインタフェースが使われています。いろいろな規格がありますが、次の4つが最も重要です。

有線	USB	キーボードやマウス、ハードディスクやSSDなど、ハブで分岐させて複数の装置を接続できる。
	シリアルATA (SATA)	パラレルATAをシリアル化した規格。ポートマルチプライヤで、最大15台接続できる。
無線	IrDA	赤外線データ通信の規格。約1mの範囲で通信できるが、間に赤外線を遮る障害物があると通信できない。
	Bluetooth （ブルートゥース）	免許のいらない電波を利用した無線通信規格。約100mの範囲なら、障害物があっても通信ができる。

　USB は理論上は、最大127台接続できますが、実際には難しいようです。USBやシリアルATAは、コンピュータの電源を入れたままハードディスクなどの装置を取り付けたり外したりできるホットプラグ機能や接続された装置を自動的に認識するプラグアンドプレイ機能に対応しています。

発展を続けるシリアルATAとUSB

　一昔前のパソコンに内蔵されたハードディスクは、ANSIが規格化した**ATA**
(AT Attachment) というパラレルインタフェースで接続されていました。現
在では、シリアルインタフェースによる**シリアルATA** (SATA：Serial ATA) が
一般的です。SATA 3.0では、6.0Gbpsの高速伝送が可能です。また、SATAを
外付け周辺装置も接続できるように拡張したのが、**eSATA** (External SATA)
です。基本的には１つのポートに1台を接続しますが、**ポートマルチプライヤ**を
用いてポート数を増やすことができます。

　USBは、キーボードやマウスなどの少量のデータを転送するために生まれま
した。しかし、USB3.1では最大10Gビット/秒のデータ転送速度があります。

転送モード	転送速度	用途	
ロースピード	1.5Mbps	マウスなど	
フルスピード	12Mbps	プリンターなど	
ハイスピード	480Mbps	磁気ディスクなど	← USB2.0で追加
スーパースピード	5Gbps	SSDなど	← USB3.0で追加
スーパースピード＋	10Gbps、20Gbps	SSDなど	← USB3.1、3.2で追加

　USBにはたくさんのコネクタ形状があります。広く普及した**USB2.0**では、細
長い長方形で上下の区別がある**TYPE-A**が用いられます。**USB3.1**から上下の
区別がない**Type-C**のコネクタを用いることができます。

USBのコネクタ

こんな問題が出る！

　USB Type-Cのプラグ側コネクタの断面図はどれか。ここで、図の縮尺
は同一ではない。

ア

イ

← 上下の
区別がない

ウ

エ

解説　身近にある実物で確認しておこう

　アはUSB2.0までのType-A。イがType-C、ウはMini-B、エはスマホなどで用い
られているMicro-B。

第3章 テクノロジ系 ● コンピュータシステム

確認のための実戦問題

問1 ある画像を600dpiのスキャナーで入力し、画素数を変えずに200dpiのプリンターで出力した。このときの入力画像と印刷結果の大きさに関して、面積比の関係として正しいものはどれか。

ア 1：3 　　　　　イ 1：9 　　　　　ウ 3：1 　　　　　エ 9：1

問2 静電容量方式タッチパネルの記述として、適切なものはどれか。

ア タッチすることによって、赤外線ビームが遮られて起こる赤外線反射の変化を捉えて位置を検出する。

イ タッチパネルの表面に電界が形成され、タッチした部分の表面電荷の変化を捉えて位置を検出する。

ウ 抵抗膜に電圧を加え、タッチした部分の抵抗値の変化を捉えて位置を検出する。

エ マトリックス状に電極スイッチが並んでおり、押された部分の電極で位置を検出する。

● **問1の解説** ⋯⋯ 単純な具体例を用いて解く

スキャナーは、画像などをドット（点）の情報として読み込む装置です。

600dpiは、1インチに600ドットあるという意味です。

例えば、1インチ×1インチの正方形の画像があるとします。スキャナーで読み込むと、1辺が600ドットの正方形になります。

画素数を変えない場合、200dpiのプリンターでは、1辺600ドットに3インチ必要です。つまり、3インチ×3インチの正方形になりますから、面積は9倍です。

● **問2の解説** ⋯⋯ iPadにも用いられている静電容量方式

静電容量方式は、多数の透明な電極を表面に並べて、指でタッチしたときに静電容量が変化することを利用して位置を読み取ります。広い面積でも使用でき、米アップル社のiPadなどで採用され、採用するスマホも増えています。

ウは抵抗膜方式で、携帯ゲーム機やスマホなどで広く普及していました。

アは赤外線方式、エはマトリックス・スイッチ方式ですが、現在はほとんど使われていません。静電容量方式以外は、覚える必要はありません。

解答 問1 イ 問2 イ

06 コンピュータシステム
磁気ディスク装置と RAID

主記憶装置の容量には限りがあり、電源を切ると記憶内容が消えるため、磁気ディスク装置などの補助記憶装置が用いられます。磁気ディスク装置のアクセス速度や容量に関する計算問題は、かつては定番でしたが、現在はあまり出題されていません。RAIDについては、しっかりと対策しておきましょう。

磁気ディスク装置の構造を理解しよう

ディスク面にはトラックがある

磁気ディスク装置は、ハードディスクドライブ (HDD) とも呼ばれます。アルミやガラスなどの固い円盤に磁性材料を塗った磁気ディスク (プラッタ) が用いられています。

複数の磁気ディスクが内蔵され、データが記録される同心円をトラック、同じ半径のトラックを集めたものをシリンダと呼びます。

・内部構造を横から見た図

磁気ヘッド　トラック

シリンダ
(同じ半径の
トラックの集合)

こんな問題が出る！

平均待ち時間の計算

> 60,000ミリ秒 (1分) で4,200回転するから、1回転時間は600/42＝100/7ミリ秒

回転数が4,200回／分で、平均位置決め時間が5ミリ秒の磁気ディスク装置がある。この磁気ディスク装置の平均待ち時間は約何ミリ秒か。ここで、平均待ち時間は、平均位置決め時間と平均回転待ち時間の合計である。

> 最短0周、最長1周なので平均は半回転する時間

ア　7　　　　　　イ　10　　　　　　ウ　12　　　　　　エ　14

 解説

平均回転待ち時間は、回転待ち時間を2で割ったもの

問題文より、平均待ち時間は、平均位置決め時間と平均回転待ち時間の合計
5ミリ秒＋ (100/7) ミリ秒÷2≒12ミリ秒　となる。

解答　ウ

高速化と高信頼化のRAID

重要なのはストライピングとミラーリング

RAID (redundant arrays of inexpensive disk) は、安価な小型磁気ディスク装置を並列的に用い、分散してアクセスすることで、高速アクセスや信頼性の向上を実現する技術です。

RAIDには、データや冗長ビットの記録方法と記録位置の組合せによってRAID 0からRAID 6があります。特に重要なのは次の2つです。

用語メモ

RAID 0 （ストライピング技術）	複数のディスクに並行してアクセスすることで高速化する。
RAID 1 （ミラーリング技術）	2つのディスクに同じデータを書き込み、1台が故障した場合に備える。

こんな問題が出る！

ストライピング

図に示すように、データを細分化して複数台の磁気ディスクに格納することを何と呼ぶか。ここで、$b_0 \sim b_{15}$ はデータがビットごとにデータディスクに格納される順番を示す。

制御装置

b_0	b_1	b_2	b_3
b_4	b_5	b_6	b_7
b_8	b_9	b_{10}	b_{11}
b_{12}	b_{13}	b_{14}	b_{15}

データディスク1　データディスク2　データディスク3　データディスク4

並列アクセスによる高速化

ア　ストライピング　　　　　イ　ディスクキャッシュ
ウ　ブロック化　　　　　　　エ　ミラーリング

解答　ア

ストライピングの概念を図にした問題だから覚えておくといいよ

ストライピングの信頼性を上げたRAID 5

RAID 0とRAID 1の他にRAID 5が重要です。下の問題では、RAID 2なども示していますが、かえって混乱するので、RAID 2〜4は無視してください。

RAID 5は、パリティビット (p.190) を記録することで、故障したディスクを回復することができます。

用語メモ

RAID 5	複数のディスクにブロック単位で分散して書き込み、各ディスクに分散してパリティビットを書き込むことで信頼性を上げたもの。 〜〜パリティ専用ディスクはない〜〜 パリティビットを記録するために1台分の容量が必要で、N台の磁気ディスク装置で構成した場合、N−1台分の容量になる。

復元方法は、故障したディスクを取り外し、新しいディスクと交換すれば、RAIDシステムが自動的に元通りに回復してくれます。実際には、システムがパリティビットを判断して復元作業を行います。例えば、ディスクA〜Dの4台があり、A (1)、B (1)、C (0)で1の数が偶数になるように偶数パリティを付けるとDは0です。ディスクBが故障した場合、A (1)、C (0)、D (0)なので、1の数を偶数にするために、Bを1にするので復元できます。

また、一般的なRAIDシステムは、電源を入れたままディスクを交換できるホットスワップ機能を備えています。

RAID 5

RAID 5の記録方式に関する記述のうち、適切なものはどれか。

ア 複数の磁気ディスクに分散してバイト単位でデータを書き込み、さらに、1台の磁気ディスクにパリティを書き込む。　←RAID 3

イ 複数の磁気ディスクに分散してビット単位でデータを書き込み、さらに、複数の磁気ディスクにエラー訂正符号 (ECC) を書き込む。
　　RAID 2

ウ 複数の磁気ディスクに分散してブロック単位でデータを書き込み、さらに、複数の磁気ディスクに分散してパリティを書き込む。
　　これがRAID5

エ ミラーディスクを構成するために、磁気ディスク2台に同じ内容を書き込む。　←RAID 1

解答　ウ

確認のための実戦問題

問1　4Tバイトのデータを格納できるようにRAID 1の外部記憶装置を構成するとき、記憶容量が1Tバイトの磁気記憶装置は少なくとも何台必要か。

　ア　4　　　　　　　イ　5　　　　　　　ウ　6　　　　　　　エ　8

問2　80Gバイトの磁気ディスク5台を、RAID 5構成にした場合、実効データ容量は何Gバイトになるか。

　ア　240　　　　　　イ　320　　　　　　ウ　400　　　　　　エ　480

問3　機密ファイルが格納されていて、正常に動作するPCの磁気ディスクを産業廃棄物処理業者に引き渡して廃棄する場合の情報漏えい対策のうち、適切なものはどれか。

　ア　異なる圧縮方式で、機密ファイルを複数回圧縮する。

　イ　専用の消去ツールで、磁気ディスクのマスタブートレコードを複数回消去する。

　ウ　ランダムなビット列で、磁気ディスクの全領域を複数回上書きする。

　エ　ランダムな文字列で、機密ファイルのファイル名を複数回変更する。

●**問1の解説** ……ミラーリングは同じものが2つ必要だから倍の容量

　　RAID 1はミラーリングなので、4Tバイトの倍の容量が必要です。

●**問2の解説** ……「1台分容量をチェック用として使う」と覚えておけば解ける

　　RAID 5は、パリティ用の専用ディスクはありませんが、5台のディスクならデータを記憶できるのは5−1＝4台分の容量になります。したがって、80Gバイトのディスク5台なら、80Gバイト×（5−1）台＝320Gバイト の容量になります。

●**問3の解説** ……データが残っているから完全消去するには上書きする

　　磁気ディスクのデータを消去してもOSによって削除されたという印が付くだけでデータが残っています。マスタブートレコード（起動用の領域）を消去してもデータは残っています。完全消去するためには、データを上書きします。

解答　問1 エ　問2 イ　問3 ウ

処理形態と システム構成

1台のコンピュータですべてを行う形では、障害時のリスクが高くなることから、現在は複数のコンピュータに処理を分散させる形態が発達しています。分散形態にもさまざまなものがあり、クライアントサーバシステム、デュアルシステム、デュプレックスシステムは試験によく出るので特徴をつかんでおきましょう。

クライアントサーバシステムが主流

処理形態に軽く目を通しておこう

次のような処理形態があります。

バッチ処理	データをまとめて投入し、結果を一度に得る。請求書の発行や試験の採点など、処理中は人手がいらない。
オンライントランザクション処理	座席予約などの取引要求が発生したときに、一定時間内に結果を返す。 ～1件の取引がトランザクション
リアルタイム制御処理	エンジン制御など、センサなどで監視し、状況に応じて極めて短い時間で制御を行う。

　データベースの更新や参照などを行う1つの処理単位となる取引データをトランザクションといいます。オンライントランザクション処理は、端末とホストコンピュータ、あるいはクライアントとサーバが通信回線で接続され、トランザクションを処理します。例えば、座席を予約しようとした場合、結果が出るまでに何時間もかかっては困るわけで、即時性と信頼性が要求されます。

　より厳しい即時性が要求されるのがリアルタイム制御処理です。制御が遅れて、原子力発電所が爆発したり、鉄道事故が起きては困ります。

リアルタイムシステム

こんな問題が出る！

　リアルタイムシステムをハードリアルタイムシステムとソフトリアルタイムシステムとに分類したとき、ハードリアルタイムシステムに該当するものはどれか。　　1秒遅れても生死に関わるような厳しい要求

　ア　Web配信システム　　　　イ　エアバッグ制御システム
　ウ　座席予約システム　　　　エ　バンキングシステム

解答　イ

105

集中システムから分散システムへ

集中システムは、処理を行うコンピュータが1台しかないので、管理が簡単で、情報漏えいなどのセキュリティ対策も行いやすいです。しかし、安価な小型コンピュータで処理を分散する分散システムが広く普及しました。

	集中システム	分散システム
初期費用	大型コンピュータなので高い	小型コンピュータなので安い
運用管理	1台なので技術があれば容易	分かれているので手間がかかる
拡張性	あまりない	小型コンピュータを追加できる
信頼性	非常に高い	高くできるようになった

クライアントにサービスをするのがサーバ

顧客のことをクライアントと呼ぶ業界もあります。クライアントサーバシステムは、サービスを要求するクライアントとサービスを提供するサーバが、協調して情報処理を行う分散システムです。

クライアントやサーバは、本来はプログラムです。1台のコンピュータでクライアントとサーバが動いていることもあります。しかし現在では、サーバとはサーバ専用のコンピュータを指すことが多くなっています。

クライアントサーバシステム

クライアントサーバシステムの特徴として、適切なものはどれか。

ア　クライアントとサーバが協調して、目的の処理を遂行する分散処理形態であり、サービスという概念で機能を分割し、サーバがサービスを提供する。

イ　クライアントとサーバが協調しながら共通のデータ資源にアクセスするために、システム構成として密結合システムを採用している。
　　　　　　　　　　　　　　　　　　　分散システムは疎結合という

ウ　クライアントは、多くのサーバからの要求に対して、互いに協調しながら同時にサービスを提供し、サーバからのクライアント資源へのアクセスを制御する。　　　サービスを提供するのは、サーバ

エ　サービスを提供するクライアント内に設置するデータベースも、規模に対応して柔軟に拡大することができる。

解答　ア

仮想化技術

1台のコンピュータ上で複数の仮想サーバを動作させる

　例えば、MacOSのパソコンに仮想化ソフトを用いてWindowsをインストールした仮想マシンを作り、そこでWindowsのソフトウェアを実行することができます。

　試験では、サーバの仮想化が重要なキーワードです。別々のサーバマシンとして動作していたものを、1台のコンピュータ上に仮想的に複数のサーバマシンを設置し、動作させることだと考えておけばいいでしょう。なお上位試験では、仮想化の方式なども問われます。

　仮想化のメリットとしては、1台で一元管理することで運用管理が楽になり、一般に消費電力が少なくなります。もちろん導入コストも安くなります。

　いろいろな場所に分散配置されていたサーバを1か所に集めて集中管理することをサーバ統合といいます。仮想サーバもサーバ統合に使われます。

第3章 テクノロジ系 ▶ コンピュータシステム

こんな問題が出る！ サーバ仮想化

　サーバ仮想化の特長として、適切なものはどれか。

　ア　1台のコンピュータを複数台のサーバであるかのように動作させることができるので、物理的資源を需要に応じて柔軟に配分することができる。
　　　　　抜き差しできる薄いサーバ

　イ　コンピュータの機能をもったブレードを必要な数だけ筐体に差し込んでサーバを構成するので、柔軟に台数を増減することができる。

　ウ　サーバを構成するコンピュータを他のサーバと接続せずに利用するので、セキュリティを向上させることができる。　スタンドアロンサーバという

　エ　サーバを構成する複数のコンピュータが同じ処理を実行して処理結果を照合するので、信頼性を向上させることができる。
　　　デュアルシステム (p.108)

解説　「1台のコンピュータで複数のサーバ」を忘れずに！

　サーバ仮想化は、論理的なサーバであることに注意。ブレード型サーバは、ブレードという薄いサーバがたくさん差し込まれたユニットで、複数を一元管理できるものもあります。しかし、あくまでも1台1台がハードウェアのマシンです。

解答　ア

2系列あればシステムの信頼性が上がる

故障したときに切り替えるデュプレックスシステム

オンライン処理を継続できるように、CPUなどを2系列もたせて信頼性を上げたシステムがあります。デュプレックスシステムは、主系のオンライン処理に障害が発生したときに従系に切り替えてオンライン処理を継続します。

こ ん な 問 題 が 出 る ！

システム構成

図に示すように、2系統のシステムで構成され、一方は現用系としてオンライン処理を行い、もう一方は待機系として現用系の故障に備えている。通常、待機系はバッチ処理を行っている。このようなシステム構成を何と呼ぶか。

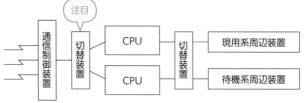

↪ アは各装置が1台の単純なシステム

ア　シンプレックスシステム　　　　イ　デュアルシステム

ウ　デュプレックスシステム　　　　エ　パラレルプロセッサシステム

↪ エは並列プロセッサ

2系列で同じ処理をして、照合するデュアルシステム

デュアルシステムは、2つの系列で同じ処理を行い、一定時間ごとに結果を照合します。高い信頼性が要求されるシステムで利用されます。

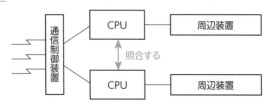

解答　ウ

フォールトトレラントシステムは「無停止コンピュータ」と考える

システムに障害が発生しても、それに耐えられる耐障害技術をもったシステムを、広義のフォールトトレラントシステムと呼びます。障害発生時に機能を落としてでも継続性を重視するフェールソフトや安全性を最優先し必要なら停止するフェールセーフも含まれます。試験では、狭義のフォールトトレラントが出題されます。装置を多重化して、部品が故障しても平常時の機能を維持し続ける無停止コンピュータを指すことが多いです。

第3章 テクノロジ系・コンピュータシステム

解いて覚える頻出用語 システム構成

次の説明文と関連の深い用語を選べ。

(1) 待機系は、現用系が動作しているかどうかを監視していて、現用系のダウンを検出すると現用系が行っていた処理を直ちに引き継ぐ。

(2) システム構成に冗長性をもたせ、部品が故障してもその影響を最小限に抑えることによって、システム全体には影響を与えずに処理が続けられるようにする。　　　　　　　　機能が落ちない無停止コンピュータ

(3) 複数のプロセッサが主記憶を共用し、単一のOSで制御される。システム内のタスクは、基本的にどのプロセッサでも実行できるので、細かい単位で負荷を分散することで処理能力を向上させる。

(4) 故障、誤動作が発生した場合でも、システムが安全な方向に動作するシステム。　　　　　　　　　　　　　　安全性を重視

(5) システムの一部が故障しても、システムの全面的なサービス停止とならないように機能縮退しても継続するシステム。
　　　　　　　機能を落としても継続を重視

ア　密結合マルチプロセッサシステム　　分散処理は疎結合

イ　ホットスタンバイ方式

ウ　フォールトトレラントシステム

エ　フェールセーフ

オ　フェールソフト

ホットスタンバイ方式は、ソフトウェアを起動した状態か、同じ処理を実行しながら待機し、素早く切り替えられるようにしています。コールドスタンバイ方式は、切り替え時に電源を入れるので時間がかかります。

解答　(1)イ　(2)ウ　(3)ア　(4)エ　(5)オ

稼働率と保守

情報システムのバグが解消されて運用が軌道に乗ると、ハードウェアの故障などによるシステム停止の可能性が高くなります。システムは、稼動している時間が長いほど信頼性が高いといえるので、信頼性の尺度である稼働率を把握しておくことは重要です。科目A試験では、稼働率の計算がよく出ています。

稼動している時間の割合が稼働率

システムは稼動と修理を繰り返す

システムは、稼動と修理を繰り返します。正確な意味は後で説明しますが、簡単に言えば、故障せずに連続して稼動している時間の平均をMTBF (mean operating time between failures)、修理している時間の平均をMTTR (mean time recovery、mean time to restoration) といいます。

MTBFとMTTR

システムの稼働モデルが図のように表されるとき、システムのMTBFとMTTRを表した式はどれか。ここで、t_iはシステムの稼働時間、r_iはシステムの修理時間を表すものとする ($i = 1, 2, \cdots , n$)。

```
        故障発生          故障発生          故障発生
  ┌─────┐        ┌─────┐        ┌─────┐
  │ 稼働 │        │ 稼働 │        │ 稼働 │        稼働
  └─────┤ 修理 ├───────┤ 修理 ├───────┤ 修理 ├──────→
  ├ t₁ ┼ r₁ ┼─── t₁ ───┼ r₂ ┼─── t₁ ───┼ r₃ ┼── t₁ ──
```

	MTBF	MTTR
ア	$\dfrac{1}{n} \sum\limits_{i=1}^{n} r_i$	$\dfrac{1}{n} \sum\limits_{i=1}^{n} t_i$
イ	$\dfrac{1}{n} \sum\limits_{i=1}^{n} t_i$	$\dfrac{1}{n} \sum\limits_{i=1}^{n} r_i$
ウ	$\dfrac{1}{n} \sum\limits_{i=1}^{n} t_i$	$\dfrac{1}{n} \sum\limits_{i=1}^{n} (t_i + r_i)$
エ	$\dfrac{1}{n} \sum\limits_{i=1}^{n} (t_i + r_i)$	$\dfrac{1}{n} \sum\limits_{i=1}^{n} r_i$

⟵ Σ記号は、総和を表す

$$\sum_{i=1}^{n} t_i = t_1 + t_2 + \cdots + t_{n-1} + t_n$$

は、t_1からt_nまでを足すことを意味する

MTBFは信頼性、MTTRは保守性の指標

　図を見ればわかるように、故障が発生したら修理します。MTBFは<u>稼働時間の合計 (t1からtnを足したもの) を故障回数 n で割ったもの</u>です。MTTRは<u>修理時間の合計 (r1からrnを足したもの) を故障回数 n で割ったもの</u>です。

MTBF （平均故障間動作時間）	故障が直ってから次に故障が起きるまでの平均時間。 **総動作時間÷総故障数** ←☞ MTBFが長いほど信頼性が高い
MTTR （平均修理時間）	修理や復元操作に必要な平均時間。 **総修理時間÷総故障数** ←☞ MTTRが短いほど保守性が良い

　なお、JISの日本語訳は上の表のとおりですが、MTBFは平均故障間隔という名称で出題されることがあります。

　稼働時間を全運用時間 (稼働時間＋修理時間) で割ったものを稼働率と呼び、次の式で表すことができます。稼働率は、可用性 (アベイラビリティ) の尺度です。

時短で覚えるなら、コレ！

不稼働率が、1−稼働率ということも覚えておくといいよ

$$稼働率 = \frac{MTBF}{(MTBF + MTTR)}$$

解答　イ

MTBF

こんな問題が出る！

↝ 210,000時間で、　　　　　　　　　　↝ 100回故障する

　MTBFが21万時間の磁気ディスク装置がある。この装置100台から成る磁気ディスクシステムを1週間に140時間運転したとすると、平均何週間に1個の割合で故障を起こすか。ここで、磁気ディスクシステムは、信頼性を上げるための冗長構成はとっていないものとする。

↝ 140時間で割れば何週かがわかる

ア　13　　　　　　　イ　15　　　　　　ウ　105　　　　　　エ　300

解説 **平均すると、MTBF時間に1回の故障が起き、100台あれば100回起きる**

　210,000時間÷100回＝2,100時間
　2,100時間÷140時間＝210/14回＝30/2回＝15回

解答　イ

故障の経過を示すバスタブ曲線

始めにたくさんの初期故障が発生する

ハードウェアは、初期段階で多数の故障が発生し、初期故障が出尽くすと安定しますが、稼働を続けると部品の寿命がきて故障頻度が増加します。

横軸に経過時間、縦軸に故障頻度あるいは故障率をとると、次の図のように浴槽を切った断面のような曲線になり、バスタブ曲線と呼ばれます。

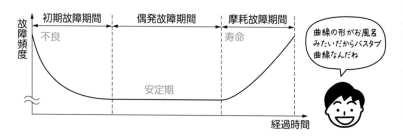

バスタブ曲線の3つの期間は、次のような故障が発生する期間です。

初期故障期間	設計ミスや製造上の欠陥、環境に適合できないなどの原因で、初期段階で故障が発生する期間。　◁ しだいに故障頻度が減少
偶発故障期間	初期故障が落ち着いて安定的に運用できる期間。 偶発的に故障が発生する。
摩耗故障期間	経年疲労、磨耗など、ハードウェアの寿命で故障が発生する期間。 ◁ 故障頻度が増加していく

保守は故障する前から始まっている

MTTRは、故障が発生したとき、その修理や復元操作に必要な平均時間で、MTTRが短いほど保守性が良いといえます。保守（メンテナンス）は、システムが正常に稼働して目的の機能を維持するための活動です。故障の発生したシステムを修復すること（事後保守）だけでなく、システムの点検や部品交換などにより、システムが機能を維持できるように予防すること（予防保守）も含んでいます。

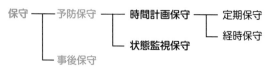

　時間計画保守は、定められた時間計画で行われるもので、日時を決めて行われる定期保守と予定の累積動作時間に達したときに行われる経時保守があります。
　状態監視保守は、動作状態や動作値を監視して、異常があれば故障が発生する前に原因を取り除きます。

初期故障期間の対策

　コンピュータシステムのライフサイクルを故障の面から、初期故障期間、偶発故障期間、磨耗故障期間の三つの期間に分割するとき、初期故障期間の対策に関する記述として、最も適切なものはどれか。

ア　時間計画保全や状態監視保全を実施する。
　　　　　長く使ったから摩耗してる

イ　システムを構成するアイテムの累積動作時間によって経時保全を行う。

ウ　設計や製造のミスを減らすために、設計審査や故障解析を強化する。

エ　部品などの事前取替えを実施する。

初期故障は、設計ミスや製造ミスで発生する

× ア：保全とは保守の同義語。時間計画保全や状態監視保全は全期間で行われ、主に偶発故障期間で効果があります。

× イ：部品によっては偶発故障期間にも必要ですが、主に摩耗故障期間の対策です。

○ ウ：設計や製造のミスや減らすことで初期故障が減るので、これが初期故障期間の対策です。

× エ：時間計画保守ですから偶発故障期間にも必要ですが、主に摩耗故障期間の対策です。

解答　ウ

3つの故障期間の原因と、それを防ぐための対策を、関係づけていけばわかるよ！

英単語まで覚えておきたいRASIS

信頼性、保守性、可用性という用語が出てきたので、よく出題されているRASISを覚えておきましょう。

R	Reliability 信頼性	コンピュータが故障せずに正常に稼動すること。 MTBFが評価に用いられる
A	Availability 可用性	コンピュータを必要なときにいつでも利用できること。 稼働率が評価に用いられる
S	Serviceability 保守性	故障や障害を修復し、利用できるようにすること。 MTTRが評価に用いられる
I	Integrity 保全性 (完全性)	コンピュータが誤動作したり、コンピュータが管理するデータが紛失したり、破壊されたりしないこと。
S	Security 安全性 (機密性)	許可された利用者だけがシステムを利用でき、データが保護されていること。

ここは重要な項目ですので、2問掲載します。1問目は、日本語訳ですが、訳語が統一されていないので、**英単語を覚えておいて、英単語から意味を考えた**ほうが楽です。 ───解答群があるので、つづりを覚える必要はない

RASIS

こんな問題が出る！

問1 コンピュータシステムの高信頼化技術は、目標とする特性からRASISと呼ばれる。RASISを構成する**五つの要素**はどれか。
　日本語訳の選択肢なのでまぎらわしい───

ア　信頼性、可用性、保守性、保全性、機密性

イ　信頼性、経済性、拡張性、再現性、操作性　←─明らかに違う経済性を
　　　　　　　　　　　　　　　　　　　　　　消せば2択問題になる

ウ　正確性、可用性、拡張性、保全性、機密性

エ　正確性、経済性、保守性、再現性、操作性

問2 システムを安全かつ安定的に運用するための指標としてRASISがある。稼働率はRASISのどれに含まれるか。

ア　Availability　　イ　Integrity　　ウ　Reliability　　エ　Security

　　　　　　　エのSecurityが問われたこともある───

解答　問1　ア　　　問2　ア

問1　システムの信頼性を比較する目的で稼働率を測定するのに適切な時期はどれか。

ア　システムの運用を開始した直後に発生したトラブルが解決されて安定してきた時期

イ　システムの運用を開始した時

ウ　システムリリースの可否を判断する時期

エ　長期間のシステム利用を経て、老朽化によるトラブルが増え始めた時期

問2　MTBFが1,500時間、MTTRが500時間であるコンピュータシステムの稼働率を1.25倍に向上させたい。MTTRを幾らにすればよいか。

ア　100　　　　　イ　125　　　　　ウ　250　　　　　エ　375

●**問1の解説** ⋯⋯安定運用していなければ意味がないという常識で解く

　新しいシステムの運用を始めると、初期段階でハードウェアの不良やバグが出ます。その後、安定期を迎え、偶発的に故障や不具合が発生します。システムの信頼性を比較するなら、この安定期が適切です。長期間経過するとシステムの寿命が近づき、故障などが増えてきます。

●**問2の解説** ⋯⋯稼働率の式に数値をあてはめるだけ

$$稼働率 = \frac{MTBF}{(MTBF + MTTR)} = \frac{1500}{(1500 + 500)} = \frac{3}{4}$$

稼働率を1.25＝5/4倍に向上させるには、次の式が成り立ちます。

$$\frac{1500}{(1500 + MTTR)} = \frac{3}{4} \times \frac{5}{4}$$

$$1500 + MTTR = 1600$$

$$MTTR = 1600 - 1500 = 100$$

ここで、分子を100倍して1500にすると、分母が4×4×100＝1600で、MTTRは100とわかるよ！

解答　問1　ア　　　問2　ア

09 コンピュータシステム

システムの稼働率

複数の装置で構成されたシステム全体の稼働率を考えるときには、各装置の稼働率だけでなく接続形態も考える必要があります。科目A試験では、CBT方式の特性から実際に計算するのではなく、式を求める問題が増えると予想できます。公式は暗記するだけでなく、理屈を理解しておきましょう。

複数の装置をもつシステムの稼働率

並列システムの稼働率は、1から両方が故障する確率を引いたもの

システムは、いろいろな装置で構成されています。基本的な構成として、装置が直列で接続されている直列システムと、装置が並列に接続されている並列システムがあります。

直列システムは全ての装置が稼動していないと、システムは稼動できません。並列システムは、1台の装置でも稼動していればシステムが稼動できます。見かけ上は並列構成でも、全ての装置が稼動していなければならない場合は、直列システムとして稼働率を考えます。

多数の装置で構成された複雑なシステムでも、直列システムと並列システムの組合せです。

⏱ **時短で覚えるなら、コレ！**

直列システム
システム全体の稼働率＝a×b

```
── 装置A ── 装置B ──
```

並列システム
システム全体の稼働率＝1−(1−a)(1−b)

> 2台とも故障している確率

```
┌── 装置A ──┐
┤          ├
└── 装置B ──┘
```

注) 装置A、Bの稼働率をそれぞれa、bとする

こんな問題が出る！

システムの稼働率

見逃さないように

稼働率が0.9の装置を複数個接続したシステムのうち、**2番目に稼働率が高いシステム**はどれか。ここで、並列接続部分については、少なくともどちらか一方が稼働していればよいものとする。

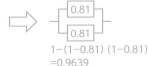

ア　$0.9 \times 0.9 = 0.81$

イ　$1-(1-0.9)(1-0.9) = 0.99$

ウ　

$1-(1-0.81)(1-0.81) = 0.9639$

エ　

$0.99 \times 0.99 = 0.9801$

解説

複雑な構成は、直列、並列ごとに計算する

アは、直列システムです。　　$0.9 \times 0.9 = 0.81$

イは、並列システムです。　　$1-(1-0.9)(1-0.9)$ です。

ウは、直列システムの部分はアであり、稼働率0.81の装置の並列システムと考えることができます。

　　$1-(1-0.81)(1-0.81) = 0.9639$

エは、並列システムの部分はイであり、稼働率0.99の装置の直列システムと考えることができます。

　　$0.99 \times 0.99 = 0.9801$

解答　エ

複雑な構成は、少しずつ簡単にしていけば必ず解けるよ

117

多重化システムの稼働率

稼働率0.9の装置を用いて、稼働率0.999以上の多重化システムを作りたい。この装置を最低何台並列に接続すればよいか。

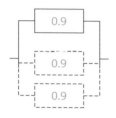

並列システムは、台数を増やすほど、すべてが同時に故障する確率が減るため、稼働率が高くなる

ア　2　　　　　イ　3　　　　　ウ　4　　　　　エ　5

解説 全部が稼動していない確率を引いたのが並列システムの稼働率

2台の並列システムの稼働率は、次の式で求めました。

> **2台の並列システムの稼働率＝1－(1－a)(1－b)**
> 2台とも故障している確率

3台の並列システムの稼働率は、次の式で求めることができます。

> **3台の並列システムの稼働率＝1－(1－a)(1－b)(1－c)**
> 3台とも故障している確率
> 注) a、b、cは、装置A、B、Cの稼働率

aが稼働率なら、1－aは稼動していない不稼働率です。x台の並列システムなら、いずれか1台でも稼動していれば稼動するので、x台が同時に不稼動になる確率を1から引けば、稼働率を求めることができます。

さて、稼働率はすべて0.9ですので、x台の並列システムの稼働率が、0.999以上になるには、次の式を満たせばいいことになります。

$$1-(1-0.9)^x \geq 0.999$$
$$1-(0.1)^x \geq 0.999$$
$$1-0.999 \geq (0.1)^x$$
$$0.1^x \leq 0.001 \quad \Leftarrow ここで\ x\ が3のとき等しくなるとわかる$$
$$0.1^x \leq 0.1^3$$
$$x \geq 3 \quad \Leftarrow 底が1未満なので不等号が逆になる$$

解答　イ

確認のための実戦問題

問1　稼働率が最も高いシステム構成はどれか。ここで、並列に接続したシステムは、少なくともそのうちのどれか一つが稼働していればよいものとする。

　　　ア　稼働率 70 %の同一システムを四つ並列に接続

　　　イ　稼働率 80 %の同一システムを三つ並列に接続

　　　ウ　稼働率 90 %の同一システムを二つ並列に接続

　　　エ　稼働率 99 %の単一システム

問2　東京～大阪、及び、東京～名古屋が、それぞれ独立した通信回線で接続されている。東京～大阪の稼働率は0.9、東京～名古屋の稼働率は0.8である。東京～大阪の稼働率を0.95以上に改善するために、大阪～名古屋にバックアップ回線を新設することを計画している。新設される回線の稼働率は最低限幾ら必要か。

　　　ア　0.167　　　　イ　0.205　　　　ウ　0.559　　　　エ　0.625

●**問1の解説**……最後に1から引く値が最も小さなものが稼働率が高い

　　ア：$1-(1-0.7)(1-0.7)(1-0.7)(1-0.7)$

　　　　$=1-\underline{0.3^4}=0.9919$　→　99.19%

　　イ：$1-(1-0.8)(1-0.8)(1-0.8)=1-\underline{0.2^3}=0.992$　→　99.2%

　　ウ：$1-(1-0.9)(1-0.9)=1-\underline{0.1^2}=0.99$　→　99%

　　あとは、0.3^4、0.2^3、0.1^2の中で最も小さいものを選ぶだけです。

●**問2の解説**……図に数値を書き込んでみよう

　　東京～大阪の稼働率を0.95以上に改善するのだから、東京と大阪を両端にして、各回線を装置と考えて、図を描きます。

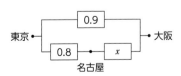

大阪～名古屋の回線の稼働率をxとおく。

東京～名古屋～大阪の稼働率は、直列なので、$0.8x$

東京～大阪の稼働率は、並列なので、

　　$1-(1-0.9)(1-0.8x)$

　　$1-(1-0.9)(1-0.8x)\geqq0.95$

　　　　　　　　$x\geqq0.625$

解答　問1　イ　問2　エ

| 出題例 | キャッシュメモリ | 目標解答時間 | 2分 |

問 A〜D を、主記憶の実効アクセス時間が短い順に並べたものはどれか。

	キャッシュメモリ			主記憶
	有無	アクセス時間 （ナノ秒）	ヒット率 （％）	アクセス時間 （ナノ秒）
A	なし	−	−	15
B	なし	−	−	30
C	あり	20	60	70
D	あり	10	90	80

ア　A、B、C、D

イ　A、D、B、C

ウ　C、D、A、B

エ　D、C、A、B

● **解説**

順序を求める問題は、大小関係を考えれば計算しなくてもOK！

　AとBはキャッシュメモリがないので、主記憶のアクセス時間から、A＜B。また AとCを比べると、CのキャッシュでさえAの主記憶より遅いので、A＜C。

　さらにCとDを比べると、Dは90％を10ナノ秒でアクセスできるので、主記憶がCより少し遅くても、D＜Cです。A＜B、A＜C、D＜Cに該当するのは、イだけです。このように理屈で考えれば、時間の節約になります。

　なお、計算でも求めてみましょう。93ページの式を使って、CとDの実効アクセス時間を計算します。

　　C：20ナノ秒×0.6＋70ナノ秒×（1−0.6）

　　　＝12ナノ秒＋28ナノ秒＝40ナノ秒

　　D：10ナノ秒×0.9＋80ナノ秒×（1−0.9）

　　　＝9ナノ秒＋8ナノ秒＝17ナノ秒

したがって、次のようになります。

　A（15ナノ秒）＜ D（17ナノ秒）＜ B（30ナノ秒）＜ C（40ナノ秒）

【解答】　イ

| 出題例 | システムの稼働率 | 目標解答時間　2分 |

問 図のように、1台のサーバ、3台のクライアントおよび2台のプリンターが LAN で接続されている。このシステムはクライアントからの指示に基づいて、サーバにあるデータをプリンターに出力する。各装置の稼働率が表のとおりであるとき、このシステムの稼働率を表す計算式はどれか。ここで、クライアントは3台のうちどれか1台が稼働していればよく、プリンターは2台のうちどちらかが稼働していればよい。

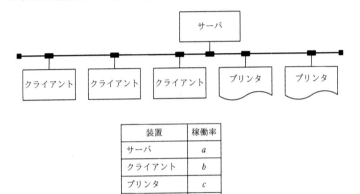

装置	稼働率
サーバ	a
クライアント	b
プリンタ	c
LAN	1

ア　ab^3c^2

イ　$a(1-b^3)(1-c^2)$

ウ　$a(1-b)^3(1-c)^2$

エ　$a(1-(1-b)^3)(1-(1-c)^2)$

●解説

クライアントとプリンターは並列システムとして考える

・「クライアントは3台のうちどれか1台が稼働していればよく」　$1-(1-b)^3$
・「プリンターは2台のうちどちらかが稼働していればよい」　$1-(1-c)^2$
　サーバは1つなので、直列システムと考えると、式は次のようになります。
　　$a \times (1-(1-b)^3) \times (1-(1-c)^2)$

【解答】　エ

問　仮想化マシン環境を物理マシン20台で運用しているシステムがある。次の運用条件のとき、物理マシンが最低何台停止すると縮退運転になるか。

〔運用条件〕
(1)　物理マシンが停止すると、そこで稼働していた仮想マシンは他の全ての物理マシンで均等に稼働させ、使用していた資源も同様に配分する。
(2)　物理マシンが20台のときに使用する資源は、全ての物理マシンにおいて70%である。
(3)　1台の物理マシンで使用している資源が90%を超えた場合、システム全体が縮退運転となる。
(4)　(1)〜(3)以外の条件は考慮しなくてよい。

ア　2　　　　　　イ　3　　　　　　ウ　4　　　　　　エ　5

●**解説**

システム全体の余裕分を超えたとき、縮退運転になる

　問題文にある縮退運転とは、障害が発生したマシンを切り離して、機能を縮小しながら運用し、障害からの回復を待つ対処方法です。

　仮に各仮想マシンが同じ負荷で、1台の物理マシンに100台の仮想マシンがあるとします。(2)から、物理マシン1台は70%しか使っていないので、70台の仮想マシンが動いています。物理マシンが20台あるので、仮想マシンは70台×20台＝1400台です。1台の物理マシンで90台の仮想マシンを実行できるとき、1400台の仮想マシンを動かすには何台の物理マシンがいるか、という問題です。

　　1400台÷90台＝140÷9＝？

　試験では電卓を使えず、画面を見て解くことになるので、正確に小数点以下まで計算する必要はありません。10台以上になることはわかりますから、まず10台分の90と50に分け、50の中に9は5つあるので、45と5に分けます。

　　1400台÷90台＝140÷9＝(90＋45＋5)÷9＝10＋5＋α＝16台必要

　電卓で計算すると、15.555…ですが、15台では0.555の部分が実行できません。したがって、4台停止しても縮退運転にはなりませんが、5台停止すると縮退運転になります。

【解答】エ

OSと
ソフトウェア

第4章の学習ガイダンス

OSとソフトウェア

　OSとソフトウェア分野からの出題は定番問題が多く、過去問対策が重要です。初めて学習する人には馴染みのないテーマが含まれるのでじっくりと。ソフトウェア技術者の方にとっては常識的な用語が多いので、軽く流すくらいでよいでしょう。

　用語問題としてはスプーリングや割込みの種類など、思考が必要な問題としては仮想記憶のページ置換え、タスクのスケジューリングなどが定番です。

OSで重要なのは、タスク管理、データ管理、記憶管理

　OS (オペレーティングシステム) の役割は多く、シラバスには12の管理機能が示されています。ただし、出題のほとんどはタスク管理、データ管理、記憶管理です。

シラバス 中分類 5：ソフトウェア
1. オペレーティングシステム
　　(1)OSの種類と特徴、(2)OSの機能と構成、(3)ジョブ管理、(4)タスク管理、
　　(5)データ管理、(6)入出力管理、(7)記憶管理、(8)ネットワーク制御、(9)
　　運用の管理、(10)ユーザー管理、(11)セキュリティ制御、(12)障害管理

2. ミドルウェア　　3. ファイルシステム　　4. 開発ツール
5. オープンソースソフトウェア

●OSの管理機能の中ではタスク管理がよく出る

　OSとソフトウェア分野は出題数が少ないので、頻出するわけではありませんが、タスク管理機能の出題が目立ちます。タスク (プロセス) の状態遷移図のどこかが空欄になった問題 (例えばp.133)、割込みの種類の問題 (例えばP.134)、マルチタスクの実行の問題 (例えば、p.138) などが過去に出題されています。

●仮想記憶の出題が復活するかもしれない

　CBT以前の試験では、ページング方式の仮想記憶で、ページの置換えアルゴリズムであるFIFOとLRUの違いを問う問題 (例えば、p.143) が頻出していたことがあります。ここ数年の出題は減っていましたが、復活する可能性が高いテーマです。

ファイルシステムはPCを思い浮かべよう

　パソコンでフォルダと呼んでいるものをディレクトリと呼び直せば、階層ファイルシステムは容易に理解できるはずです。サンプル問題でも絶対パスの説明として、「ルートディレクトリから対象ファイルに至るパス名」を選ばせる問題がありました。

コンパイラとインタプリタの違いも出る

　現在は、どの言語がインタプリタかコンパイラかと問うのは難しくなりました。インタプリタの言語にもコンパイラが作られていますし、インタプリタで動作を確認して、完成したらコンパイルできるプログラム言語もあります。
　ただし、基本的な用語を問うものは出題されています。サンプル問題では、インタプリタの説明として、「原始プログラムを、解釈しながら実行するプログラムである」を選ばせる簡単な問題も出ています。

オペレーティング システム

オペレーティングシステム（OS）は、コンピュータのハードウェアを、人や応用プログラムが効率よく使えるように制御します。最近のOSは、非常に多機能で複雑なものになっていますが、試験で出題されるのは、OSのもつ基本的な機能や関連用語の知識を試す問題です。計算問題もあるので、十分な演習を！

スループット向上がOSの目的の1つ

広義のOSが基本ソフトウェア

パソコンのスイッチを入れると、マイクロソフト社のWindowsなどのオペレーティングシステム（OS：Operating System）が動作します。人は、このOSを介して、コンピュータを使用することができます。経理処理などの応用ソフトウェア（アプリケーション・ソフトウェア）も、OSの機能を利用して作られています。広い意味でのOSのことを基本ソフトウェアと呼びます。ミドルウェアは、基本ソフトウェアが提供する機能よりも、高度で専門的な機能を応用ソフトウェアに提供します。例えば、データベース管理システムなどです。

現在のOSは、ハードウェア資源を有効に利用するだけでなく、安全で使いやすいものが求められています。

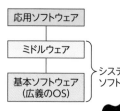

ハードウェア資源とは、CPUやメモリなど

まとめて処理するバッチ処理と対話型処理

OSの話を進めるときに、知っておきたいのが処理形態です。コンピュータに仕事させるとき、例えばマークシート試験の採点、社員1,000人分の給料計算など、何をすべきかが決まっている定型的な処理があります。このような処理は、必要なデータを添えて、まとめてコンピュータに処理を依頼し結果を待つ、バッチ処理が用いられます。処理の途中で人手は必要ありません。

これに対して、座席を予約するとか、ワープロで文章を作成するといった対話型処理では、例えば、A便が空いていないからB便を予約しよう、「カンジ」は「漢字」でなく「幹事」に変換するなど、人が判断を加えながら処理を進めます。

スループットは単位時間当たりの仕事量

コンピュータに仕事を依頼するわけですが、人がコンピュータに仕事を依頼する単位がジョブです。ジョブを分解して、OSが1つの処理単位として扱うのがタスク (プロセス) です。試験ではスループットとスプーリングがよく出ます。

用語メモ

スループット	コンピュータが単位時間あたりに処理する仕事量。 例えば、1時間あたりに処理できるジョブ件数

スループット

スループットの説明として、適切なものはどれか。

↳ ターンアラウンドタイム

ア ジョブがシステムに投入されてからその結果が完全に得られるまでの経過時間のことであり、入出力の速度やオーバーヘッド時間などに影響される。

イ ジョブの稼働率のことであり、"ジョブの稼働時間÷運用時間" で求められる。 ↳ スループットではない

ウ ジョブの同時実行可能数のことであり、使用されるシステムの資源によって上限が決まる。 ↳ ジョブの多重度という

エ 単位時間当たりのジョブの処理件数のことであり、スプーリングはスループットの向上に役立つ。 ↳ 頻出用語

解説 **遅いプリンターに影響されないようにジョブを印刷処理から切り離す**

CPUの速度に比べれば、プリンターは遅いので、ジョブとプリンターへの出力処理を切り離すのがスプーリング (スプール処理) です。

ジョブがプリンターへ結果を出力し印刷を行う場合、高速な磁気ディスク装置にスプールファイルを書き出して、ジョブは次の処理を進めます。後は、印刷マネージャなどと呼ばれるプログラムが、プリンターの速度に応じて、スプールファイルからプリンターに印刷データを送ります。

スプーリングを用いることで、単位時間当たりに処理できるジョブ件数を増やすことができ、スループットが向上します。

ジョブ → 高速に出力
↓
スプールファイル
↓ スプールサービスを行うプログラムがプリンターに合わせて出力
プリンター

解答 エ

完全な結果が出るまでのターンアラウンドタイム

OSの性能に関する指標の中で、ターンアラウンドタイムとレスポンスタイムが重要です。レスポンスタイムは、処理を依頼して結果の最初の1文字目が出るまでの時間、ターンアラウンドタイムは最後の1文字が出力される時間です。

用語メモ

ターンアラウンドタイム	主にバッチ処理で、処理を依頼してから完全な結果が返ってくるまでの時間。
レスポンスタイム（応答時間）	主に対話型処理で、端末から問い合わせなどを入力したとき、結果の1文字目やメッセージの1文字目が表示されるまでの時間。
オーバーヘッドタイム	OSが動作するためにCPUを使用している時間。

ターンアラウンドタイムの式

一つのジョブについての、ターンアラウンドタイム、CPU 時間、入出力時間及び処理待ち時間の四つの時間の関係を表す式はどれか。ここで、ほかのオーバーヘッド時間は考慮しないものとする。

ア　処理待ち時間 = CPU 時間 + ターンアラウンドタイム + 入出力時間

イ　処理待ち時間 = CPU 時間 − ターンアラウンドタイム + 入出力時間

ウ　処理待ち時間 = ターンアラウンドタイム − CPU 時間 − 入出力時間

エ　処理待ち時間 = 入出力時間 − CPU 時間 − ターンアラウンドタイム

解説

ターンアラウンドタイムは、完全な結果が出力されるまでの時間

応用プログラムは、CPUを使う時間と磁気ディスクなどからデータを入力したり、プリンターに出力したりする入出力時間が必要です。この他に、CPUや入出力装置の空きを待っている処理待ち時間があります。

←	ターンアラウンドタイム	→
CPU 時間	入出力時間	

（処理待ち時間）

ターンアラウンドタイム = CPU 時間 + 入出力時間 + 処理待ち時間
左辺が処理待ち時間になるように式を変形すると、
処理待ち時間 = ターンアラウンドタイム − CPU 時間 − 入出力時間

解答　ウ

解いて覚える頻出用語 OS の関連用語

次の用語と関連の深い説明文を選べ。

(1) アプリケーションから、OS が用意する各種機能を利用するための仕組み。

(2) アプリケーションの実行中、必要になったときにOSによって連係されるライブラリ。 ← 動的

(3) 利用者が入力したコマンドを解釈し、対応する機能を実行するように OS に指示する。

(4) 入出力装置に依存した処理を行い、装置の種類ごとに用意され、1台または複数台の装置を制御する。読出し、書込みなどの入出力要求が出されると、その装置を直接操作・管理する。

(5) OS が提供する機能を最小限のメモリ管理やプロセス管理などに限定し、ファイルシステムなど他のOS機能はサーバプロセスとして実現されている。

ア　マイクロカーネル

イ　API（Application Program Interface）

ウ　動的リンクライブラリ（Dynamic Link Library） ← 動的は、実行中

エ　シェル ← コマンドインタプリタともいう

オ　デバイスドライバ

解説

一般的なOSは、次のような構成をしています。

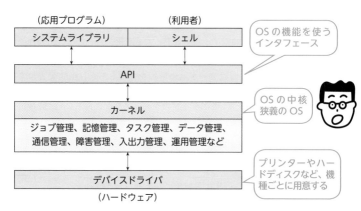

解答　(1)イ　(2)ウ　(3)エ　(4)オ　(5)ア

問1 次の条件で印刷処理を行う場合に、スプールファイルの全容量は最低何Mバイト必要か。

〔条件〕

(1) 同一のジョブを4回連続して、多重度1で実行する。

(2) ジョブの単独での実行時間は20分である。

(3) 単独でのジョブは、実行時に400Mバイトの印刷用スプールファイルを確保し、そこに印刷データを出力する。

(4) ジョブ実行後、スプールファイルの内容がOSの印刷機能によって処理される。

(5) 印刷が完了すると、OSはスプールファイルを削除する。ここで、削除時間は考慮しないものとする。

(6) プリンターは1台であり、印刷速度は100Mバイト当たり10分である。

(7) ジョブの実行と印刷処理は並行動作可能で、互いに影響を及ぼさないものとする。

　　ア　400　　　イ　800　　　　ウ　1,200　　　　エ　1,600

問2 プログラムのCPU実行時間が300ミリ秒、入出力時間が600ミリ秒、その他のオーバーヘッドが100ミリ秒の場合、ターンアラウンドタイムを半分に改善するには、入出力時間を現在の何倍にすればよいか。

　ア　$\dfrac{1}{6}$　　　イ　$\dfrac{1}{4}$　　　　ウ　$\dfrac{1}{3}$　　　　エ　$\dfrac{1}{2}$

問3 あるジョブのターンアラウンドタイムを解析したところ、1,350秒のうちCPU時間が2／3であり、残りは入出力時間であった。

　1年後に、CPU時間はデータ量の増加を考慮しても、性能改善によって当年比80％に、入出力時間はデータ量の増加によって当年比120％になることが予想されるとき、このジョブのターンアラウンドタイムは何秒になるか。ここで、待ち時間、オーバーヘッドなどは無視する。

　　ア　1,095　　　イ　1,260　　　ウ　1,500　　　エ　1,665

●**問1の解説** …… 仕様を読み取りタイムチャートで解く

　　ジョブの実行時間は20分で、100Mバイト当たり10分かかるので400Mバイトの印刷に40分かかります。印刷が終われば、スプールファイルは削除されます。

CPU	A	A	B	B	C	C	D	D								
プリンター			A	A	A	A	B	B	B	B	C	C	C	C	D	D	D	D
ファイルの生存期間																

3つのスプールファイル（400Mバイト×3）が存在

●問2の解説 …… ターンアラウンドタイムの式に値を入れて解く

ターンアラウンドタイムは、次の式で表すことができました。

ターンアラウンドタイム＝CPU 時間＋入出力時間＋処理待ち時間

CPU実行時間が300ミリ秒、入出力時間が600ミリ秒、その他のオーバーヘッドが100ミリ秒ですから、次式で表すことができます。

ターンアラウンドタイム＝300ミリ秒＋600ミリ秒＋100ミリ秒
　　　　　　　　　　　＝1,000ミリ秒

ターンアラウンドタイムを半分に改善するには、入出力時間を現在のX倍にすればいいのですから、次の式が成り立ちます。

1,000ミリ秒÷2＝300ミリ秒＋600Xミリ秒＋100ミリ秒
1,000ミリ秒＝600ミリ秒＋1,200Xミリ秒＋200ミリ秒
1,200Xミリ秒＝1,000ミリ秒－800ミリ秒

$$X = \frac{200ミリ秒}{1,200ミリ秒} = \frac{1}{6}$$

難しい計算じゃないからじっくりと理解してね！

●問3の解説 …… 条件を見逃さず、ターンアラウンドの式に値を入れて解く

待ち時間、オーバーヘッドなどは無視するので、ターンアラウンドタイムの式は次のとおりです。

ターンアラウンドタイム＝CPU 時間＋入出力時間

ターンアラウンドタイム1,350秒のうちCPU時間が2/3で、残り1/3が入出力時間です。1年後は、CPU時間が80％、入出力時間が120％になります。

$$ターンアラウンドタイム = \left(\frac{1,350\times2}{3}\right) \times \frac{80}{100} + \left(\frac{1,350\times1}{3}\right) \times \frac{120}{100}$$
$$=720+540$$
$$=1,260$$

1,350÷3は暗算でも450なので、次のように計算することもできます
450×（2×80＋120）÷100＝450×280÷100
　　　　　　　　　　　＝45×28＝90×7×2＝630×2＝1,260

【解答】問1　ウ　　問2　ア　　問3　イ

第4章
テクノロジ系 ● OSとソフトウェア

タスク管理

タスクとは、コンピュータ側から見た仕事の実行単位です。問題によって、タスク、プロセス、スレッドなどの用語が使われますが、同義と考えておけばよいでしょう。このテーマで頻出なのがタスクの状態遷移図です。実行状態から実行可能状態に戻るところがよく狙われるので、しっかりと把握しておきましょう。

CPUの割当てを行うタスク管理

タスクはプロセスとも呼ぶ

利用者が依頼した仕事をジョブといいます。汎用機のOSなどでは、ジョブを実行するために、複数のタスクが生成されます。パソコンなどのOSでは、応用ソフトウェアの実行を指示すると、プロセスという単位で動作するものがあります。

タスクやプロセスは、CPUや主記憶装置の割当てを受ける単位になります。また、プロセスをさらにスレッドという単位で実行するOSがあり、1つのプロセスに複数のスレッドを持たせることで、並列動作を行うことができます。またスレッドは、CPUだけをそれぞれに割り当て、主記憶のアドレス空間は親プロセスのものを共有します。

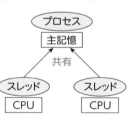

タスクという用語を用いて説明を続けますが、問題文中にプロセスという用語があったらタスクのことだと考えてください。次のように、スレッドという用語が出題されることも、まれにあります。

こんな問題が出る！

スレッド

並行処理の単位として、プロセスのほかに、プロセス内に複数存在するスレッドを用いることがある。一つのプロセス内のすべてのスレッドが共有するものはどれか。

ア	アドレス空間	イ	スタック
ウ	プログラムカウンタの値	エ	レジスタセットの値

解答　ア

タスクは3つの状態を遷移する

マルチタスクOSでは、複数のタスクが見かけ上、同時に実行されるので、どのタスクからCPUを割り当てるか、といったスケジューリングが重要になります。タスクの実行を監視して、CPUの割当てや主記憶の管理などを行うのがOSのタスク管理です。

タスクは、CPUの割当てを待つ実行可能状態、CPUを割り当てられた実行状態、入出力装置の完了などを待つ待ち状態の3つの状態をとります。

こんな問題が出る！

タスクの状態遷移

図はマルチタスクで動作するコンピュータにおけるタスクの状態遷移を表したものである。実行状態のタスクが実行可能状態に遷移するのはどれか。

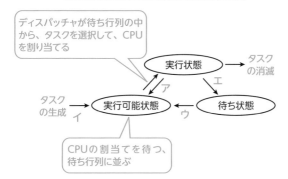

ディスパッチャが待ち行列の中から、タスクを選択して、CPUを割り当てる

実行状態 → タスクの消滅

タスクの生成 → 実行可能状態 ← 待ち状態

CPUの割当てを待つ、待ち行列に並ぶ

ア　自分より優先度の高いタスクが実行可能状態になった。

イ　タスクが生成された。

ウ　入出力要求による処理が完了した。

エ　入出力要求を行った。

解説

優先度の高いタスクを自分より先に実行させる

タスクが、実行状態から実行可能状態に戻るのは、優先順位の高いタスクがCPUを横取りして先に実行するためです。この他に、タスクに割り当てるCPU時間が決められていて、時間切れで他のタスクにCPUを渡す場合もあります。

解答　ア

実行中のプログラムを中断し割り込む

プログラムが原因で起こるのが内部割込み

プログラムミスや入力データの異常で、10÷0のような計算をしてしまい、「0で割ることはできない」という意味のエラーメッセージが出てプログラムが異常終了することがあります。これは、実行中のプログラムにOSが割り込んで、エラーメッセージを出力しています。このような割込みの発生要因には、ソフトウェアによる内部割込みとハードウェアによる外部割込みがあります。

時短で覚えるなら、コレ！

割込みの種類

	割込みの種類	割込みの発生要因
内部	プログラム割込み	桁あふれ、ゼロ除算などのプログラムエラー。仮想記憶のページフォールト（ページ不在）など。
	SVC割込み	プログラムの完了や入出力の要求をOSに求める。
外部	機械チェック割込み	主記憶装置の障害、電源異常が発生した。
	入出力割込み	入出力装置の動作完了や中断など。
	タイマ割込み	設定された時間が過ぎたとき。

ゼロ除算のようにプログラムに問題がある場合には、プログラムを継続することはできません。しかし、プリンターの紙がないといったエラーでは、紙を補給後に継続できます。そこで、OSが割り込む際に、中断するプログラムの状態を保存しておき、割込みが終了すると保存した状態を回復して、再び中断した元のプログラムを実行することができます。

内部割込み

こんな問題が出る！

内部割込みに分類されるものはどれか。

ア　商用電源の瞬時停電などの電源異常による割込み　←機械チェック割込み

イ　ゼロで除算を実行したことによる割込み　←プログラム割込み

ウ　入出力が完了したことによる割込み　←入出力割込み

エ　メモリパリティエラーが発生したことによる割込み
　　←機械チェック割込み

解答　イ

確認のための実戦問題

問1 マルチプログラミングにおけるプロセスの切替え手順を示した図において、OS の処理 a 〜c として、適切な組合せはどれか。

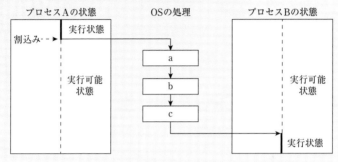

	a	b	c
ア	実行状態の回復	プロセスの選択	実行状態の退避
イ	実行状態の退避	実行状態の回復	プロセスの選択
ウ	実行状態の退避	プロセスの選択	実行状態の回復
エ	プロセスの選択	実行状態の回復	実行状態の退避

問2 割込み処理の終了後に、割込みによって中断された処理を割り込まれた場所から再開するために、割込み発生時にプロセッサが保存するものはどれか。

ア　インデックスレジスタ　　　　イ　データレジスタ

ウ　プログラムカウンタ　　　　　エ　命令レジスタ

● **問1の解説** …… まず、中断するプロセスを退避する

　　プロセスAを退避し、切り替えるプロセスBを選び、プロセスBを回復します。

● **問2の解説** …… 実行中の命令のアドレスを保持しているプログラムカウンタ

　　割込み時に実行していた命令のアドレスを退避しておけば、その場所から再開できます。命令アドレスレジスタ (p.86) は、プログラムレジスタ、プログラムカウンタとも呼ばれます。

解答　問1 ウ　問2 ウ

03 タスクの スケジューリング

OSとソフトウェア

優先順などによってタスクやジョブの実行順序を決めることをスケジューリングといいます。出題は用語問題が多いのですが、タイムチャートを書いて解く問題もあります。数問解いて慣れてしまえば難しくありませんが、面倒でもメモ用紙に書き出して整理することが重要です。問題文の条件も見落とさないように。

どのタスクにCPUを割り当てるか

CPUに割り込める場合と割り込めない場合がある

実行可能状態の複数のタスクが待ち行列に並んでいる場合、どのタスクを実行状態にしてCPUを与えるかというスケジューリングが必要になります。

まず、タスクを切り替えるトリガ(引き金)で分類すると次の2つがあります。

| イベントドリブン方式 | イベントが発生したら、対応するタスクに優先的にCPU時間を割り当てる。 |
| タイムスライス方式 | CPU時間を極めて短い一定時間(タイムスライス)に分割して、各タスクに割り当てる。 |

イベントとは「キーが押された」などの出来事のことで、それに素早く反応して対応する処理を行うのがイベントドリブン方式です。

タイムスライスとは、CPU時間を分割した極めて短い時間のことです。同じような意味でタイムクウォンタムという用語が使われることがあります。

現在の対話型OSでは、イベントドリブン方式とタイムスライス方式が組み合わされたスケジューリングが採用されています。

用語メモ

| プリエンプション | 実行中のタスクをOSが強制的に切り替えられる特性。優先度が高いタスクなどがCPUを横取りできる。 |
| ノンプリエンプション | 実行中のタスクをOSが実行中のタスクを強制的に切り替えられない特性。 |

CPUは、皆で共有しているから、このような仕組みが必要になるよ

CPU時間がいつまでたっても割り当てられないことがある

OSのディスパッチャ（スケジューラ）が、実行可能状態のタスクから次にCPUを割り当てるタスクを選択します。タスクにCPU時間を割り当てる方式には、次のようなものがあり、実際のOSはこれらが組み合わされて使われます。

用語メモ

到着順	待ち行列に並んだタスクの順番で、CPU時間を割り当てる。 長く待たされることもあるが、必ず順番が回ってくる
優先度順	優先度の高いタスクからCPU時間を割り当てる。
最短時間順	処理時間の短いタスクから先にCPU時間を割り当てる。
ラウンドロビン	待ち行列に並んだタスクの順番で、一定のCPU時間を割り当て、時間切れの場合は実行を打ち切り、待ち行列の最後に並ぶ。

優先度順方式と最短時間順方式は、優先順位の低いタスクなどに、いつまでたってもCPU時間が割り当てられない飢餓状態が発生することがあります。

タスクスケジューリング方式

特定のタスクがCPU資源の割当てを待ち続ける可能性が高いタスクスケジューリング方式はどれか。

優先度順方式

ア 各タスクの優先度を決めて、優先度が高い順に実行するが、CPU割当てまでの待ち時間の長さに応じて優先度を徐々に上げていく。

イ 各タスクをCPU待ち行列に置かれた順に実行し、一定時間が経過したら実行を中断してCPU待ち行列の最後尾に加える。

ラウンドロビン方式

ウ 処理予定時間が最も短いタスクから処理を実行する。現在実行中の処理が完結するか、または何らかの要因によって中断されたとき、次のタスクを開始する。

エ タスクがシステムに到着した順に実行可能待ち行列の最後尾に加え、常に実行可能待ち行列の先頭のタスクにCPUを割り当てる。

到着順方式

優先度が低いままでは、常に追い越されて待ち続ける

アは待ち時間の長さに応じて優先度を上げていくので、飢餓状態は起こりません。ウは最短時間順ですが、処理時間の短いタスクが優先して実行されるため、飢餓状態が発生することがあります。

解答 **ウ**

マルチタスクのCPUの遊休時間

⟜ 優先度の高いタスクが割り込んでCPUを横取りできる

　三つのタスクの優先度と、各タスクを単独で実行した場合のCPUと入出力装置 (I/O) の動作順序と処理時間は、表のとおりである。三つのタスクが同時に実行可能状態になってから、全てのタスクの実行が終了するまでのCPUの遊休時間は何ミリ秒か。ここで、I/Oは競合せず、OSのオーバーヘッドは考慮しないものとする。また、表の（　）内の数字は処理時間を示す。

	優先度	単独実行時の動作順序と処理時間 (単位 ミリ秒)
タスクA ⟿	高	CPU (3) → I/O (5) → CPU (2)
タスクB ⟿	中	CPU (2) → I/O (6) → CPU (2)
タスクC ⟿	低	CPU (1) → I/O (5) → CPU (1)

ア　1　　　　　　イ　2　　　　　　ウ　3　　　　　　エ　4

条件が明記されていない場合、CPUに割り込み横取りできると考える

　CPUの遊休時間とは、CPUを使っていない時間のことです。

　各タスクがCPUとI/Oを使う様子のタイムチャートを書きます。優先度順方式では、特に条件が示されない限り、優先度の高いタスクがCPUに割り込んで横取りできます。例えば、プリンターなどのI/Oでは、優先度の高いタスクの印刷が終わるまで次のタスクは割り込めません。ところが、この問題では、I/Oは競合しないので、いつでも使えます。各タスクがそれぞれプリンターなどのI/Oを持っていると考えればいいでしょう。このような場合は、最も優先度の高いタスクAは一度も待つことなく、10ミリ秒で処理が終わります。

	0				5					10				15
CPU	A	A	A	B	B	C			A	A		B	B	C
I/O A				A	A	A	A	A						
I/O B					B	B	B	B	B	B				
I/O C						C	C	C	C	C				

　CPUを使っていない遊休時間は、色網のところを合計した3ミリ秒です。

試験では、すばやくチャートを書くのがコツだよ！

解答　ウ

確認のための実戦問題

問1 組込みリアルタイムOSで用いられる、優先度に基づくプリエンプティブなスケジューリングの利用方法として、適切なものはどれか。

ア 各タスクの実行時間を均等配分する場合に利用される。

イ 起動が早いタスクから順番に処理を行う場合に利用される。

ウ 重要度及び緊急度に応じて処理を行う場合に利用される。

エ 処理時間が短いタスクから順番に処理を行う場合に利用される。

問2 処理はすべてCPU処理である三つのジョブ A、B、C がある。それらを単独で実行したときの処理時間は、ジョブAが5分、ジョブBが10分、ジョブCは15分である。この三つのジョブを次のスケジューリング方式に基づいて同時に実行すると、ジョブ B が終了するまでの経過時間はおよそ何分か。

〔スケジューリング方式〕

(1) 一定時間 (これをタイムクウォンタムと呼ぶ) 内に処理が終了しなければ、処理を中断させて、待ち行列の最後尾へ回す。

(2) 待ち行列に並んだ順に実行する。

(3) タイムクウォンタムは、ジョブの処理時間に比べて十分に小さい値とする。

(4) ジョブの切替え時間は考慮しないものとする。

ア 15 イ 20 ウ 25 エ 30

● **問1の解説** …… プリエンプティブはCPUを横取りできる

重要度や緊急度などの優先度に基づいてCPUに横取りして先に実行するのは、ウの優先度順です。アはラウンドロビン、イは到着順、エは最短時間順。

● **問2の解説** …… ラウンドロビン方式は公平にCPU時間を割り当てる

各ジョブが公平に、つまり、並行処理されると考えます。各ジョブがCPUを5分ずつ使うと、まずジョブAが終わります。全体で開始から15分経過しています。次にジョブBとジョブCが5分ずつ使うとジョブBが終わります。ここで10分経過しているのでジョブBの終了までの経過時間は15分＋10分＝25分です。あと5分でジョブCも終わります。

解答 問1 ウ 問2 ウ

記憶管理と仮想記憶

主記憶装置に使われるDRAMは、非常に高速ですが価格が高いので大容量にはできません。そこで、SSDや磁気ディスク装置などの補助記憶装置を利用し、大容量の主記憶として利用できる仮想記憶が用いられます。仮想記憶の問題でよく出るのが、ページの置換えアルゴリズムのFIFOとLRUです。

主記憶を超えるアドレス空間を利用する

見かけ上、大きな主記憶装置としてタスクを実行できる

主記憶装置の容量以上の大きなプログラムを実行する方法が2つあります。

1つは、大きなプログラムを分割しておき、実行に必要な部分だけを読み込むオーバーレイです。しかし、これは人がプログラムの構造を考えてプログラムを分割する必要があります。

もう1つが、人手を必要としない仮想記憶です。主記憶装置は、小さな領域に分けられていて、その領域1つ1つにアドレスという番号がついています。仮想記憶は、磁気ディスク装置などを利用して作り出される、主記憶装置の容量以上のアドレス空間です。人や応用プログラムは、あたかも大容量の主記憶が存在しているかのように仮想記憶を利用することができます。

仮想記憶のアドレス空間の大きさ（容量）は、主記憶装置の容量には左右されません。しかし、主記憶装置の容量が少ないと、仮想記憶を実現するためのOSのオーバーヘッドが大きくなり、スループットは低下します。

タスクをページに分割するページング方式

OSの仮想記憶管理が、大きなアドレス空間を作り出すために裏方として動いています。主記憶装置のアドレス空間（物理アドレス空間）を実記憶といいます。

多くのOSでは、プログラム構造とは無関係に、タスクを一定の大きさのページに分割し、実行に必要なページだけ実記憶に読み込むページング方式を採用しています。

単純化したモデルで説明します。主記憶装置は、1番から200番までのアドレス空間で、300番までのアドレスをとる大きなタスクは実行できません。そこで、400番までのアドレス空間のある仮想記憶で実行することにします。

50番ごとにページに分割し、a、b、c、d、e、fとします。

裏でOSが活躍している

仮想記憶で実行
されるように見える

アドレス　仮想記憶

アドレス	仮想記憶
1～50	a
51～100	b
101～150	c
151～200	d
201～250	e
251～300	f
301～350	
351～400	

実記憶

1～50	a
51～100	c
101～150	e
151～200	b

磁気ディスク

a
b
c
d
e
f

実行に必要なページを
磁気ディスクから主記
憶に読み込む

第4章 テクノロジ系 OSとソフトウェア

実記憶にないページが参照されると、ページフォールトという割込みが発生します。OSは、実記憶から不要なページを追い出して(ページアウト)、必要なページを読み込みます(ページイン)。他のページを頻繁に参照するタスクなどでは、ページ置き換えが頻発するスラッシングが発生することがあります。

仮想記憶の論理アドレスを実記憶の物理アドレスに変換するのがハードウェアの動的アドレス変換機構(DAT：Dynamic Address Translation facility)です。

ページング方式の仕組み

こんな問題が出る！

まずページフォールトが発生する

ページング方式の仮想記憶において、主記憶に存在しないページをアクセスした場合の処理や状態の順番として、適切なものはどれか。ここで、主記憶には現在、空きのページ枠はないものとする。

ア　置換え対象ページの決定→ページイン→ページフォールト→ページアウト

イ　置換え対象ページの決定→ページフォールト→ページアウト→ページイン

ウ　ページフォールト→置換え対象ページの決定→ページアウト→ページイン
　　決定したら置き換えるページを追い出すのだから

エ　ページフォールト→置換え対象ページの決定→ページイン→ページアウト

解答　ウ

141

次の説明文と関連の深い用語を選べ。

(1) あらかじめプログラムを幾つかの単位に分けて補助記憶に格納しておき、プログラムの指定に基づいて主記憶に読み込む。

(2) 主記憶とプログラムを固定長の単位に分割し、効率よく記憶管理する。これによって、少ない主記憶で大きなプログラムの実行を可能にする。

(3) プログラムを一時的に停止させ、使用中の主記憶の内容を補助記憶に退避する。再開時には、退避した内容を主記憶に再ロードし、元の状態に戻す。

(4) 最後に参照されてから最も長い時間が経過したページを置き換える。

(5) 読み込んでから最も長い時間が経過したページを置き換える。

　ア　オーバーレイ　　＜☞ 主記憶に上書き

　イ　スワッピング　　＜☞ 主記憶を交換

　ウ　ページング

　エ　FIFO (First In First Out)方式　　＜☞ 先入れ先出し

　オ　LRU (Least Recently Used)方式　　＜☞ 使われてから時間が経過

　オーバーレイは、プログラマがプログラムの論理構造を見ながら、小さなセグメントに分割します。実行時には、必要なセグメントだけを主記憶に上書きして読み込むことで、主記憶装置の容量以上の大きなプログラムを実行することができます。

　スワッピングは、優先順位の高いタスクを割り込ませるなど、実行するタスクを切り替えるときに利用します。主記憶装置上のプログラムやデータ領域を、補助記憶装置に退避し (スワップアウト)、実行が終わると退避した内容を回復 (スワップイン) する方式です。

　仮想記憶のページング方式のページ置換えアルゴリズムには、FIFO方式とLRU方式があります。

時短で覚えるなら、コレ！

仮想記憶のページ置換え方式

FIFO：ページを読み込んでから、長い時間が経過したページを追い出す

LRU：ページを参照してから、長い時間が経過したページを追い出す

解答　(1)ア　(2)ウ　(3)イ　(4)オ　(5)エ

確認のための実戦問題

問 仮想記憶システムにおいて、ページ置換えアルゴリズムとしてFIFOを採用して、仮想ページ参照列 1、4、2、4、1、3 を3ページ枠の実記憶に割当てて処理を行った。表の割当てステップ "3" までは、仮想ページ参照列中の最初の1、4、2 をそれぞれ実記憶に割当てた直後の実記憶ページの状態を示している。残りをすべて参照した直後の実記憶の状態を示す網掛け部分に該当するものはどれか。

割当てステップ	参照する仮想ページ番号	実記憶ページの状態		
1	1	1	–	–
2	4	1	4	–
3	2	1	4	2
4	4			
5	1			
6	3			

ア	1	4	3

イ	2	3	4

ウ	3	4	2

エ	4	1	3

●問の解説 …… 問題の表に書き込んで解く

FIFOとLRUの違いを理解できるように、両方を図にしました。FIFOは読み込んだページに○を、LRUは参照したページに○を付けました。この○を見れば、最も時間が経過しているものがわかります。

ス	参
1	1
2	4
3	2
4	4
5	1
6	3

FIFO方式		
①	–	–
1	④	–
1	4	②
1	4	2
1	4	2
③	4	2

LRU方式		
①	–	–
1	④	–
1	4	②
1	④	2
①	4	2
1	4	③

注) ス：割当てステップ
参：参照する仮想ページ番号

解答 **ウ**

ファイルシステム

ファイルシステムとは、主にパソコンのOSで使われている
ファイルの管理方法です。通常、利用者はクリック操作でファ
イルを指定しますが、プログラムなどでは、フォルダの階層構造
をパスによって指定する必要があります。出題の多くは、階層
ファイルシステムの絶対パスや相対パスに関するものです。

フォルダをディレクトリという

カレントディレクトリの中のファイルは、パスの指定がいらない

パソコンでは、フォルダを作りファイルを入れ
ますが、このフォルダをディレクトリとも呼びま
す。最上位のルートディレクトリの中にサブディ
レクトリを作ることができます。

特定のディレクトリやファイルまでのディレ
クトリの連なりをパス（経路）と呼びます。ルー
トディレクトリからのパスを絶対パスと呼び、
File3の絶対パスは、

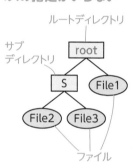

¥S¥File3

と表します。

カレントディレクトリとは、現在位置づけられているディレクトリのことです。
特定のディレクトリをカレントディレクトリにすると、カレントディレクトリ内
のファイルは、ファイル名だけで指定することができます。

パスの指定方法は、
よく出題されるからね！

🕐 **時短で覚えるなら、コレ！**

ディレクトリの種類
　ルートディレクトリ：**最上位のディレクトリ**
　カレントディレクトリ：**現在位置づけられているディレクトリ**

パス（経路）の種類
　絶対パス：**ルートディレクトリからの経路**
　相対パス：**カレントディレクトリからの経路**

パソコンOSのWindowsでは、次の試験問題のように、ルートディレクトリや区切り記号を「¥」、カレントディレクトリを「.」、1つ上位の親ディレクトリを「..」で表します。

階層ファイルシステム

A、Bというディレクトリ名をもつ複数個のディレクトリが図の構造で管理されている。

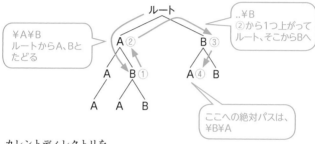

カレントディレクトリを

¥A¥B → .. → ..¥B → .¥A
① ② ③ ④

の順に移動させた場合、最終的なカレントディレクトリはどこか。

ここで、ディレクトリの指定方法は次のとおりとする。

〔ディレクトリの指定方法〕

(1) ディレクトリは、"ディレクトリ名¥…¥ディレクトリ名"のように、経路上のディレクトリを順に"¥"で区切って並べた後に"\"とディレクトリ名を指定する。

(2) カレントディレクトリは"."で表す。

(3) 1階層上のディレクトリは".."で表する。

(4) 始まりが"¥"のときは、左端にルートディレクトリが省略されているものとする。

(5) 始まりが"¥"、"."、".."のいずれでもないときは、左端にカレントディレクトリ配下であることを表す".¥"が省略されているものとする。

ア ¥A   イ ¥A¥A   ウ ¥A¥B¥A   エ ¥B¥A

解答 エ

直接編成ファイルはキーを指定して特定のレコードにアクセスできる

ファイルは、その目的によって論理的な構造が異なり、これをファイル編成といいます。ファイル編成によって、アクセス方法が制限されます。

ファイル編成	アクセス	特徴
順編成	順次	レコードが順々に記録されている。 磁気テープに作成できる。
直接編成 （ハッシュ編成）	直接	キーを指定して特定のレコードにアクセスできる。 〜〜〜 衝突が発生することがある 少量のデータの読み書きに向く。

順編成は、ファイルに記録されている順番にレコードを読み込む方式です。一方、直接編成は、キーを指定して、特定のレコードだけを読み書きできる方式です。異なるキーが同じ格納アドレスになる衝突が発生することがあります。

こんな問題が出る！

直接編成ファイルのキー値

格納アドレスが1〜6の範囲の直接編成ファイルにおいて、次の条件でデータを格納した場合、アドレス1に格納されているデータのキー値はどれか。

［条件］　　4 5 4　4 5 4　←キー値を5で割った余り+1
(1) キー値が 3、4、8、13、14、18 の順でデータを格納する。
(2) データのキー値を 5 で割った余りに1を加えた値を格納アドレスにする。
(3) 格納アドレスに既にデータがある場合には、次のアドレスに格納する。これを格納できるまで繰り返す。最終アドレスの次は先頭とする。
(4) 初期状態では、ファイルは何も格納されていない。

ア　8　　　　　　イ　13　　　　　　ウ　14　　　　　　エ　18

解説

キーが衝突したら、後ろを1つずつ調べ、空いていたら格納する

1	2	3	4	5	6
④ 13	⑤ 14	⑥ 18	① 3	② 4	③ 8

※①〜⑥は格納順

解答　イ

確認のための実戦問題

問1 UNIX の階層的ファイルシステムにおいて、アカウントをもつ一般の利用者がファイルの保存などに使う階層で最上位のものはどれか。

ア　カレントディレクトリ　　　　　　イ　デスクトップディレクトリ

ウ　ホームディレクトリ　　　　　　　エ　ルートディレクトリ

問2 ワイルドカードの"%"が任意の複数の文字（文字なしも含む）を表し、"_"が任意の1文字を表すとき、"レ%ス_"に一致する文字列はどれか。

ア　レーザスキャナー　　　　　　　　イ　レグレッションテスト

ウ　レジストリ　　　　　　　　　　　エ　レスポンスタイム

● **問1の解説** …… パソコンの知識で明らかに違うものを消していく

　パソコンOSは、**UNIX**の影響を受けているので、ディレクトリ（フォルダ）によってファイルを管理することも似ています。ただし、主に個人で使うパソコンと、複数の利用者で使用することが一般的なUNIXでは違うところもあります。（余談ですが、Uniは「単一」で、当初は1人で使うために作られたOSでした。）

　パソコンOSは、ディスクごとにルートディレクトリが作られますが、UNIXはルートディレクトリが1つあり、その下に外付けディスクなども追加されます。

　カレントディレクトリとルートディレクトリが違うことはすぐにわかります。

　デスクトップディレクトリも、その名称から外すと、残るのはホームディレクトリだけです。**ホームディレクトリ**は、利用者ごとに割り当てられるディレクトリで、利用者が使用できるディレクトリの最上位のものです。この下に利用者が好きなディレクトリを作ることができます。

● **問2の解説** …… 任意の1文字にまず注目して、絞り込んでいく

　ファイル名の指定にも**ワイルドカード**が使用でき、Windowsでは任意の文字列が"*"、1文字が"?"です。

　ここでは、SQLのワイルドカードが用いられています。"_"が任意の1文字ですから、「ス」の後に1文字だけあるものを探すと、イのレグレッションテストが該当します。

	レ	%	ス	_
ア	レ	ーザ	ス	キャナー
イ	レ	グレッションテ	ス	ト
ウ	レ	ジ	ス	トリ
エ	レ	スポン	ス	タイム

言語処理プロセッサ

> プログラム言語を使って記述したソースプログラムは、コンパイラやインタプリタによってコンピュータが理解できる機械語に翻訳し、実行されます。よく出るのは言語プロセッサの種類や翻訳の仕組みですが、プログラム言語の特徴を問う問題がまれに出題されます。一度出た問題は確実に正解にしましょう。

コンパイラが主流の言語処理プロセッサ

まずはコンパイラとインタプリタの違いを覚えよう

プログラム言語で書かれたプログラムを解釈して実行したり、他の言語に翻訳したりするプログラムを言語処理プロセッサといいます。

 解いて覚える**頻出用語**　言語処理プロセッサの種類

次の説明文と関連の深い用語を選べ。

(1) 原始（ソース）言語の命令文を、まとめて計算機向き言語に翻訳する。

(2) 原始（ソース）言語の命令文を、1つずつ翻訳して実行する。

(3) 計算機向き言語で書かれた原始（ソース）命令文を、対応する計算機言語の演算コードや記憶アドレスに置き換える。

(4) 特定の言語の機能を拡張するために、原始（ソース）命令文を翻訳の前に変換して、許されている命令文に編成する。

(5) あるコンピュータ上で、異なる命令形式のコンピュータで実行できる目的プログラムを生成する。

ア　アセンブラ
イ　コンパイラ
ウ　インタプリタ
エ　プリプロセッサ　←― 数年前はよく出たが、最近は出ない
オ　クロスコンパイラ　←― ゲーム機などのプログラム開発に利用

解答　(1)イ　(2)ウ　(3)ア　(4)エ　(5)オ

プログラムの翻訳と連係

図はプログラムを翻訳して実行するまでの流れを示したものである。

コンパイラ、リンカ、ローダの入出力の組合せとして、適切なものはどれか。

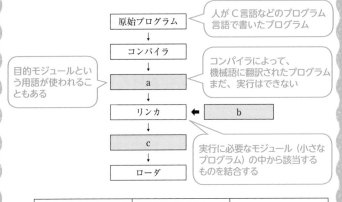

第4章 テクノロジ系 ● OSとソフトウェア

	a	b	c
ア	目的プログラム	ライブラリモジュール	ロードモジュール
イ	ライブラリモジュール	ロードモジュール	目的プログラム
ウ	ロードモジュール	目的プログラム	ライブラリモジュール
エ	ロードモジュール	ライブラリモジュール	目的プログラム

 コンパイルを行うと目的プログラムができる

解説

　プログラマがプログラム言語で書いたプログラムを原始プログラム（ソースプログラム）といいます。これを機械語などに翻訳するのがコンパイラです。機械語ではなく、中間言語と呼ばれるものに翻訳するものもあります。翻訳されたプログラムを目的プログラム（オブジェクトプログラム）といいます。

　次に、実行に必要なライブラリモジュールをリンカ（連係編集プログラム）によって結合し、ロードモジュールを作ります。最後にローダが、ロードモジュールを主記憶装置に読み込んで、実行可能な状態にします。

解答　ア

問題図のどこが空欄になっても、解答できようにね

プログラム言語の特徴

プログラム言語は時代とともに

昭和のころの情報処理技術者試験には、COBOL（事務処理向き）やFortran（科学技術計算向き）、PL/I（技術・事務処理）が出題されていました。平成になるとC言語やJava、令和にはPythonが取り入れられ、初期の言語は廃止されていきます。

そして令和5年からはCBT試験になり、プログラム言語の試験は廃止されました。

現在は、オブジェクト指向やWebアプリ開発に使える言語が多様化され、特徴が類似しているものも増えています。試験問題では、明確に他の選択肢と区別できる特徴のある言語が出題される傾向にあります。

プログラム言語	他の言語と区別できる特徴
Python	字下げが意味を持つ。Web開発、機械学習、データ分析など。
Perl	CGI (p.152) の開発、テキスト処理に向く。
Ruby	まつもとゆきひろ氏が開発。Webサービスなどの開発に向く。

こんな問題が出る！

プログラム言語の特徴

オブジェクト指向のプログラム言語であり、クラスや関数、条件文などのコードブロックの範囲はインデントの深さによって指定する仕様であるものはどれか。

p.151参照

ア　JavaScript　　イ　Perl　　ウ　Python　　エ　Ruby

{ }で囲む　　　　　　　ブロックの終わりにend

解説　インデントは、「字下げ」のこと

C言語やJavaなど、{ }でブロックを指定する言語が多いですが、Pythonはインデント（字下げ）だけで指定します。

Python	科目Bの擬似言語	C言語やJavaなど

if 条件式 :
　　処理 1a
　　処理 1b
処理 2
	if (条件式)
	　　処理 1a
	　　処理 1b
	endif
	処理 2
		if (条件式){
		　　処理 1a
		　　処理 1b
		}
		処理 2

解答　ウ

Javaの利用が広がっているわけ

Javaはプラットフォームに依存しない

Javaには、次のような特徴があります。

①オブジェクト指向プログラミングができる

②プラットフォームに依存しない

　プログラムは、コンパイラでバイトコードという中間言語に翻訳し配布されます。仮想マシン (VM：Virtual Machine) という一種のインタプリタがバイトコードを解釈して実行します。プラットフォーム (OSなどの実行環境) ごとに仮想マシンを用意すれば、実行することが可能です。

③メモリ管理のためのガーベジコレクション機能がある　←・出題実績あり

　使用しなくなったメモリ領域を自動的に解放してくれます。

Java VM (仮想マシン)

　Java VM が稼働している環境だけがあれば、WebブラウザやWebサーバがなくても動作するプログラムはどれか。

ア　JavaScript　　　　　　　　　イ　Java アプリケーション
ウ　Javaアプレット　　　　　　　エ　Javaサーブレット
　　・application+let (小さい)　　　　　・server-side (サーバ側) applet
　　　からapplet　　　　　　　　　　　からservlet

まぐらわしい用語ほど、よく試験に出る

用語メモ

Java アプリケーション	Javaで作成された応用プログラムで、Java VMだけで実行できる。
Java アプレット	サーバに格納されているコンパイル済みのオブジェクトコードをダウンロードして、クライアント側で実行する。
Java サーブレット	サーバに格納されているコンパイル済みのオブジェクトコードを、サーバ側で実行する。

　スクリプト言語は、小さな言語仕様の簡易的な言語です。JavaScriptは、Javaに似た文法のスクリプト言語です。Javaとの互換性はありません。

解答　イ

確認のための実戦問題

問1 コンパイラによる最適化の主な目的はどれか。

　ア　プログラムの実行時間を短縮する。

　イ　プログラムのデバッグを容易にする。

　ウ　プログラムの保守性を改善する。

　エ　目的プログラムを生成する時間を短縮する。

問2 Perlの実行に関する記述のうち、適切なものはどれか。

　ア　UNIX用として開発されており、Windows用の言語処理系はない。

　イ　実行にWebサーバを必要とする言語であり、CGIの開発に適している。

　ウ　動的デバッグは、言語処理系から独立したプログラムを実行して行う。

　エ　プログラムをコンパイルしたファイルを事前に用意する必要はない。

●問1の解説 ⋯⋯ 速くて小さなプログラムがいい

　コンパイラは、一種の翻訳ソフトです。英語の文章を日本語に翻訳するときのような手順 (字句解析→構文解析→意味解析→コード最適化) で、C言語などで書かれた原始プログラムを翻訳し、機械語の目的プログラムを生成しています。

　英文翻訳でも、冗長でわかりにくい訳になることがあるため、推敲して簡潔でわかりやすい翻訳文にします。この推敲のような操作が、コンパイラが行うコードの最適化です。実行速度を短縮できるようにコードを修正します。

●問2の解説 ⋯⋯ PerlはCGIなどで利用されるインタプリタ言語

　Perlは、テキスト処理が得意なインタプリタ言語で、CGI (Common Gateway Interface：Webサーバと外部プログラムを連携させる仕組み) プログラムを作るためにも用いられています。このような問題は、実務経験者へのサービス問題です。

× ア：Windows用の言語処理系もあります。

× イ：CGIの開発に適していますが、単独で実行できます。

× ウ：言語処理系にデバッグ機能があります。

○ エ：中間言語にコンパイルするものもありますが、実行前に自動的にコンパイルされるので、コンパイルしたファイルを事前に用意する必要はありません。

解答　問1 ア　　問2 エ

章末問題

出典：基本情報技術者試験
修了試験過去問題

解説動画
p.6

出題例 出力待ちの印刷要求

目標解答時間　3分

問　出力待ちの印刷要求を、同一機種の3台のプリンターA〜CのうちAから
順に空いているプリンターに割り当てる（Cの次は再びAに戻る）システムが
ある。印刷要求の印刷時間が出力待ちの順に、5、12、4、3、10、4（分）である
場合、印刷に要した時間の長い順にプリンターを並べたものはどれか。ここ
で、初期状態ではプリンターはすべて空いているものとする。

ア　A、B、C　　イ　B、A、C　　ウ　B、C、A　　エ　C、B、A

●解説

3台のプリンターのタイムチャートをすばやく書こう

　章末の問題は、執筆時点で最新である令和4年12月公開の科目Aのサンプル
問から選んでいます。ソフトウェア分野は意外にも出題率が低く適当な問題が
なかったため、この問題は、科目Aの試験免除用の令和5年6月の修了認定試験
から選びました。過去の試験で繰り返し出題されてきたものです。

　説明のために出力待ちの印刷要求の順に、①から⑥の数字をつけます。

　①5分、②12分、③4分、④3分、⑤10分、⑥4分

　①から⑥は出力待ち状態なので、プリンターさえ空いていれば、すぐに印刷を
始めることができます。線や文字でもいいので、要領よくタイムチャートを書き
ましょう。

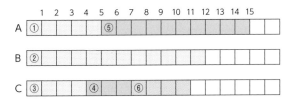

　①〜③は、順にA〜Cを使います。④は、最初に空くプリンターCを使います。
⑤は、プリンターAが空きます。

【解答】　ア

問　三つの媒体A〜Cに次の条件でファイル領域を割り当てた場合、割り当てた領域の総量が大きい順に媒体を並べたものはどれか。

〔条件〕

(1) ファイル領域を割り当てる際の媒体選択アルゴリズムとして、空き領域が最大の媒体を選択する方式を採用する。

(2) 割当て要求されるファイル領域の大きさは、順に 90、30、40、40、70、30（Mバイト）であり、割り当てられたファイル領域は、途中で解放されない。

(3) 各媒体は容量が同一であり、割当て要求に対して十分な大きさをもち、初めは全て空きの状態である。

(4) 空き領域の大きさが等しい場合には、A、B、C の順に選択する。

ア　A、B、C　　イ　A、C、B　　ウ　B、A、C　　エ　C、B、A

●解説

問題文の優先順位を考慮しながら、各媒体の値を更新しよう

　空き領域が最大のものを選択すればいいので、A、B、Cの図を書いて、一番空いているところにファイルの大きさを書き込んでいきます。

ファイル	A	B	C
① 90	90		
② 30	90	30	
③ 40	90	30	40
④ 40	90	30+40=70	40
⑤ 70	90	70	40+70=110
⑥ 30	90	70+30=100	110

①空き領域の大きさが等しい場合には、Aを優先して選びます。

②CよりBを優先します。

④割り当てた領域が30のBが一番空いています。

【解答】　エ

マルチメディアと
データベース

第5章の学習ガイダンス

マルチメディアとデータベース

マルチメディアとは、コンピュータを使って、文字だけでなく、音声、画像、動画などを扱うことです。このテーマでは、音声などのアナログ情報をデジタル情報に変換する方法、画像や音声データの形式、近年注目されている人工知能や仮想現実などを取り上げています。出題も増えているのでしっかり押さえておきましょう。

もう1つのテーマであるデータベースでは、関係演算や排他制御のためのロックの方法、SQL、データベースの回復のためのロールバックなどが出題されます。

マルチメディアでは、シラバスにない用語も出る

マルチメディアの分野でシラバスに掲載されている用語のなかで、出題されるのはごく一部です。一方、シラバスに記載のない用語、例えばADPCM (p.184) などが出題されることもあります。これらに対応するためには、日ごろから興味を持ち、知らない用語があれば調べておくことが重要です。

シラバス 中分類 8：マルチメディア

1. マルチメディア技術
   (1) マルチメディア (Webコンテンツなど)、(2) 音声処理 (PCM)、(3) 静止画処理 (JPEG、GIFなど)、(4) 動画処理 (MPEGなど)、(5) 情報の圧縮・伸張 (可逆圧縮、非可逆圧縮)
2. マルチメディア応用 (CG、AR：拡張現実など)

●時短学習を行うなら、頻出する用語を中心に覚えよう

令和5年度の公開問題では、クリッピングの説明として、「画像表示領域にウィンドウを定義し、ウィンドウの外側を除去し、内側の見える部分だけを取り出す処理である」を選ぶ問題が出ました。p.160の「解いて覚える頻出用語」の (3) と同じ文章です。この問題でその他の用語も覚えておきましょう。

データベースは、関係データベースが前提

データベース管理システム (DBMS: DataBase Management System) は、データの一貫性を保ちながらデータを構造的に蓄積し、人やソフトウェアがデータベースにアクセスするための機能を備えています。関係モデルを用いたDBMSがRDBMS (Relational DBMS) です。試験でも関係データベースが前提になっており、問題文中でDBMSやRDBMSが用いられることがあります。

シラバス 中分類 9：データベース

1. データベース方式 (関係データベース、DBMSなど)
2. データベース設計 (データの正規化、関数従属など)
3. データ操作 (集合演算。関係演算、SQLなど)
4. トランザクション処理 (占有ロック、ロック粒度など)
5. データベース応用 (透過性など)

●SQLには時間をかけない

以前の午後試験 (科目Bに相当) でSQLが出題されており、詳しく学ぶ必要がありました。しかし、SQLを一通り学ぼうとすると1冊の入門書が必要で、多くの学習時間がかかります。科目BではSQLが出題されることはなく、科目Aでも出題頻度は低いので、時間がない人は優先順位を落としてもよいでしょう。

マルチメディア技術

マルチメディアのテーマは、日々新しい技術が登場するため、シラバスに記載のない用語も出題されます。広く浅く、ひととおりの範囲を網羅しておくことが重要です。また、パルス符号変調、クリッピング、アンチエイリアシングなど、過去に何回か出題されている用語も押さえておくとよいでしょう。

アナログデータのデジタル化

PCMとあれば、標本化・量子化・符号化

パルス符号変調 (PCM：pulse code modulation) は、次の3つの手順で、音声や色などのアナログ情報を、ビット列のデジタル情報に変換します。

① 標本化 (サンプリング)：連続したアナログ信号を一定間隔で拾い出す。

② 量子化：拾い出した値を、代表的な整数値に変換する。

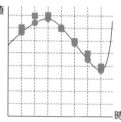

振幅値

● 標本化した曲線上の点
■ 量子化した整数値の点

時間

三つの手順の内容と順番を覚えておくといいよ!

③ 符号化 (コーディング)：量子化された値を0と1のデジタル信号にする。

こんな問題が出る!

パルス符号変調(PCM)

音声などのアナログデータをデジタル化するために用いられるPCMで、音の信号を一定の周期でアナログ値のまま切り出す処理はどれか。

ア 暗号化　　　イ 標本化　　　ウ 符号化　　　エ 量子化

解答 イ

画像や動画はデータ容量が非常に大きい

画像や動画は圧縮して記憶されている

縦横に点を並べて表現することを**ビットマップ**といいます。ビットマップのまま画像を記憶すると容量が非常に大きくなります。そこで、画像や動画を圧縮する規格がいくつかあり、Webページなどで用いられています。ここでは過去に出題されたことがある規格を中心に示します。JPEGやMPEGのように、人の目ではわからない程度にデータを間引くことでデータを圧縮し、元に戻せないものを<u>非可逆方式</u>といいます。

静止画	JPEG	フルカラー静止画像の非可逆圧縮規格。
動画	MPEG	カラー動画の非可逆圧縮規格。MPEG-1、MPEG-2、MPEG-4などがある。MPEG-4の一部の規格であるH.264/MPEG-4 AVCは、高画質・高圧縮でインターネットの動画配信などで利用される。
音楽	MIDI	電子楽器とパソコンで、演奏情報をやりとりする規格。
	MP3	MPEGの音の圧縮技術を利用した音楽データの非可逆圧縮規格。

こんな問題が出る！

動画データの圧縮符号化方式

H.264/MPEG-4 AVCに関する記述はどれか。

動画だとわかる

ア　インターネットで動画や音声データのストリーミング配信を制御するための通信方式

イ　テレビ会議やテレビ電話で双方向のビデオ配信を制御するための通信方式

ウ　テレビの電子番組案内で使用される番組内容のメタデータを記述する方式

エ　ワンセグやインターネットで用いられる<u>動画データの圧縮符号化方式</u>

MPEGとあれば動画

ITU-T（国際電気通信連合の電気通信標準化部門）が作成したH.264をISOがMPEG4の規格に取り込んだもので、H.264/MPEG-4 AVCと両方を表記します。

覚える必要がないので詳細は省略しますが、アはH.323、イはRTSP、ウはEPGを想定していると思われます。

解答　エ

第5章 テクノロジ系 ● マルチメディアとデータベース

画像処理関連の用語を軽く確認しておこう

コンピュータ内部でモデル化された3次元物体は、数式で表現されたデータです。これを現実のように描画するために、いろいろな技術が使われています。照明の光などを考慮して色を塗り質感のある画像を描画する技術が<u>レンダリング</u>です。物体に陰影を付ける<u>シェーディング</u>や<u>レイトレーシング</u>もレンダリング技術の1つです。

解いて覚える頻出用語　画像処理の関連用語

次の説明文と関連の深い用語を選べ。

(1) 画像処理技術の一つで、モデリングされた物体の表面に柄や模様などの<u>2次元画像を張り付ける技法</u>　。
　　　　　　　　　　　　　　　　　　　　　← texture

(2) コンピュータグラフィックスで図形を描画する際に、図形の境界近くの画素に変化する色彩の中間色を割り当てることで、<u>境界に生じる階段状のギザギザを目立たなくする技術</u>。

(3) 画像表示領域にウィンドウを定義し、ウィンドウの外側を除去し、内側の見える部分だけを取り出す処理である。

(4) 閉じた立体となる多面体を構成したり、2次曲面や自由曲面を近似するのに用いられたりする<u>基本的な要素</u>
　　　　　　　　← 基本的な要素として、三角形などの多角形

(5) 光源から物体表面での反射屈折を繰り返し、最終的に<u>視点に入る光源</u>をすべて追跡して計算する。

(6) 光源から物体への光の当たり具合などから輝度を計算して、<u>立体感のある陰影を付けて色を付ける。</u>レイトレーシングもシェーディングの一種

ア　アンチエイリアシング　← anti-aliasing

イ　クリッピング　← clipping、切落し

ウ　ポリゴン　← polygon、多角形

エ　テクスチャマッピング　← texture mapping

オ　シェーディング　← shading、陰影付け

カ　レイトレーシング　← ray tracing、光線追跡法

> カタカナ用語は、英語と結びつけると覚えやすいよ!

解答　(1) エ　(2) ア　(3) イ　(4) ウ　(5) カ　(6) オ

確認のための実戦問題

問1　音声のサンプリングを1秒間に11,000回行い、サンプリングした値をそれぞれ8ビットのデータとして記録する。このとき、512Mバイトの容量をもつフラッシュメモリに、記録できる音声は最大何分か。

ア　77　　　　　イ　96　　　　　ウ　775　　　　　エ　969

問2　3次元CGのレンダリングにおける隠線消去及び隠面消去の説明はどれか。

ア　光源の位置と対象物体への光の当たり具合とを解析し、どのような色・明るさで見えるのかを決定する。

イ　指定された視点から見える部分だけを描くようにする。

ウ　生成された画像について、表示する画面に収まる部分だけを表示する。

エ　物体の表面だけでなく物体の内部や背後に隠れた部分の形状も、半透明表示などによって画像として生成する。

● **問1の解説** ⸺ 単位に注意し、求められる単位に早めに直して解く

　1秒間の間に11,000回のサンプリング（標本化）を行うので、11,000個のデータを拾い出し、量子化して、8ビットのデータに符号化します。

　つまり、1秒間に、(11,000×8)ビットのデータを記録する必要があります。

　1分間に発生するデータのバイト数を求めます。

　(11,000×8)ビット／秒　÷8ビット　×60秒＝11,000×60バイト／分

　　　　　　　　　　バイトに変換　　分に変換

　フラッシュメモリに記録できる時間を求めます。

$$\frac{512 \times 1{,}000{,}000\ \text{バイト}}{11{,}000 \times 60\ \text{バイト／分}} = \frac{51{,}200}{66} = 775.7\text{分}$$

● **問2の解説** ⸺ 画像処理の用語は、選択肢を入れ変えて何度も出題される

　隠線消去や隠面消去は、人の視点から見えない線や面を描画しないようにし、見える部分だけを描画する技術です。アはレイトレーシング、ウはクリッピング。覚えなくていいですが、エはボリュームレンダリングです。

解答　問1　ウ　問2　イ

人工知能や仮想現実

「AIで職場が奪われる」といった会話が普通に行われるほど、AIは誰でも知っている用語になりました。試験には、その時点で注目されている用語も出題されますが、数年間だけ集中して出題され、その後はパタリと出題されなくなる用語もあります。最新の公開問題を使って、対策を立てておくとよいでしょう。

自ら学習してどんどん強くなるAI将棋

大量のデータから自ら学習するディープラーニング

AI (Artificial Intelligence) とは、人工知能のことです。人間が行うような推論や学習の機能を備えた知的な行動をコンピュータに行わせようという技術です。

現在は、特定の目的に対する人間の知的判断をコンピュータに代わってさせようとする技術を指すようになっています。

エキスパートシステムは、専門家の知識をルールとして知識ベースという特殊なデータベースに登録し、推論エンジンによって判断ができるようにした人工知能システムです。知識のルールを登録するのが大変で、利用は限定的でした。

そこで、多量のデータを収集し、そこから一貫性のある規則をシステムが自ら見つけ出す機械学習の研究が盛んになりました。機械学習の1つの手法として、ディープラーニングが登場し、AIという用語が世の中に浸透しました。

```
人工知能 (AI)
┌─────────────────────────┐
│  エキスパートシステム      │
└─────────────────────────┘

┌ 機械学習 ──────────────┐
│  ┌───────────────────┐  │
│  │  ディープラーニング  │  │
│  └───────────────────┘  │
└─────────────────────────┘
```

用語メモ

ディープラーニング（深層学習）	入力データとそれに対する結果を大量に与えると、脳の神経細胞をモデルにしたニューラル・ネットワークで多層的に自己学習していく手法。

　ニューラル・ネットワークは、脳をモデル化したものでパターン認識が得意です。パターン認識は、画像や音声データなどから類型（似たものの規則）を取り出すことです。例えば、手書き文字を「あ」と認識することができます。

　AIは、次のようなもので利用されています。

用途	利用例
音声認識	人の音声を言葉として認識し、文章を音声入力
画像認識	顔をID代わりに使う顔認証
画像診断	多量のCT画像を学習し、がん診断を行う医師支援
思考ゲーム	大量の棋譜を学習してプロに勝った将棋ソフト
データマイニング	大量のデータから傾向を見つけ出す

機械学習

　AIにおける機械学習の説明として、最も適切なものはどれか。

　　　　　　　　　　　　　　　機械学習

ア　記憶したデータから特定のパターンを見つけ出すなどの、人が自然に行っている学習能力をコンピュータにもたせるための技術

イ　コンピュータ、機械などを使って、生命現象や進化のプロセスを再現するための技術　　　シミュレーション（人工生命）

ウ　特定の分野の専門知識をコンピュータに入力し、入力された知識を用いてコンピュータが推論する技術　　　エキスパートシステム

エ　人が双方向学習を行うために、Webシステムなどの情報技術を用いて、教材や学習管理能力をコンピュータにもたせるための技術
　　　　eラーニング

機械で学習するのではなく、機械が自ら学習する

○ ア：機械学習の中のディープラーニングの説明に近いです。

× イ：シミュレーションは、機械やコンピュータなどで模擬的に実験を行い、結果を推測することです。生命現象をシミュレーションするものを人工生命と呼びます。

× ウ：これは、エキスパートシステムです。

× エ：Webシステムなどを利用した学習をeラーニングと呼び、その中で生徒に応じて教える内容を最適化するアダプティブラーニングが注目されています。

解答　ア

コンピュータが仮想空間を作り出す

画像や動画を生み出す生成AI

　頭に装着するヘッドマウントディスプレイは、眼鏡状の左右のディスプレイで異なる映像を見せることで、仮想の3次元空間を作り出します。これをバーチャルリアリティ (VR) といいます。

　また、生成AIと呼ばれるChatGPTが話題になり、企業や学校などは活用ルールについて対応に追われました。生成AIは、文章、音楽、画像、動画などを簡単な指示で生み出すことができます。VRと生成AIを組み合わせた取り組みもあります。

解いて覚える頻出用語　マルチメディア関連用語

　次の説明文と関連の深い用語を選べ。

(1) CGなどの技術を用いることによって、コンピュータ内に作る世界を、実際の世界であるかのように表現することである。

(2) アニメーションの作成過程で、センサやビデオカメラなどを用いて人間や動物の自然な動きを取り込む技法。

(3) 実際に目の前にある現実の映像の一部にコンピュータを使って仮想の情報を付加することによって、拡張された現実の環境が体感できる。

(4) 自動車や飛行機の設計に使われている風洞実験などを、コンピュータを使用して模擬実験し、想定した結果が得られるかどうかを試験することである。

　ア　モーションキャプチャ

　イ　シミュレーション

　ウ　バーチャルリアリティ　　　　　← VR (Virtual Reality) 仮想現実

　エ　AR (Augmented Reality)　　　← 拡張現実

優先度の高いタスクを自分より先に実行させる

　アのモーションキャプチャは、人の体に複数のマーカを付けることで、いろいろな動作のときの3次元の位置をデジタルデータとして記録する技術です。

　ウをVRでなくバーチャルリアリティとしたのは、過去にカタカナで出題されたことがあるからです。エのARは現実の映像に、文字や図形、音声などの情報を重ねて、現実世界を拡張した環境を体感できる技術です。VRやARを利用したスポーツ観戦なども行われています。

解答　(1) ウ　(2) ア　(3) エ　(4) イ

確認のための実戦問題

問1 車載機器の性能の向上に関する記述のうち、ディープラーニングを用いるものはどれか。

ア 車の壁への衝突を加速度センサが検知し、エアバッグを膨らませて搭乗者をけがから守った。

イ システムが大量の画像を取得し処理することによって、歩行者と車をより確実に見分けることができるようになった。

ウ 自動でアイドリングストップする装置を搭載することによって、運転経験が豊富な運転者が運転する場合よりも燃費を向上させた。

エ ナビゲーションシステムが、携帯電話回線を通してソフトウェアのアップデートを行い、地図を更新した。

問2 拡張現実 (AR) に関する記述として、適切なものはどれか。

ア 実際に搭載されているメモリの容量を超える記憶空間を作り出し、主記憶として使えるようにする技術

イ 実際の環境を捉えているカメラ映像などに、コンピュータが作り出す情報を重ね合わせて表示する技術

ウ 人間の音声をコンピュータで解析してデジタル化し、コンピュータへの命令や文字入力などに利用する技術

エ 人間の推論や学習、言語理解の能力など知的な作業を、コンピュータを用いて模倣するための科学や技術

●**問1の解説** …… 大量のデータの学習が必要なものを選ぶ

ディープラーニングは、大量のデータを与えると自ら学習します。イは、大量の画像を学習することで、歩行者と車を確実に見分けるようになります。

●**問2の解説** …… コンピュータの情報を重ねて現実を拡張する

アはOSの仮想記憶 (p.140)。ウは音声認識。エは人工知能 (AI)。

解答　問1 イ　問2 イ

03 マルチメディアとデータベース

関係データベース

関係データベースと表計算ソフトとの大きな違いは、大量のデータの中から特定のデータを素早く抽出したり、複数の表を関連付けたり、関係演算を行うことができるということです。試験では、射影や選択といった関係演算、やや理解するのが難しい正規化などがよく出題されます。

2次元の表で表す関係データベース

関係データベースの用語を整理しよう

関係データベースは、行と列からなる2次元の表でデータを扱うデータベースです。表のことを関係、リレーション、行のことを組、タプル、列のことを属性とも呼びます。

表 ⟸ 表または関係、リレーション

コード	名前	得点
0010	太郎	100
0020	花子	80
0030	次郎	90

行 ⟸ 行または組、タプル

列 ⟸ 列または属性

> **こんな問題が出る！**
>
> ## 関係データモデルの用語
>
> 関係データモデルにおいて、属性が取り得る値の集合を意味する用語はどれか。 ⟵ 試験では、関係データモデルも関係データベースと考えてよい
>
> ア　関係（リレーション）　　　　　　　イ　実現値
>
> ウ　タプル（組）　　　　　　　　　　　エ　定義域

解説　季節なら{春、夏、秋、冬}が定義域、その中の「春」が実現値

定義域（ドメイン）	ある属性のとり得るすべての値の集合。
実現値（インスタンス）	属性の中の特定の値のこと。

解答　エ

表どうしの演算ができる

関係データベースは、表と表の演算ができることに大きな特徴があります。一般の論理演算に似た和、積、差、デカルト積（直積）の他に、関係データベース特有の射影、選択、結合があります。

関係演算

関係データベースの操作に関する記述のうち、適切なものはどれか。

ア　結合は、二つ以上の表を連結して、一つの表を生成することをいう。
　　　　　　結合は横に連結する、縦に連結するのは和

イ　射影は、表の中から条件に合致した行を取り出すことをいう。
　　　　　　　　　　　　　　　　　　行を抽出するのは選択

ウ　選択は、表の中から特定の列を取り出すことをいう。
　　　　　　　　　　　列を取り出すのは射影

エ　挿入は、表に対して特定の列を挿入することをいう。
　　　　　　　　表どうしの演算ではない
　　　　　　　　挿入は表に行を追加する

解説　**行か列かで間違いそうになったら、"専業列車"**

射影は、例えば、「コード」と「得点」の列を抽出する操作です。

コード	名前	得点
010	太郎	100
020	次郎	80
030	花子	90
040	三郎	95

射影 ➡

コード	得点
010	100
020	80
030	90
040	95

選択は、例えば「得点＞90」の行を抽出する操作です。

結合は、複数の表の特定の列の値から表を横に結合して新しい表を作ります。

⬇ 選択

コード	名前	得点
010	太郎	100
040	三郎	95

専業列車
選→行、列→射
で覚えておこう！

 時短で覚えるなら、コレ！

射影：指定した条件の列を抽出
選択：指定した条件の行を抽出
結合：列の値に基づいて、表を横に結び付ける

解答　ア

繰り返しを排除し、重複を避ける正規化

複数の表が主キーによって関連付けられる

関係データベースは、2次元の表でデータを扱いますが、表には、行を一意に特定できる列や列の組合せがあり、これを主キー（基本キー）といいます。

↜ 複合キーという

主キーによって他の表に関連付けることができ、主キーと関連付ける他の表の列（主キー）を外部キーといいます。

↜ 表に「コード」や「番号」があったらキーと判断しよう

主キー（複合キー）

注文コード	商品コード	商品数量

外部キー

主キー

商品コード	商品名

データの重複をなくし、単純な表に分割するために正規化を行います。試験に出るのは、第1正規形か第3正規形が多いです。

第1正規形	1つの行に繰り返している同じ列がなく、計算で求められる列がない。 例えば、単価×数量で計算できる金額 ↜
第2正規形	列の組合せでキーとなる複合キーが主キーのとき、主キー以外の列が、主キーによって決まる列だけからなる。 主キーの一部の列だけで決まる列があってはならないということ
第3正規形	主キー以外の列の中に、主キー以外の列によって決まる列がない。

試験では「どうすれば、各正規形にできるか」が問われます。

🕐 時短で覚えるなら、コレ！

第1正規形への正規化
　同じ列名を繰り返す部分を分離し、計算で求められる列を削除し、独立した表にする
第2正規形への正規化
　第1正規形の主キーが複合キーであるとき、主キーの一部の列で決まる列を分離し、独立した表にする
第3正規形への正規化
　第2正規形の主キー以外の列の中で、主キーではない特定の列で決まる列を分離し、独立した表にする

列Aと列Bがあるとき、列Aの値よって列Bの値が1つだけ決まることを、列Aに列Bは関数従属しているといいます。

正攻法より手早く解ける受験テクニック

正規化の問題は、本来の正規化を考えるよりも、ダメなものを外していくほうが手っ取り早いことも多いです。

第3正規形

"発注伝票"表を第3正規形に書き換えたものはどれか。ここで、下線部は主キーを表す。

← 表の名前　　← 2つの列から成る複合キー　　← （　）内は表中の列名

発注伝票（**注文番号, 商品番号**, 商品名, 注文数量）

← 注文数量は、「注文番号＋商品番号」の複合キーで決まる

商品名は、キーの一部である「商品番号」だけで決まる→第3正規形でない

ア　発注（**注文番号**, 注文数量）　← 同じ列名がないので関連付けられない
　　商品（**商品番号**, 商品名）

イ　発注（**注文番号**, 注文数量）　　注文数量は注文番号だけで決まらず、商品名は商品番号だけで決まるため第3正規形でない
　　商品（**注文番号**, **商品番号**, 商品名）

ウ　発注（**注文番号**, **商品番号**, 注文数量）　　商品名は商品番号だけで決まるので、表を分離している
　　商品（**商品番号**, 商品名）

エ　発注（**注文番号**, **商品番号**, 注文数量）　　分離した2つの表の中に、キーでない注文数量が存在する
　　商品（**商品番号**, 商品名, 注文数量）

解説 **次のようにチェックしよう**

① 主キーと同じ列が他の表にあるか？　← ないと関連付けられない。

　アは「発注」表と「商品」表に主キーと同じ列名がないのでダメです。

② 主キー以外の列に、同じ列名がないか？　← あればデータが重複している

　エは、主キーでない「注文数量」が重複しています。

③ 主キーで列は特定できるか？　← できなければ主キーの列が不足している

　正規化前の「発注伝票」を見ると、注文番号と商品番号の複合キーで注文数量が特定できるので、イの「発注」表は、商品番号が不足しています。

残ったウが正解です。

正攻法でも解いてみましょう。わかりやすいように、主キーに色網をかけます。

発注伝票 | 注文番号 | 商品番号 | 商品名 | 注文数量

繰り返し項目はないので、これは第1正規形です。注文番号と商品番号の複合キーが主キーであり、その一部の列である商品番号で決まる商品名があるので、これを分離して独立した表にします。

商品名を分離するときには、元の表と結び付けるため、主キーになる商品番号とともに独立した表にします。

これは第2正規形ですが、主キー以外の列の注文数量と商品名は、主キー以外の列で決まることはないので、これは第3正規形でもあります。

解答　ウ

確認のための実戦問題

問1　関係データベースの表操作において、表1と表2から表3を作る操作はどれか。

表1

番号	品名
010	パソコン本体
011	ディスプレイ
020	プリンタ
025	キーボード
030	モデム

表2

番号	発注先
010	A社
011	B社
020	C社
025	D社
030	E社

表3

番号	品名	発注先
010	パソコン本体	A社
011	ディスプレイ	B社
020	プリンタ	C社
025	キーボード	D社
030	モデム	E社

　ア　結合　　　　　イ　射影　　　　　ウ　選択　　　　　エ　包含

問2　項目a〜fからなるレコードがある。このレコードの主キーは、項目aとbを組み合わせたものである。また、項目fは項目bによって特定できる。このレコードを第3正規形にしたものはどれか。

170

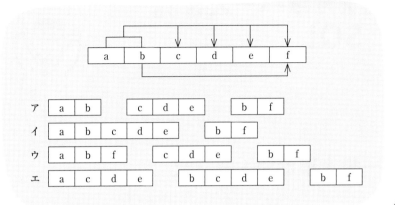

● **問1の解説** …… 専業列車でないことを確認し、残りの結合を確認して解く

　行や列を抽出しているわけではないので、選択や射影ではありません。

　表1と表2には番号という同じ列があり、これで関連付けて、二つの表を横に結合しています。

● **問2の解説** …… 主キーをチェックして、解く

①主キーと同じ列が他の表にあるか？

　問題の図を見ると、a＋bの複合キーとbが主キーになりそうです。

　アは、どの表にも同じ列がなく、関連付けられません。

　ウは、真ん中の表のc、d、eが、他の表にありません。

②主キー以外の列に、同じ列名がないか？

　エは、c、d、eが重複しています。

　残ったのは、イです。

　正攻法でも解いてみましょう。複合キーの一部のbだけで決まるfがあるので、これを分離して、第2正規形にします。

a	b	c	d	e		b	f

　c、d、eは、主キーのaとbによって決まるので、例えばcでdが決まるようなことはありません。したがって、これが第3正規形です。しかし、第2正規形でもあるため、さらに分割しようとして間違えやすい問題です。主キーのチェックで解く方法ならミスを防げます。

解答　問1　ア　　問2　イ

04 データベース言語 SQL

関係データベースを作成したり操作したりできるのが、SQLです。SQLは1つの言語であり、すべてを学ぶのは大変なもの。試験対策としては、出題された問題を解きながら、出題されやすいところを覚えていくといった方法が効率的です。特に、グループ化する抽出方法については、しっかり学んでおきましょう。

一番大事なSELECT文

どの列を、どの表から、どんな条件で抽出するか

SQLで基本になるSELECT文は、次のように書きます。

⏱ 時短で覚えるなら、コレ！

SELECT 列名 ⟵ どの列を（＊を指定すると全ての列が対象）
    FROM 表名 ⟵ どの表から
        WHERE 条件 ⟵ どんな条件で、抽出する（省略したらすべての行が対象）

列名は、抽出する列の名前です。カンマ (,) で区切って複数の列名を並べることができます。

表名は、表の名前ですが、複数の表が指定されている場合、その表を結合するので、WHERE句の条件に注意してください。

条件は、抽出する条件です。文字定数は、引用符 (') で囲んで表します。次の比較演算子や論理演算子を用いることができます。

比較演算子	意味
a = b	a＝b
a < b	a＜b
a <= b	a≦b
a > b	a＞b
a >= b	a≧b
a <> b	a≠b

異なる表の列を＝で結ぶと、その列の値で、表の結合が行われる

論理演算子	意味
NOT a	aではない
a AND b	a かつ b
a OR b	a または b

比較演算子の表記法に注意！ "＝"は、いつも不等号の右側だよ

SELECT文による表の結合

学生表、学部表に対して、次のSQL文を実行した結果得られるデータはどれか。

SELECT　氏名　FROM　学生表, 学部表　←2つの表を指定している

　　　　　　WHERE　所属　=　学部名　AND　所在地　=　'新宿'

表が異なるので表の結合

学生表

氏名	所属	住所
合田知子	理	新宿
青木俊介	工	渋谷
川内聡	人文	渋谷
坂口祐子	経済	新宿

学部表

学部名	所在地
理	新宿
工	新宿
人文	渋谷
経済	渋谷

ア

合田知子

イ

合田知子
青木俊介

ウ

合田知子
坂口祐子

エ

合田知子
青木俊介
坂口祐子

表が異なる列をイコール（＝）で結べば、表の結合が行われる

例えば、右のようなSQL文なら、「学生表」から「住所」が'新宿'である「氏名」を抽出するので、「合田知子」と「坂口祐子」が得られます。

SELECT　氏名　FROM　学生表
　　WHERE　住所　=　'新宿'

さて、この問題は、FROM句に2つの表が指定され、WHERE句の条件で、異なる表の列がイコール（＝）で結ばれています。「学生表」の「所属」の値と「学部表」の「学部名」の値が一致する行を結合します。

氏名	所属	住所	学部名	所在地
合田知子	理 ←	新宿 →	理	新宿
青木俊介	工 ←	渋谷 →	工	新宿
川内聡	人文 ←	渋谷 →	人文	渋谷
坂口祐子	経済 ←	新宿 →	経済	渋谷

結合した表から「所在地」が'新宿'の行を探し出す

この表から、「所在地」が'新宿'の「氏名」を抽出すると、'合田知子'と'青木俊介'が得られます。

解答　イ

実表から一部を取り出した仮想の表がビュー表

CREATE VIEW文を用いて、表の一部だけを取り出した仮想の表を作ることができます。

 時短で覚えるなら、コレ!

CREATE VIEW　ビュー表名（新列名1, 新列名2, …）
　　　　　　AS　（SELECT文） 〜元の列名でよい場合は不要

実際には存在しない表ですが、一部の制限を除けば、あたかも存在する表のように利用できます。

こんな問題が出る!

CREATE VIEW文

関係データベースの"製品"表と"売上"表から、売上報告のビュー表を定義するSQL文中の　a　に入るものはどれか。

ビュー表の名前 ┐　　　　　　　　　　ビュー表の列名

CREATE　VIEW　売上報告（製品番号, 製品名, 納品数, 売上年月日, 売上金額）

　　AS　 a 　　製品.製品番号, 製品.製品名, 売上.納品数,

　　　　売上.売上年月日, 売上.納品数 * 製品.単価

　　FROM　製品, 売上

　　WHERE　製品.製品番号＝売上.製品番号

　　　〜表名. 列名で表されている

「製品」表の「製品番号」と「売上」表の「製品番号」の値で結合

製品	製品番号	製品名	製品単価

売上	製品番号	納品数	売上年月日

ア　GRAN　　イ　INSERT　　ウ　SCHEMA　　エ　SELECT

 解説

仮想のビュー表をSELECT文で抽出して作る

次のビュー表ができます。

> 計算で求める列を実表にしたくないので、ビュー表に入れる

ビュー表　売上報告 | 製品番号 | 製品名 | 納品数 | 売上年月日 | 売上金額 |
|---|---|---|---|---|

解答　エ

間違いやすいので狙われるグループ処理

グループごとに合計値や平均値を計算できる集合関数

指定した列の値に対して、合計値や平均値を求めることができる集合関数があります。

～列の値は数値でなければならない

集合関数	説　明
SUM (列名)	列の値の合計値を返す。
AVG (列名)	列の値の平均を返す。
COUNT (列名)	NULL (空)でない列の行数を返す。列名を＊にすると全行数。列名の前にDISTINCTを指定すると重複した値の行が除かれる。
MAX (列名)	列の値の最大値を返す。
MIN (列名)	列の値の最小値を返す。

例)「注文明細」表

明細コード	注文日	数量
M001	2023-07-08	5
M002	2023-07-10	10
M003	2023-07-10	23
M004	2023-07-12	27

① **SELECT　SUM (数量)　FROM　注文明細**

「注文明細」表から、「数量」の合計値を求めます。

② **SELECT　SUM (数量) AS　合計　FROM　注文明細**

「合計」と名前を付けた列に、「数量」の合計値を求めます。

②の結果

合計
65

③ **SELECT　注文日, SUM (数量) AS　合計**
　　　　FROM　注文明細
　　　　GROUP　BY　注文日

③の結果

注文日	合計
2023-07-08	5
2023-07-10	33
2023-07-12	27

「注文日」ごとにグループ化して、「数量」の合計値を求めます。

なお、グループ化では、SELECT文で指定した集合関数以外の列名を、必ずGROUP　BY句ですべて指定しなければなりません。

見逃さないようにね
試験で何度も出ているから要注意だよ!

④ SELECT　注文日, SUM (数量)　AS　合計
　　　　FROM　注文明細
　　　　GROUP　BY　注文日
　　　　HAVING　SUM (数量) >=　25

④の結果

注文日	合計
2023-07-10	33
2023-07-12	27

　「注文日」ごとにグループ化して、「数量」の合計値が25以上のものだけを抽出します。

　グループ化した値に対する抽出条件は、HAVING句を使います。WHERE句ではありません。

時短で覚えるなら、コレ！

SELECT　列名, …, 集合関数　FROM　表名
　　　　GROUP　BY　列名
　　　　HAVING　抽出の条件　⟸ HAVEINGを省略すると全グループを抽出

・抽出の条件を満たしたグループだけ、集合関数の結果を求める。

集合関数とグループ化

SQL の構文として、正しいものはどれか。

ア　SELECT　注文日, AVG (数量)　⟸ 注文日でグループ化していない
　　　FROM　注文明細

イ　SELECT　注文日, AVG (数量)
　　　FROM　注文明細
　　　GROUP BY　注文日

ウ　SELECT　注文日, AVG (SUM (数量))　⟸ 集合関数の中で
　　　FROM　注文明細　　　　　　　　　　　 集合関数は使えない
　　　GROUP BY　注文日

エ　SELECT　注文日
　　　FROM　注文明細
　　　WHERE　SUM (数量) > 1000　⟸ WHERE句で
　　　GROUP BY　注文日　　　　　　　 集合関数は使えない

解答　イ

先に問い合わせる副問合せ

SELECT文が2つあるときは、WHERE句のSELECT文を先に

1つのSQL文の中に、SELECT文が2つあるとき、最初のSELECT文を主問合せ、WHERE句にあるものを副問合せといいます。

 時短で覚えるなら、コレ！

SELECT 列名1 FROM 表名 ←主問合せのSELECT文
  WHERE 列名2 比較演算子 (副問合せのSELECT文)
                        ←先に実行

最初に副問合せのSELECT文を実行し、その結果を使って主問合せのWHERE句の条件にし、主問合せを行います。つまり、SELECT文が2つあったら、先に副問合せを考えます。

> **例** SELECT 部長名 FROM 部長表
>   WHERE 部＝SELECT 所属 FROM 社員表 WHERE 氏名＝'井口郁子')
>   ←副問合せを先に行う

まず、「社員表」から「氏名」が '井口郁子' の「所属」を副問合せします。
得られた'営業'と等しい「部」の「部長名」を主問合せします。

部長表

部	部長名
営業 →	営業太郎 ②
総務	総務花子
設計	設計次郎
経理	経理夢子

主問合せ

社員表

所属	クラブ	氏名
総務	テニス	相川愛子
営業 ←	テニス	井口郁子 ①
設計	ソフト	植松梅子
営業	ダンス	江原絵里

副問合せ

複数の結果を順に比較するIN述語

IN述語を用いると、抽出されたデータのいずれかが一致すれば、主問合せの条件を真にすることができます。

 時短で覚えるなら、コレ！

SELECT 列名1 FROM 表名
  WHERE 列名2 IN (副問合せのSELECT文)

副問合せの結果の並びのいずれかが列名2と一致すると、主問合せの条件が真になる。←例えば、A、Bが抽出された場合、列名2＝A OR 列名2＝B と同じ

他の言語からSQLの表を読み込む

行の位置を示すのがカーソル

SQLは、SQLを単独で会話的に用いる独立言語方式とC言語やJavaなどの高水準言語で書かれたプログラムで利用する親言語方式があり、さらに埋込み型SQL方式とモジュール言語方式があります。

埋込み型SQL方式	親言語のプログラムに、SQL文を埋め込む。
モジュール言語方式	SQL文で外部手続きを書き、親プログラムから呼び出す。

埋込み型SQL方式では、親言語のプログラムに、「EXEC SQL」を付けたSQL文を直接埋め込み、表から読み出す行の現在位置を示すカーソルを利用します。

埋込みSQLの操作

行のデータを取り出し、親言語の変数（NAME、DEPT、SALARY）に入れる

次の埋込みSQLを用いたプログラムの一部において、Xは何を表す名前か。

EXEC　SQL OPEN X;　←カーソルを開き、カーソル操作を開始

　　→ EXEC　SQL FETCH X INTO :NAME, :DEPT, :SALARY;

　　　　EXEC　SQL UPDATE　従業員　←更新

　　　　　　SET　給与 = 給与 * 1.1

　　　　　　WHERE　CURRENT OF　X;

EXEC SQL CLOSE X;　←カーソルを閉じて、カーソル操作を終わる

ア　カーソル　　　イ　スキーマ　　　ウ　テーブル　　　エ　ビュー

カーソルという用語の意味を知っているだけで解ける問題も多い

　OPEN文の次のXがカーソル名です。FETCH文で行のデータを親言語の変数に読み出します。最後にCLOSE文でカーソルを閉じて終わります。

　問題を見ればわかるように、カーソル操作の詳細な文法は問われていません。埋込み型SQL方式で、カーソルを利用することを知っていれば解ける問題です。

解答　ア

確認のための実戦問題

問 "業者"表、"仕入れ業者"表に対する次のSQL文と同じ結果が得られる
SQL文はどれか。ここで、業者と仕入れ業者の表構造は次のとおりである
(下線部は主キーを表す)。

業者 (業者番号, 業者名)
仕入れ業者 (商品番号, 業者番号)

SELECT 業者名 FROM 業者, 仕入れ業者
　　WHERE 業者. 業者番号 = 仕入れ業者. 業者番号 AND 商品番号 = 100

ア　SELECT 業者名 FROM 業者 WHERE NOT EXISTS
　　(SELECT * FROM 仕入れ業者 WHERE 商品番号 = 100)

イ　SELECT 業者名 FROM 業者 WHERE NOT EXISTS
　　(SELECT 商品番号 FROM 仕入れ業者 WHERE 商品番号 = 100)

ウ　SELECT 業者名 FROM 業者 WHERE 業者番号 IN
　　(SELECT 業者番号 FROM 仕入れ業者 WHERE 商品番号 = 100)

エ　SELECT 業者名 FROM 業者 WHERE 商品番号 IN
　　(SELECT 商品番号 FROM 仕入れ業者 WHERE 商品番号 = 100)

●問の解説 …… 似た選択肢はどこが違うか下線を引く

　問題のSQL文は、「業者」表と「仕入れ業者」表を「業者番号」で結合し、「商
品番号 = 100」の条件で「業者名」を抽出しています。

ア： 副問合せで、「仕入れ業者」表から「商品番号」が100の行を抽出します。
「NOT　EXIST」なので、1行も存在しないときに、主問合せの条件が真に
なり、「業者名」を抽出します。

イ： アと同様に、「商品番号 = 100」が1行も存在しないときに「業者名」を抽出
します。

ウ： 副問合せで、「仕入れ業者」表から「商品番号」が100の「業者番号」を抽
出します。IN述語を用いているので、副問合せで抽出された「商品番号
= 100」の「業者番号」が主問合せの「業者番号」と等しい「業者名」が抽出
されます。正解です。

エ：「業者表」には「商品番号」がないので間違いです。

解答　ウ

05 マルチメディアとデータベース

データベースの運用

データベースを運用していると、障害の発生により更新がうまくいかなかったり、データベースが壊れたりすることがあります。そこで、障害発生時にデータベースを回復するための方法が用意されています。ロールバックとロールフォワードについては、用語だけでなく仕組みや手順をよく理解しておきましょう。

障害の起こったデータベースを回復する

更新処理がなかったことにするのがロールバック

データベースに障害が発生したときに、データベースを回復する2つの方法があります。データベースは、ジャーナルファイル (ログファイル) にデータベースの更新前後の情報を記録しています。障害発生時には、このファイルを利用してデータベースを回復します。

⏱ 時短で覚えるなら、コレ！

ロールフォワード（前進復帰）	ロールバック（後進復帰）
バックアップしておいたデータベースに、ジャーナルファイルの更新後情報を反映させて、障害直前までのデータベースを復旧。	障害が発生したデータベースから、ジャーナルファイルの更新前情報を利用して、トランザクション開始直前の状態のデータベースを復旧。
バックアップ DB → 直前 DB 更新後情報を書き加える	直前 DB ← 障害 DB 更新前情報を書き戻す
主に物理的な障害発生時	主に論理的な障害発生時

試験では、更新前の情報を使うか、更新後の情報を使うかを問うものが繰り返し出題されています。

前進復帰後の値

こんな問題が出る！

↶ 更新処理をデータベースに確定させる時点

チェックポイントを取得するDBMSにおいて、図のような時間経過でシステム障害が発生し、前進復帰によって障害回復を行った。前進復帰後のa、bの値はいくつか。

ここで、Tn [____] は、長方形の左右両端がトランザクションの開始と終了を表し、長方形内の記述は処理内容を表す。T1開始前のa、bの初期値は0とする。

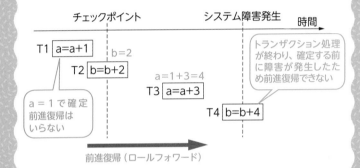

	a	b
ア	1	0
イ	1	2
ウ	4	2
エ	4	6

解説　トランザクション処理は終了したが確定していないものを前進復帰する

データベースを更新するトランザクション処理が終了しても、すぐにデータベースに書き込んで確定するのではなく、チェックポイントで確定させる問題がよく出ます。チェックポイント時点では、T1のa＝1、b＝0（初期値）が確定しており、前進復帰（ロールフォワード）によって、更新後情報を書き加えます。T2とT3は処理が終了しているので回復させることができ、T2でbが2、T3でaが4になります。ただし、T4は確定前に障害が発生したため、更新後情報は書き込まれておらず回復できません。

解答　ウ

使用中のデータに鍵をかけるロック方式

皆が参照できる共有ロック

航空機を予約するとき、同じ席を同時に2人が取ってしまうと大変です。データベースの更新中に、他のトランザクションが更新を行うと整合性がとれなくなります。このような矛盾が生じないように、1つのトランザクションが更新中は他のトランザクションが更新できないようにするのが排他制御です。参照や更新中のデータに鍵をかけて、現在使用中であることを他のトランザクションに知らせることをロック

といいます。ロックには、右の2つがあります。

共有ロック	参照だけを許し、更新や削除ができない。 ～他のトランザクションも参照できる
占有ロック	参照、更新、削除ができない。 ～他のトランザクションは参照もできない

例えば、AとBを同時に更新する必要があるとき、トランザクション1がAを、トランザクション2がBにロックをかけると、それぞれBとAのロックが解除されるのを待つため身動きがとれなくなります。このように、複数のトランザクションが互いにロックし合って、相手がロックした資源の解放を待つ状態が続くことをデッドロックといいます。

<こんな問題が出る！>

排他制御のロック

データベースの排他制御であるロックに関する説明で、適切なものはどれか。

優先順位の低い方をロールバックすればいい～

ア　デッドロックが発生した場合には、両方のトランザクションをロールバックする。

イ　ロックには、読取り時に使用する共有ロックと、変更時に用いる占有ロックがある。　～ロックを掛ける範囲のこと

ウ　ロックの粒度は大きいほど並列に実行されるトランザクションは多くなる。　　　～ロックを用いるから、デッドロックが起きる

エ　ロックを用いると、デッドロックが発生することはない。

解説

ロックをかける範囲は、広すぎず狭すぎずがよい

ロックをかける範囲をロック粒度といいます。例えば、座席予約で全席にロックをかけると、他のトランザクションは予約できません。粒度は小さいほうが他への影響は少なくなりますが、細かすぎるとオーバーヘッドが増えます。

解答　イ

解いて覚える頻出用語 データベース関連の用語

次の説明文と関連の深い用語を選べ。

(1) クライアントサーバシステムにおいてデータベースをアクセスするときに、利用頻度の高い命令群をあらかじめサーバに用意しておくことによって、ネットワーク負荷を軽減できる機能。

(2) データベースのアクセス効率を低下させないために、定期的に実施する処理。

(3) 分散データベースシステムにおいて、一連のトランザクション処理を行う複数サイトに更新可能かどうかを問い合わせ、すべてのサイトが更新可能であることを確認した後、データベースの更新処理を行う方式。

(4) クライアントのアプリケーションプログラムは、複数のサーバ上のデータベースをアクセスする。アプリケーションプログラムは、データベースがあたかも一つのサーバ上で稼働しているかのようにアクセスできる。

(5) DBMSにおいて、同じデータを複数のプログラムが同時に更新しようとしたときに、データの矛盾が起きないようにするための仕組み。

(6) データベースを記録媒体にどのように格納するかを記述したもの。

ア ストアドプロシージャ機能 ← 頻出！

イ 排他制御

ウ 再編成

エ 分散データベースの透過性

オ 2相コミット

カ 内部スキーマ

第5章 テクノロジ系 ● マルチメディアとデータベース

データベースの再編成は、データの追加や削除が繰り返されると格納効率が低下するため、記憶領域を変更する処理です。データベースのデータ項目や論理構造を変更して新たなデータベースにすることを再構成といいます。

また、データの性質や形式などのデータ定義の仕様をスキーマといいます。

外部スキーマ	利用者や応用プログラムからみた仕様
概念スキーマ	データの論理構造を具体化したデータベースの基本的な仕様
内部スキーマ	データを磁気ディスクなどに格納するための物理的な仕様

解答 (1)ア (2)ウ (3)オ (4)エ (5)イ (6)カ

出題例 音声データのデータ容量

目標解答時間 3分

問 音声を標本化周波数10kHz、量子化ビット数16ビットで4秒間サンプリングして音声データを取得した。この音声データを、圧縮率1/4のADPCMを用いて圧縮した場合のデータ量は何kバイトか。ここで、1kバイトは1,000バイトとする。

ア 10 　　　　イ 20 　　　　ウ 80 　　　　エ 160

●解説 バイト単位にそろえて計算すると楽

AD(adaptive differential：適応差分)がついたADPCMは、PCMのようにアナログデータをサンプリングしてデジタル化するときにデータを圧縮します。

10kHzは、1秒間に10×1000＝10,000回サンプリング。

量子化ビット数は、16ビット＝2バイト。

データ量は、(10,000回×4秒×2バイト)÷4＝20,000バイト＝20kバイト

【解答】 イ

出題例 ビューの役割

目標解答時間 1分

問 RDBMSにおけるビューに関する記述のうち、適切なものはどれか。

ア ビューとは、名前を付けた導出表のことである。

イ ビューに対して、ビューを定義することはできない。

ウ ビューの定義を行ってから、必要があれば、その基底表を定義する。

エ ビューは一つの基底表に対して一つだけ定義できる。

●解説 基底表とビュー関係を掴んでおこう

何らかの問合せや演算によって得られた表を導出表、問合せの結果ではない元々の表を基底表(実表)といいます。導出表は仮想表で、これに名前をつけて操作できるようにしたのがビューです。ビューは、1つの基底表から複数つくることができ、ビューからビューを作ることもできます。

【解答】 ア

ネットワーク

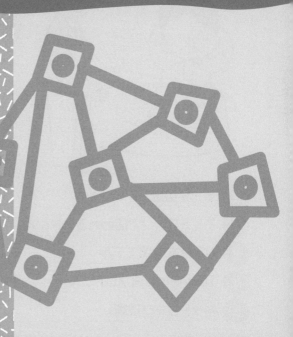

第6章の学習ガイダンス

ネットワーク

　ネットワーク分野では、OSI基本参照モデルの各層の機能に対応させた、ブリッジやルータなどのLAN間接続装置の名称を問う問題が繰り返し出題されています。

　また、種類が多くて紛らわしいTCP/IPのプロトコル、計算も必要なIPアドレスに関する問題もよく出ています。いずれも定番問題なので落とさないように。そのほかデータ転送の計算問題は、数パターンあるので確実に解けるように。

アドレスやプロトコルの話って、数字や3文字略語が多くて覚えにくいですね

どちらも国際基準のルールだから、1度覚えておけば実務でも役に立つよ！Wi-Fiだって普段使っているよね

そうですね。意味がわからずに使っているよりいいかも！

HTTP, FTP, SMTP, POP3, DNS, DHCP, NTP, SNMP, MIME, S/MIME.

プロトコルなど用語の多さに戸惑わないように

　シラバスの「中分類10：ネットワーク」に掲載された多数の用語のなかで、頻繁に出題される用語は多くはありません。

シラバス 中分類 10：ネットワーク
　1. ネットワーク方式（bps、IPv4、IPv6）
　2. データ通信と制御（OSI基本参照モデル、リピータ、ハブ、スイッチングハブ、ルータ、ゲートウェイ、CSMA/CD）
　3. 通信プロトコル（TCP/IP、SMTP、POP、FTP、DNS、DHCP、サブネットマスク、ポート番号など）
　4. ネットワーク管理（SNMP、ping）
　5. ネットワーク応用（HTML、MIME）

●計算する前に単位を揃えよう

　データ通信では、データが1ビットずつ伝送されるので、計算問題でもビットが使われます。単位はビット/秒です（bpsのときもあり）。一方、ファイル容量などは一般にバイトを用います。このため1つの問題の中でビットとバイトが使われていて、kMGなどのSI接頭語もバラバラなこともあります。求められているのは何かを考え、計算する前には単位の統一を忘れずに。

第1章で学んだ基礎理論を見直しておこう

　ネットワーク分野では、第1章の論理演算が登場します。パリティチェックではXOR（排他的論理和）演算、サブネットマスクの計算ではAND（論理積演算）を使います。また、10進数で表すIPアドレスの問題では、2進数と10進数の変換を行うことが必要になることもあります。もし忘れていたら見直しておきましょう。

疎通確認には"ping"コマンドが使われる

　令和5年度の公開問題で、「IPv4ネットワークにおいて、ネットワークの疎通確認に使われるものはどれか」という出題がありました。疎通確認とは、ネットワークの接続確認のことです。TCP/IPにはネットワークの接続テストなどを行うICMP（Internet Control Message Protocol）というプロトコルがあります。これを利用しているのがpingコマンドです。例えば、「ping　ホスト名（または、IPアドレス）」で、そのホストまで正常に接続されていれば、replay（応答）が返ってきます。

用語メモ

ping（ピン/ピング）	IPv4ネットワークで、ICMPを使って疎通確認を行うOSのコマンド。

データ伝送

ある地点から他の地点に通信回線を引けば、0と1のデジタルデータを電気的に送ることができます。データの伝送時間を求める問題がよく出ますが、バイトやビット、分や秒などが混在するので、単位の換算に注意しましょう。このほか、データを伝送する際のエラーを発見するパリティチェックがよく出ています。

データは1ビットずつ伝送される

ビット/秒は1秒間に伝送されたビット数

電気通信を用いて、ある地点から他の地点へデータを伝えることを**データ伝送**といいます。**データ通信**は、**プロトコル**（通信規約）によってデータ伝送を行い、データ処理を行うことです。

コンピュータは、バイトやワードなど、複数のビットをまとめた単位でデータを扱います。しかし、複数のビットを同時に伝送するには、複数の通信回線が必要になるため、1ビットずつに分解し、1ビットずつ伝送します。このため、通信速度は、1秒間に何ビット伝送するかという単位を用います。

用語メモ

ビット／秒	データ信号速度の単位で、1秒間に伝送されたビット数を表す。一般には、bps（bits per second）という表記が用いられる。

こんな問題が出る！　データ伝送にかかる時間

〜〜〜単位に注意〜〜〜
1.5Mビット／秒の伝送路を用いて12Mバイトのデータを転送するために必要な伝送時間は何秒か。ここで、回線利用率を50％とする。
〜〜〜実際に伝送路を使用できる割合

　　ア　16　　　　　　イ　32　　　　　　ウ　64　　　　　　エ　128

解説　単位変換を忘れなければ、とっても簡単

「回線利用率が50％」とは、実際には1.5Mビット／秒×50％の伝送速度になるということです。1バイトは8ビットなので、12Mバイトは12M×8ビットです。

データ容量÷伝送速度 で、伝送にかかる時間がわかります。

$(12M × 8ビット) ÷ (1.5Mビット／秒 × 50\%)$

$= (12M × 8ビット) ÷ \left(\dfrac{15Mビット／秒}{10} × \dfrac{50}{100} \right)$

$= \dfrac{(12M×8ビット) × (10×100)}{(15Mビット／秒 × 50)} = \dfrac{4 × 8 × 2 × 2}{1 × 1}$ 秒　$= 128秒$

解答　エ

試験の計算問題は、手計算でもできるようになっているよ。力づくで計算しないようにね

第6章
テクノロジ系・ネットワーク

ビット誤り率

こんな問題が出る！

600,000 ビットにつき
1 ビットの誤りが発生

ビット誤り率が $\dfrac{1}{600,000}$ の回線を使用し、2,400ビット／秒の伝送速度でデータを送信すると、平均で何秒に1回のビット誤りが発生するか。

ア　250　　　　イ　2,400　　　　ウ　20,000　　　　エ　600,000

解説　100ビットの伝送で1ビットの誤りが発生したら、ビット誤り率は1%

　データ伝送の場合、ビット誤り率は、ある程度の時間内で送ったビット数に対して、誤りが発生したビット数の割合のことです。ビット誤り率が分数で示されている場合は、分母のビット数を伝送したときに1ビットの誤りが発生するということを表します。

　この問題では、60,000ビットの伝送で1回の誤りが発生するので、600,000ビットを伝送するために必要な時間を求めれば、1ビットの誤りが発生する平均時間がわかります。

まず両方の値を 600 で割ると、計算が簡単になる

600,000ビット÷2,400ビット／秒 ＝ 1,000÷4秒 ＝ 250秒

解答　ア

データの誤りを発見する方法

1の数を奇数にするのが奇数パリティ

通信中になんらかの原因で、0のビットが1になったり、1のビットが0になったりすることがあります。そこで、1のビットの数が必ず奇数(または偶数)になるように、1ビットのパリティビットを付ける方法があります。

1の数を検査するパリティチェックでは、1ビットの誤りを検出できます。ただし、2ビットが誤っていた場合は検出できません。パリティチェックは、排他的論理和(XOR)回路で実現します。例えば、奇数パリティのついたデータ10111が正しいかどうかを調べてみましょう。

1 XOR 0 XOR 1 XOR 1 XOR 1 = 0

答えが0であれば、データのどこかに誤りがあると判断できます。もし10011なら、答えは1になり、データが正しいことがわかります。

実際に誤ったデータが送られてきたときは、水平・垂直方向にパリティビットを付けることで誤り位置がわかり、自動訂正が可能です。ただし、2ビット以上の誤り訂正はできません。

奇数パリティ

(1のビットは奇数個) ↓

| 1 | 1 | 0 | 0 | 0 | 1 | 0 |

偶数パリティ

(1のビットは偶数個) ↓

| 1 | 1 | 0 | 0 | 0 | 1 | 1 |

1は3個なので、パリティに1を付けて偶数になるようにする

水平垂直方向の奇数パリティ

↓誤り

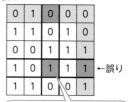

0	1	0	0	0
1	1	0	1	0
0	0	1	1	1
1	0	1	1	1	←誤り
1	1	0	0	1

誤りのある列と行の交差したビットが誤りの位置(0に訂正)

パリティチェック方式

通信回線のパリティチェック方式(垂直パリティ)に関する記述のうち、適切なものはどれか。

〜訂正はできない

ア　1ビットの誤りを検出できる。

イ　1ビットの誤りを訂正でき、2ビットの誤りを検出できる。

ウ　奇数パリティならば1ビットの誤りを検出できるが、偶数パリティは1ビットの誤りも検出できない。

エ　奇数パリティならば奇数個のビット誤りを、偶数パリティならば偶数個のビット誤りを検出できる。

解答　ア

確認のための実戦問題

問1 設置場所の異なるクライアントとサーバ間で、次の条件で通信を行う場合の応答時間は何秒か。ここで、クライアントの送信処理の始まりから受信処理が終了するまでを応答時間とし、距離による遅延は考慮しないものとする。

クライアントとサーバ間の回線速度	8Mビット／秒
伝送効率	60%
電文長	上り1Mバイト、下り2Mバイト
クライアントの処理時間	送信、受信を合わせて0.4秒
サーバの処理時間	送信、受信を合わせて0.4秒

ア　1.4　　　　　イ　3.8　　　　　ウ　5.0　　　　　エ　5.8

問2 符号化速度が64kビット／秒の音声データ1.2Mバイトを、通信速度が48kビット／秒のネットワークを用いてダウンロードしながら途切れることなく再生するためには、再生開始前に最低何秒分のデータのバッファリングが必要か。

ア　50　　　　　イ　150　　　　　ウ　200　　　　　エ　350

第6章
テクノロジ系 ● ネットワーク

● 問1の解説 …… どの単位に変換するのが楽かを考える

回線速度が8Mビット／秒なので、**8で割って単位をバイトに直し**ましょう。

　8Mビット／秒 ＝ 1Mバイト／秒

伝送効率が60%なので、この回線の実効速度は 1×60％＝0.6Mバイト／秒

　応答時間＝電文の伝送時間＋クライアントの処理時間＋サーバの処理時間

　　＝（1Mバイト＋2Mバイト）÷0.6Mバイト／秒＋0.4秒＋0.4秒＝**5.8秒**

● 問2の解説 …… 8で割り切れるときは迷わずバイトで統一する

符号化速度が64kビット／秒なので、1秒間に64kビットのデータができます。この**64kビット（＝8kバイト）のデータを再生するのに1秒かかる**わけです。

　再生時間：1.2Mバイト ÷ 8kバイト／秒 ＝ **150秒**

　ダウンロード速度は、**48kビット／秒 ＝ 6kバイト／秒**です。

　ダウンロード時間：1.2Mバイト ÷ 6kバイト／秒 ＝ **200秒**

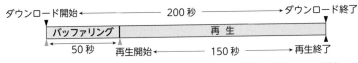

解答　問1　エ　問2　ア

ネットワークで使われる アドレス

インターネットでは、データをパケット単位に分割して運びますが、このとき宛先の住所に当たるのがIPアドレスで、住所の先にある個々の機器を特定するために用いられるのがMACアドレスです。試験では、適切なIPアドレスであるかやサブネットマスクを判断する問題、MACアドレスについての問題がよく出ています。

MACアドレスとIPアドレス

ネットワーク機器に付けられた世界で唯一のMACアドレス

現在は、イーサネット型のLAN (IEEE802.3) が広く用いられています。このLANでは、ネットワークに接続されているコンピュータや装置を識別するために、MACアドレスを用いています。　　　　　　　　　　　　Media Access Control

こんな問題が出る!

MACアドレスの構成

ネットワーク機器に付けられているMACアドレスの構成として、適切な組合せはどれか。

	先頭24ビット	後続24ビット	
ア	グローバルエリアID	IPアドレス ✕	IPアドレスではない
イ	グローバルエリアID	固有製造番号	
ウ	OUI (ベンダ ID)	IPアドレス ✕	
エ	OUI (ベンダ ID)	固有製造番号	

用語メモ

MACアドレス	ネットワーク機器に付けられるデータリンク層 (p.202)のアドレス。
	24ビット　　　　　24ビット
	製造メーカID (OUI)　固有の製品番号
	OUI (Organizationally Unique Identifier) は IEEE が管理

解答　エ

ネットワーク層のIPアドレス

OSI基本参照モデル (p.200) のネットワーク層のアドレスとして、インターネットでも使われているIPアドレスが広く用いられています。世界で通用するIPアドレスは、グローバルIPアドレスと呼ばれ、自由に決めることはできません。

IPアドレスには、広く使われている32ビットのIPv4 (IPv4：Internet Protocol version4) と、新しく導入された128ビットのIPv6があります。

IPv4は、ネットワークのアドレスを示すネットワーク部と、ネットワーク内のコンピュータやルータなどに割り当てるホスト部から構成されています。アドレスは、32ビットを8ビットずつ区切って、「123.45.67.89」のように10進数で表します。ネットワークの規模によりクラスが分けられ、クラスAは大規模用、クラスCは小規模用です。

なお、ホスト部がすべて0とすべて1のアドレスは使えないため、ホスト部がnビットなら2^n-2台に割り当てられます。クラスCのホスト部は8ビットなので、254台にIPアドレスを割り当てられることを覚えておきましょう。

時短で覚えるなら、コレ！

IPv4

クラスAからCまでの先頭ビットを覚えておこう

ネットワーク部　　　　　　　　　　　　　　　　　ホスト部

クラス A | 0 | $2^{24}-2=16,777,214$ 台
8ビット　　24ビット

クラス B | 10 | $2^{16}-2=65,534$ 台
16ビット　　16ビット

クラス C | 110 | $2^8-2=254$ 台
24ビット　　8ビット

クラス D | 1110 | （同じデータを送るマルチキャスト用）
4ビット　　28ビット

IPアドレスのクラス

IPアドレス 10.128.192.10 のアドレスクラスはどれか。

10進数の 10 は 2進数の 00001010 なので、先頭のビットは 0

ア　クラスA　　イ　クラスB　　ウ　クラスC　　エ　クラスD

解答　ア

第6章 テクノロジ系・ネットワーク

IPアドレスを有効に使うサブネットマスク

IPアドレスのホスト部を、さらにサブネットワーク部と新たなホスト部に分けたものがサブネットです。新たなホスト部の部分を0にしたビット列(サブネットマスク)と、元のIPアドレスとの論理積演算をとれば、ネットワークアドレス(ネットワーク部+サブネット部)を取り出すことができます。

		ネットワーク部		ホスト部
普通のクラスC	110NNNNN	NNNNNNNN	NNNNNNNN	HHHHHHHH

		ネットワーク部		サブネット部	
サブネット	110NNNNN	NNNNNNNN	NNNNNNNN	SSSS	HHHH

注)N,S,Hは、任意の1または0

サブネットマスク	11111111	11111111	11111111	1111	0000

サブネットマスク

こんな問題が出る!

次のIPアドレスとサブネットマスクをもつPCがある。このPCのネットワークアドレスとして、適切なものはどれか。

IPアドレス:10.170.70.19 ← 255の2進数は8ビット全てが1
サブネットマスク:255.255.255.240 ←

240 = 255 − 15(15は2進数の1111)

$$\underset{255}{1111\ 1111} - \underset{15}{1111} = \underset{\text{下位4ビットが0}}{1111\ 0000}$$

ア 10.170.70.0
イ 10.170.70.16
ウ 10.170.70.31
エ 10.170.70.255

解説 下位8ビットだけを考えればよい

8ビット全てが1のとき、10進数の255になることを覚えておきましょう。このサブネットマスクは上位8ビット×3=24ビットが全て1なので、下位8ビットだけを考えればよいことになります。サブネットマスクの240を8ビットの2進数に直した11110000と、元のIPアドレス19の2進数00010011とのANDをとると00010000、10進数の16です。

ネットワークアドレスが、元のIPアドレスより大きくなることはないので、ウとエは誤り。また、255−240=15からサブネットマスクの下位4ビットは0、さらにIPアドレスの19は2進数に直すと右から5桁目(16の桁)の重みが1になることに気づけば、ANDをとるまでもなくイを選べます。

解答 イ

問1 IPv6のIPアドレスの長さは何ビットか。

ア 32 　　　　イ 64 　　　　ウ 128 　　　　エ 256

問2 次のネットワークアドレスとサブネットマスクをもつネットワークがある。このネットワークをあるPCが利用する場合、そのPCに割り振ってはいけないIPアドレスはどれか。

　ネットワークアドレス：200.170.70.16

　サブネットマスク：255.255.255.240

ア 200.170.70.17 　　　　　　イ 200.170.70.20
ウ 200.170.70.30 　　　　　　エ 200.170.70.31

●**問1の解説** …… **IPv6が128ビットであることを知っていれば解ける問題ばかり**

IPv6は128ビットで、16ビットずつ「：」で区切り16進数で表します。

●**問2の解説** …… **ネットワークアドレスの10進数を引けばホスト部がわかる**

240を2進数に直すと**11110000**なので、下位4ビットがホスト部です。ホスト部が**0000**と**1111**（10進数の**0**と**15**）のアドレスは割り当てられません（全て**0**はネットワークアドレス自体を表し、全て**1**はブロードキャスト用のアドレスと定められているため）。

もちろん、すべて2進数に直して考えることもできますが、ア～エの下位8ビットの10進数から、ネットワークアドレスの下位8ビットを表す10進数の**16**を引くと、ホスト部の10進数がわかります。

アは17－16＝1、イは20－16＝4、ウは30－16＝14で割り当てできます。しかし、エは31－16＝15で2進数の**1111**となるため、割り当てできません。

 時短で覚えるなら、コレ！

ホスト部のアドレスとホスト数
・**ホスト部のアドレスに、全て0、全て1は割り当てられない**
・**ホスト数は、ホスト部のビット数で表現できる数より2台少なくなる**

解答 問1 ウ 問2 エ

第6章 テクノロジ系・ネットワーク

OSI基本参照モデル

OSI (Open Systems Interconnection) は、「開放型システム間相互接続」という意味です。これは、通信の標準化を推し進めるための考えで、国際標準化機構 (ISO) によって、通信機能を7つの層に分けたOSI基本参照モデルが作られました。試験では、各層の機能に対応させたLAN間接続装置の問題がよく出ています。

OSI基本参照モデルの役割を知ろう

OSIの層は「オープンセットね、デーブ！」

データ通信を行うには、相互に通信の手順などを決めておく必要があり、通信規約をプロトコルといいます。OSI基本参照モデルは、メーカや機種、OSの異なるコンピュータを相互に接続することを目指したネットワークアーキテクチャです。通信プロトコル群を7層に階層化したモデルで、上位3層が通信サービス、下位4層がデータ転送を担います。

映画スタジオで女優さんがデーブ氏に話しかける場面をイメージし、「オープンセットね、デーブ！」と覚えておきましょう。

応用層 (JISの規定) は、一般にはアプリケーション層とも呼ばれます。利用者や電子メールなどの応用ソフトに通信機能を提供する層で、応用ソフトのことではありません。

OSI基本参照モデルの7つの層

	問題文中のキーワード
第7層 応用 (おうよう) 層	←☜ 通信機能を提供
第6層 プレゼンテーション層	←☜ データ表現や形式
第5層 セション層	←☜ 会話の制御
第4層 トランスポート層	←☜ エンドツーエンド
第3層 ネットワーク層	←☜ 中継と経路選択
第2層 データリンク層	←☜ 隣接ノード、フレーム
第1層 物理 (ぶつり) 層	←☜ 電気信号、ビット伝送

通信サービス：第7層～第5層
データ伝送：第4層～第1層

　プレゼンテーション層は、文字コードをネットワーク共通のコードに変換するなど、データの表現や形式に関する機能などを提供します。セション層は、通信を行う両者の会話 (やりとり) が順序どおりに正しく行われるように制御します。
　トランスポート層は、エンドツーエンド間 (送信元から送信先まで) の全二重の透過的な伝送路を提供します。全二重とは同時に双方向に伝送できることで、透過的な伝送路とは文字だけでなく任意のデータを伝送できることです。
　第3層～第1層は、LAN間接続装置とともに次項 (p.203) で説明します。

 解いて覚える頻出用語　**OSI 基本参照モデル**

　下のOSI基本参照モデルの各層と、関連の深い説明文を選べ。

	層の名称	説明
第7層	応用 (アプリケーション) 層	(7)
第6層	プレゼンテーション層	(6)
第5層	セション層	(5)
第4層	トランスポート層	(4)
第3層	ネットワーク層	(3)
第2層	データリンク層	(2)
第1層	物理層	(1)

ア　利用者にデータ通信機能を提供する。

イ　利用者に対して、共通の情報表現形式に関する機能を提供する。

ウ　開始から終了までの会話の制御、同期及びデータ交換の管理のための機能を提供する。
　　　　　　　　　　　　　　　　　🖉 送信元から送信先

エ　全二重の透過的な伝送路を提供して、エンドツーエンド間のデータ転送を行う。　🖉 任意のビット列を送れる

オ　経路を選択し、一つまたは複数の通信網を介して、利用者が存在するシステム間のデータ転送機能を提供する。

カ　同じネットワーク内の隣接ノード間でのフレーム単位での伝送を保証する。　　　　　　　　🖉 隣り合っているコンピュータや装置

キ　ビットの伝送を行うために、物理コネクションを活性化、維持、非活性化する機能を提供する。

解答　(1) キ　(2) カ　(3) オ　(4) エ　(5) ウ　(6) イ　(7) ア

OSI基本参照モデルとLAN間接続装置

どの層でどの接続装置を使うかが問われる

OSI基本参照モデルの層に対応した、LANを延長したり、LANとLANを接続するための装置があります。1〜3層の接続装置の出題頻度が高いので、魚のブリを食べてデーブ氏が寝た場面をイメージし、「ブリ（物理層：リピータ）、デーブ（データリンク層：ブリッジ）、寝る（ネットワーク層：ルータ）」と覚えましょう。

ネットワーク層は、通信経路を選択し中継して送り届けます。通常、ルータがIPアドレスを用いて、パケットを転送します。データリンク層は、隣接ノード（コンピュータや装置）間でのフレーム（p.199）単位での伝送を保証します。試験対策には、ブリッジがMACアドレス（物理アドレス）を見て、中継が必要なLANにだけデータを転送すると考えておけばいいでしょう。

第7層 応用（アプリケーション）層	ゲートウェイ	トランスポート層以上が異なるLANシステム相互間で、プロトコル変換を行う装置
第6層 プレゼンテーション層		
第5層 セション層		
第4層 トランスポート層		
第3層 ネットワーク層 宛先は IPアドレスを参照	ルータ	LANどうしやLANとWAN（広域網）を接続し、ネットワーク層での中継処理を行う装置
第2層 データリンク層 宛先は MACアドレスを参照	ブリッジ （スイッチングハブ）	送信先の物理アドレスを見て、送信先のLANにだけ中継する装置
第1層 物理（ぶつり）層	リピータ （リピータハブ）	伝送距離を延長するために伝送路の途中でデータの信号波形を増幅・整形して、中継を行う装置

LAN間接続装置

こんな問題が出る！

LANにおいて、伝送距離を延長するために伝送路の途中でデータの信号波形を増幅・整形して、物理層での中継を行う装置はどれか。

第2層のスイッチ（次ページ問2解説参照）

ア　スイッチングハブ（レイヤ2スイッチ）　　イ　ブリッジ

ウ　リピータ　　　　　　　　　　　　　　　エ　ルータ

解答　ウ

確認のための実戦問題

問1 OSI基本参照モデルのトランスポート層以上が異なるLANシステム相互間でプロトコル変換を行う機器はどれか。

ア　ゲートウェイ　　イ　ブリッジ　　ウ　リピータ　　エ　ルータ

問2 ネットワーク機器の一つであるスイッチングハブ（レイヤ2スイッチ）の特徴として、適切なものはどれか。

ア　LANポートに接続された端末に対して、IPアドレスの動的な割当てを行う。

イ　受信したパケットを、宛先MACアドレスが存在するLANポートだけに転送する。

ウ　受信したパケットを、全てのLANポートに転送（ブロードキャスト）する。

エ　受信したパケットを、ネットワーク層で分割（フラグメンテーション）する。

●**問1の解説** …… トランスポート層より上はゲートウェイだ

　左のページの図のとおり、トランスポート層以上が異なるLAN間のプロトコル変換を行うのはゲートウェイです。ルータやブリッジに比べると出題頻度は低めですが、こうして出題されることもあるので、一緒に覚えておきましょう。

●**問2の解説** …… レイヤ2だから、第2層データリンク層の接続装置

　スイッチングハブは「レイヤ2スイッチ」という呼び方もあるように、第2層のデータリンク層で用いられる接続装置です。

　データはパケット単位に分割して送りますが、この層ではパケットに送信先MACアドレスなどの情報を付加したフレームという単位でデータを転送します。イーサネット型LANでは、宛先のMACアドレスを持つ機器が接続されたLANポートだけにパケット（フレーム）を転送します。

　アはDHCP（p.202）の説明。ここでのLANポートとは、LANケーブルの差込口のことです。ウは宛先を参照せずに全てのLANポートに転送する装置なので、物理層のリピータ（リピータハブ）です。リピータは電気信号を増幅して、全ポートに出力します。エはネットワーク層の接続機器なのでルータになります。

解答　問1 ア　問2 イ

04 TCP/IPと 関連プロトコル

インターネットでは、多数のプロトコル（通信規約）が使われ、それらによってWebサイトの閲覧やメールの送受信の機能が実現されています。このテーマでは、TCPとIPがどの層のプロトコルかを問う問題がよく出ています。また、メール関係のプロトコルとして、SMTPやMIMEなどが繰り返し出題されています。

TCPはトランスポート層のプロトコル

Web閲覧やメールはアプリケーション層のプロトコルを使う

TCP/IPは、インターネットで採用されているプロトコル体系で、多数のプロトコル群の総称です。4つの層に分類されており、トランスポート層にはTCPプロトコル、インターネット層にはIPプロトコルがあります。

そのデータを扱うアプリケーションを指定する番号

TCP（Transmission Control Protocol）は、送信時にパケットへポート番号や誤り検出用のチェックサムを含むTCPヘッダを付加し、パケットに誤りが生じた場合には、パケットの再送制御を行います。また、受信時は指定されたポート番号のアプリケーションまでデータを送り届けます。

HTTP（HyperText Transfer Protocol）は、Webページの閲覧時に使われています。WebサーバにあるWebページ用のHTML文書やリンクされた画像などを、閲覧用のWebブラウザ（クライアント）に転送します。FTP（File Transfer Protocol）は、ファイル転送を行うときに使うプロトコルです。

OSI基本参照モデル	TCP/IPの層	出題頻度の高いプロトコル
応用層 （アプリケーション層）	アプリケーション層	HTTP、FTP、SMTP、POP3 DNS、DHCP、NTP、SNMP MIME、S/MIME
プレゼンテーション層		
セション層		
トランスポート層	トランスポート層	TCP
ネットワーク層	インターネット層	IP、ARPP、ICMP
データリンク層	ネットワーク インタフェース層	プロトコルは層と対応させて覚える
物理層		

リソースを提供　　　　　　　　　ホストが所属し
するサーバなど　　　　　　　　　ている組織など

スキーム名　ホスト名　　ドメイン名　　　ディレクトリ名　　ファイル名
http : // www . domain.co.jp / directoy / index.html

TCP/IPではIPアドレスを用いますが、わかりにくいので、Webブラウザでは上図のようなアドレス (URL：Uniform Resoure Locator) で指定します。

スキーム名は、情報 (リソース) を得るための手段を示すもので、多くの場合、プロトコルが指定されます。上記は、HTML文書を送受信するためにHTTPを用いる例で、スキーム名がhttpになっています。

ホスト名とドメイン名からIPアドレスへの変換は、DNS (Domain Name System) サーバが行います。

POP3はメールボックスのメールを取り出すだけ

SMTP (Simple Mail Transfer Protocol)は、電子メールをパソコンなどから送信し、サーバ間の転送を行い、受信側のメールサーバのメールボックスに送り届けます。メールボックスの中にあるメールを、一括してパソコンなどに受信するのがPOP3 (Post Office Protocol version 3) です。

電子メールのプロトコル

こんな問題が出る！

図の環境で利用される①〜③のプロトコルの組合せとして、適切なものはどれか。

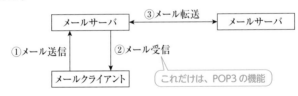

	①	②	③
ア	POP3	POP3	SMTP
イ	POP3	SMTP	POP3
ウ	SMTP	POP3	SMTP
エ	SMTP	SMTP	SMTP

解答　ウ

次の説明文と関連の深い用語を選べ。

(1) TCP/IP環境において、タイムサーバの時刻を基に複数のコンピュータの時刻を同期させるプロトコル。

(2) インターネットにおける電子メールの規約で、ヘッダーフィールドの拡張を行い、テキストだけでなく、音声、画像なども扱えるようにしたもの。

(3) 相手のIPアドレスはわかっているがMACアドレスが未知の場合、そのMACアドレスを取得するのに使用されるもの。

(4) TCP/IPの環境で使用されるプロトコルのうち、構成機器や障害時の情報収集を行うために使用されるネットワーク管理プロトコル。

(5) TCP/IP ネットワークでホスト名をIPアドレスに変換する機能を提供するもの。

(6) LANに接続されたPCに対して、そのIPアドレスをPCの起動時などに自動設定するために用いるプロトコル。

(7) PCからサーバに対し、IPv6を利用した通信を行う場合、ネットワーク層で暗号化を行うのに利用するもの。

(8) 情報漏えいを防ぐために、MIMEを暗号化して送受信できるようにしたもの。

ア MIME (Multipurpose Internet Mail Extension)

イ NTP (Network Time Protocol)

ウ SNMP (Simple Network Management Protocol)

エ ARP (Address Resolution Protocol)

オ DHCP (Dynamic Host Configuration Protocol)

カ DNS (Domain Name System)

キ S/MIME (Security/MIME)

ク IPsec (Security Architecture for Internet Protocol)

IPsecはネットワーク層のプロトコルで、IPパケットを暗号化して転送します。このため、より上位 (4〜7層) の層では、暗号化を意識せずにセキュリティの高い通信ができます。IPv4でも使用できますが、IPv6には専用のヘッダーが標準装備されているため、IPv6が問題文のキーワードとしてよく使われています。

解答 (1)イ (2)ア (3)エ (4)ウ (5)カ (6)オ (7)ク (8)キ

確認のための実戦問題

問1 二つのLANセグメントを接続する装置Aの機能をTCP/IPの階層モデルで表すと図のようになる。この装置Aはどれか。

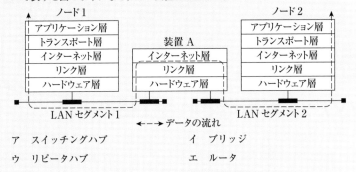

ア スイッチングハブ	イ ブリッジ
ウ リピータハブ	エ ルータ

問2 トランスポート層のプロトコルであり、信頼性よりもリアルタイム性が重視される場合に用いられるものはどれか。

ア HTTP	イ IP	ウ TCP	エ UDP

●**問1の解説** ⋯⋯ インターネット層なら装置はルータ

　　インターネット層のIPはIPアドレスを参照します。インターネット層は、OSI基本参照モデルのネットワーク層と考えることができ、装置Aはルータです。

　　p.200にOSI基本参照モデルとTCP/IPの対応を掲載しましたが、両者の層が完全に対応するわけではありません。また、この問題のモデルでは、ネットワークインタフェース層が、リンク層とハードウェア層に分けられています。

●**問2の解説** ⋯⋯ UDPは応答確認を必要としない通信に向く

　　TCPは、データが正しく届いたかどうか応答確認をします。例えば、動画を1コマずつ送ると、毎回確認をするので効率がよくありません。そこで、トランスポート層には、応答確認を行わない高速なUDP（User Datagram Protocol）も用意されています。UDPは、たとえコマ抜けがあってもリアルタイム性が優先される動画の配信などに向いています。また、少量のデータを扱うDNS、DHCP、NTPなどのプロトコルは、UDPを利用しています。

解答　問1 エ　問2 エ

（右端）第6章　テクノロジ系 ● ネットワーク

ネットワーク技術

ネットワーク分野は非常に広いため、すべての知識を完璧に仕上げるのはたいへんです。しかし、試験に出やすい用語や技術は、限られています。ここでは、出題実績のある関連用語をまとめて紹介しておきます。特にルータの経路選択やNAPT機能、また近年、無線LANの規格についてもよく問われています。

パケットが転送される仕組み

ルータはIPアドレスを見て、経路を選択し、パケットを転送する

転送先アドレスの種類が出題されたら、データリンク層はイーサネットのMACアドレス、ネットワーク層はTCP/IPのIPアドレスと考えましょう。ルータは、IPアドレスを見て経路を選択し、パケットを転送します。

こんな問題が出る！

ルータの経路選択

図のように、3台のIPルータが専用線で接続されている。端末aから端末b宛のTCP/IPのパケットに対するルータaの動作として、適切なものはどれか。

端末bのあるLANにつながっているルータbだけに転送

```
                              専用線  →  ┌──────┐ ┌──────┐
                                         │ルータ b│ │端末 b│
┌──────┐ ┌──────┐                        └──────┘ └──────┘
│端末 a│ │ルータ a│                        ┌──────┐ ┌──────┐
└──────┘ └──────┘          専用線          │ルータ c│ │端末 c│
                                         └──────┘ └──────┘
```

ア　すべてのパケットを、ルータbとルータcの両方に中継する。

イ　常にパケットに指定されている中継ルートに従って、ルータbだけに中継する。

ウ　パケットの宛先端末のIPアドレスに基づいて、ルータbだけに中継する。

エ　パケットの宛先端末のMACアドレスから端末bの所在を知り、ルータbだけに中継する。

解答　ウ

衝突したら再送するCSMA/CD方式

パケットは全ノードに送られ、宛先のノードだけが受け取る

LANに接続されているパソコンなどの装置をノード、ルータやブリッジなどの中継装置を介さずに接続されている1つのLANをセグメントといいます。

イーサネット型LANは、CSMA/CD方式を採用していました。ネットワーク上に伝送中のパケットがなければ送信を始め、万一、他のノードが同時に送信を始めて衝突が発生したら、少し待って再送します。セグメント内の全ノードにパケットが送られ、自分宛のMACアドレスをもつパケットだけを各ノードが受信する方式です。

現在は、スイッチングハブ (p.203) が用いられ、宛先のセグメントやノードにのみに送信するため、全ノードに送信するこの方式はあまり使われません。しかし、CSMA/CDは代表的な通信方式なので、今でも出題されることがあります。

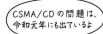

CSMA/CD の問題は、令和元年にも出ているよ

こんな問題が出る！ CSMA/CD方式のLAN

CSMA/CD方式のLANで用いられるブロードキャストによるデータ伝送の説明として、適切なものはどれか。

ア すべてのノードに対して、送信元から順番にデータを伝送する。

イ 選択された複数のノードに対して、一度の送信でデータを伝送する。

ウ 選択された複数のノードに対して、送信元から順番にデータを伝送する。

エ 同一セグメント内のすべてのノードに対して、一度の送信でデータを伝送する。

解説 ブロードキャストはすべてに送る放送型

データの伝送方式には、次のようなものがあります。

ユニキャスト	マルチキャスト	ブロードキャスト
単一伝送型	選択同報型	放送型
1対1	1対多	1対全て
1つのノードのみにデータを伝送。	選択された複数のノードに同時にデータを伝送。	全ノードに同時にデータを伝送。

解答 エ

プライベートIPアドレスをグローバルIPアドレスに変換

LAN内部では、プライベートIPアドレスを割り当ててLANを構成することができます。しかし、外部のインターネットに接続するためには、グローバルIPアドレスが必要です。そこで、LANとインターネットの間にプロキシサーバ (代理サーバ) をおき、グローバルIPアドレスをもつプロキシサーバのパケットとして発信する方法があります。プロキシサーバは、不正アクセスを防止するファイアウォール機能や一度閲覧したWebページを保存してトラフィックを軽減するキャッシュ機能などをもつこともあります。　　ネットワーク上を流れる情報量

また、プライベートIPアドレスをグローバルIPアドレスに変換するNAT (Network Address Translation) 機能をもつルータを使う方法もあります。

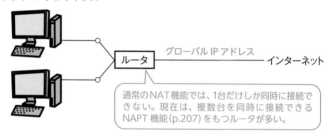

プライベート IP アドレス

グローバル IP アドレス　──── インターネット

ルータ

通常のNAT機能では、1台だけしか同時に接続できない。現在は、複数台を同時に接続できるNAPT 機能(p.207)をもつルータが多い。

ルータのNAT機能

こんな問題が出る！

インターネット接続用ルータのNAT機能の説明として、適切なものはどれか。

これはプロキシサーバのキャッシュ機能

ア　インターネットへのアクセスをキャッシュしておくことによって、その後に同じIPアドレスのサイトへアクセスする場合、表示を高速化できる機能である。　　コンピュータウイルスのスキャン機能

イ　通信中のIPパケットから特定のビットパターンを検出する機能である。

ウ　特定の端末宛のIPパケットだけを通過させる機能である。
　　　　　　　　パケットフィルタリング

エ　プライベートIPアドレスとグローバルIPアドレスを相互に変換する機能である。　　これがNAT機能

解答　エ

確認のための実戦問題

問1　クラスCのプライベートIPアドレスとして利用できる範囲はどれか。

ア　10.0.0.0 ～ 10.255.255.255　　　　イ　128.0.0.0 ～ 128.255.255.255

ウ　172.16.0.0 ～ 172.31.255.255　　　エ　192.168.0.0 ～ 192.168.255.255

問2　LANに接続されている複数のPCをFTTHを使って、インターネットに接続するシステムがあり、装置AのWAN側のインタフェースには1個のグローバルIPアドレスが割り当てられている。この1個のグローバルIPアドレスを使って複数のPCがインターネットを利用するのに必要となる装置Aの機能はどれか。

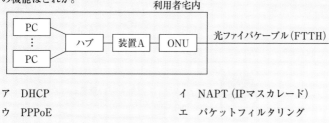

ア　DHCP　　　　　　　　　　　　　イ　NAPT（IPマスカレード）

ウ　PPPoE　　　　　　　　　　　　　エ　パケットフィルタリング

● **問1の解説** ⋯⋯ 先頭ビットでクラスがわかる

　クラスを表す先頭ビット「**0**（A）、**10**（B）、**110**（C）」の値を覚えておきましょう。クラスCの先頭8ビットは11000000で、10進数に直すと128＋64＝192なので、エを選ぶことができます。

　LANの内部で使用するプライベートIPアドレスは、使用できる範囲が定められています。クラスAが10.0.0.0～10.255.255.255（ア）、クラスBが172.16.0.0～172.31.255.255（ウ）です

● **問2の解説** ⋯⋯ 同時に複数のPCを接続できるのがNAPT

　WAN（Wide Area Network）とは、ここではインターネットのことを指します。プライベートIPアドレスをグローバルIPアドレスに変換するNAT（p.206）で、同時に接続できるPCは1台だけです。トランスポート層で付加されるポート番号を識別することで、同時に複数のPCをインターネットに接続できるのがNAPT（Network Address Port Translation）で、IPマスカレードとも呼ばれます。

解答　問1 エ　問2 イ

無線LANの規格

自宅でWiFiを使うのが普通になった

IEEE802.11は、ケーブルを用いない無線LANの規格です。現在は、Wi-Fiという呼称が広く知られていますが、IEEE802.11を採用し、Wi-Fi Allianceの認証を受けた装置だけがWi-Fiと名乗ることができます。

Wi-Fiの規格は進歩していて、2023年時点では、Wi-Fi 4とWi-Fi 5が広く普及し、Wi-Fi 6が人気です。

Wi-Fi規格	Wi-Fi 4	Wi-Fi 5	Wi-Fi 6	Wi-Fi 6E	Wi-Fi 7
IEEE	802.11n	802.11ac	802.11ax	802.11ax	802.11be
最大通信速度	1.2Gbps	6.9Gbps	9.6Gbps	9.6Gbps	46Gbps
周波数帯	2.4GHz 5GHz	5GHz	2.4GHz 5GHz	6GHz	2.4GHz 5GHz、6GHz
セキュリティ	WPA2	WPA2	WPA3	WPA3	WPA3

WPA3 は、令和元年に「無線 LAN の
セキュリティ規格」という文で出ているね

こんな問題が出る！

IEEE802.11ac (Wi-Fi 5)

日本国内において、無線LANの規格IEEE802.11acに関する説明のうち、適切なものはどれか。　よく使われているWi-Fi 5

ア　IEEE802.11gに対応している端末はIEEE802.11acに対応しているアクセスポイントと通信が可能である。

イ　最大通信速度は600Mビット／秒である。

ウ　使用するアクセス制御方式はCSMA/CD方式である。

エ　使用する周波数帯は5GHz帯である。　これは有線LAN

解説

主流のWi-Fi 5の仕様は頭に入れておきたい

× ア：11gは2.4Ghzで、5GHzの11acとは互換性はありません。

× イ：Wi-Fi 4以降は、単位がGbpsです。

× ウ：無線LANでは衝突を検出することが難しく、CSMA/CA (Carrier Sense Multiple Access/Collision Avoidance：衝突回避) を用いています。

解答　エ

章末問題

出典：基本情報技術者試験
科目A試験サンプル問題

解説動画
p.6

出題例 無線通信技術

目標解答時間　1分

問 IoTで用いられる無線通信技術であり、近距離のIT機器どうしが通信する無線PAN (Personal Area Network) と呼ばれるネットワークに利用されるものはどれか。

ア　BLE (Bluetooth Low Energy)

イ　LTE (Long Term Evolution)

ウ　PLC (Power Line Communication)

エ　PPP (Point-to-Point Protocol)

●解説

注目のIoTは、よく出題される用語なので詳しく調べておこう

IoT(p.236)は、さまざまなモノをインターネットに接続し、情報交換を行うこと。IoT機器は、IoTを実現するセンサなどの装置のことです。

近距離無線規格のBluetooth (p.98) は、ワイヤレスイヤホンなどで広く使われています。Bluetooth規格の中に、互換性はありませんが、より省エネ(Low Energy)で低電力のBLEがあります。一度設置したら長期間使用するセンサ類、定期的に体温を測定し測定値を送信する体温計などで利用されています。

覚える必要はありませんが、LTEは、第3世代携帯電話 (3G) を長期的に進化させて、3.9Gなどと呼ばれていたこともありました。

用語メモ

PLC (Power Line Communications：電力線通信)	屋内電気配線をLANケーブルとして利用し、LANを構成する技術。PLCアダプタを電源コンセントに差し込み、PCをつなげばLANに接続できる。
PPP (Point-to-Point Protocol)	2つの装置でポイントツーポイント接続 (1対1) を行うデータリンク層のプロトコル。電話回線でインターネットに接続する場合にも使われている。

【解答】　ア

問　PCとWebサーバがHTTPで通信している。PCからWebサーバ宛てのパケットでは、送信元ポート番号はPC側で割り当てた50001、宛先ポート番号は80であった。WebサーバからPCへの戻りのパケットでのポート番号の組合せはどれか。

	送信元 (Webサーバ)のポート番号	宛先 (PC)のポート番号
ア	80	50001
イ	50001	80
ウ	80と50001以外からサーバ側で割り当てた番号	80
エ	80と50001以外からサーバ側で割り当てた番号	50001

●解説

　TCP/IPのトランスポート層のTCPでは、アプリケーションごとにポート番号 (p.223) を付けて管理します。通常、HTTPは80番を使います。

　この問題は、PCからWebサーバにパケットを送って、今度は、WebサーバからPCにパケットが送信されるわけですから、送信元ポート番号と宛先ポート番号が行きと逆になるだけです。

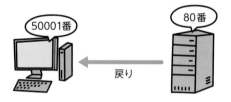

```
50001番　　　　　　　　　　　　80番
　　　　　　　　←
　　　　　　　戻り
```

メモ

　令和4年12月公開のサンプル問題のネットワーク分野からは、ほかに次のような問題がありました。
・p.188に掲載している伝送時間の問題。
・「TCP/IP を利用している環境で、電子メールに画像データなどを添付するための規格」という説明文でMIME (p.202) を選ぶ問題。
・p.203に掲載しているUDPの問題。

【解答】　ア

情報セキュリティ

第7章の学習ガイダンス

情報セキュリティ

　情報セキュリティの分野は、科目Bでも出題されるので、時短学習は適しません。しっかりと学習しておきましょう。また、疑問に思ったことはネットなどで詳しく調べておくといいでしょう。出題のほとんどが用語問題で、例えば、「情報セキュリティ」についてなら、JISに定義された用語がそのまま問題に引用されます。JISの説明文 (p.214) からポイントとなるキーワードを掴んでおくとよいでしょう。

科目B対策としてシラバスの項目を見ておきたい

シラバスには、たくさんの脅威や攻撃手法が掲載されています。これらは科目B対策にもなるので、知らないものがあったら調べておくとよいでしょう。

シラバス 中分類 11：セキュリティ

1. 情報セキュリティ
   (1)情報セキュリティの目的と考え方、(2)情報セキュリティの重要性、(3)脅威、(4)脆弱性、(5)不正のメカニズム、(6)攻撃者の種類、攻撃の動機、(7)攻撃手法、(8)情報セキュリティに関する技術
2. 情報セキュリティ管理
3. セキュリティ技術評価
4. 情報セキュリティ対策
5. セキュリティ実装技術

●試験を主催しているIPAの情報セキュリティページを見ておこう

基本情報技術者試験は国家試験ですが、試験を実施しているのはIPAです。IPAのサイトでは過去問題など試験関連の情報だけでなく、経済産業省の「コンピュータウイルス対策基準」や「コンピュータ不正アクセス対策基準」、それに基づいた「情報セキュリティの10大脅威」なども公開しています。

本書では数行で説明している脅威や攻撃手法なども具体的に詳しく説明しています。情報源として、IPAのサイトを活用するとよいでしょう。

セキュリティ用語は、試験に出た文章で覚える

令和5年度の公開問題では、ドライブバイダウンロード攻撃について「利用者が悪意のある Web サイトにアクセスしたときに、Webブラウザの脆（ぜい）弱性を悪用して利用者の PC をマルウェアに感染させる」という文章で出題されました。

p.216の「利用者が公開Webサイトを閲覧したときに、その利用者の意図にかかわらず、PCにマルウェアをダウンロードさせて感染させる」と少し違いますが、この文章で覚えておけば正解できたでしょう。詳しい説明を読むよりも、試験に出た文章で覚えると得点力がつく例です。

●見たことのない用語に惑わされないよう、過去問を忠実に！

科目Aは60問出題されますが、そのうちの4問は今後出題する問題を評価するために使われると告知されています。情報セキュリティ分野からは、新しい用語が出題されやすいのですが、見たこともない用語が出てきたら、多くの受験生が答えられない評価対象外とも考えられます。これまでに出題された用語をきちんと覚えておけば、そんな用語に惑わされずに済むでしょう。

情報セキュリティとは？

情報セキュリティに関する用語は、JIS規格から引用した問題が目立っています。特に「脅威」と「脆弱性」の違いはしっかり理解しておきましょう。マルウェアの種類については、まんべんなく出題されているので、一通り知っておくことが重要。ここでは、特に出題頻度の高いものを解説していきます。

情報セキュリティとは情報資産の保護

情報の機密性、完全性、可用性を維持する

組織にとって価値のある情報を情報資産といいます。情報セキュリティは、情報資産を保護するために、「機密性、完全性、可用性」を維持する活動です。さらに、「真正性、責任追跡性、信頼性の維持」を含めることもあります。

用語メモ

機密性	認可されていない個人、エンティティ[1]またはプロセスに対して、情報を使用させず、また、開示しない特性[2]。
完全性	正確さ及び完全さの特性[2]。 ＼情報資産に欠落や改ざんがない
可用性	認可されたエンティティ[1]が要求したときに、アクセス及び使用が可能である特性[2]。
真正性	エンティティは[1]、それが主張するとおりのものであるという特性。 間違いなく本物であり、改ざんなどが防止されている
責任追跡性	実体の行為がその実体に一意的に追跡可能である度合[3]。 情報システムの操作が、いつ誰によって行われたのか追跡できる
否認防止性	主張された事象または処置の発生、およびそれを引き起こしたエンティティ[1]を証明する能力[2]。 ＼操作などを後から否認できない
信頼性	意図する行動と結果とが一貫しているという特性[2]。 ＼正しい結果が得られる

※1：エンティティとは実体のことで、ここでは情報を使用する人や設備、物理的媒体などを意味する。
※2：JIS Q 27000:2014から引用　　※3：JISX25010:2013から引用

脅威とは情報セキュリティを脅かし損害を与える可能性がある原因

情報セキュリティを脅かす確率が高い出来事を、情報セキュリティインシデントといいます。　incident は「事態」という意味

脅威と脆弱性は混同しやすい用語ですが、脅威は情報セキュリティを脅かす原因で、脆弱性は情報システムや組織などの弱点のことです。

用語メモ

情報セキュリティリスク	脅威が脆弱性につけこむことで生じ、将来、損害や被害を与える可能性があるもの。
脅威	情報セキュリティインシデントの潜在的な原因。
脆弱性	脅威につけ込まれる情報システムや組織の弱点。
セキュリティホール	主にソフトウェアの脆弱性。

脅威と脆弱性

情報資産に対するリスクは、脅威と脆弱性を基に評価する。脅威に該当するものはどれか。　原因

ア　暗号化しない通信　　　　イ　機密文書の取扱方法の不統一
ウ　施錠できないドア　　　　エ　落雷などによる予期しない停電

解説　情報セキュリティインシデントの原因になるものを探す

脅威には、右のようなものがあります。脆弱性は、情報システムや組織の弱点で、脅威につけ

用語メモ

物理的脅威	ハードウェア故障、停電、地震、火災など
技術的脅威	コンピュータウイルス、不正アクセスなど
人的脅威	誤操作、不正行為、情報漏えいなど

込まれる可能性があります。例えば、攻撃者はセキュリティホールという脆弱性を利用して、不正アクセスなどを行います。

× ア：通信を暗号化しないと盗聴される弱点があります。　脆弱性
× イ：機密文書の取扱方法の弱点を突かれて情報漏えいが起きます。　脆弱性
× ウ：ドアが施錠できないという弱点で、悪意の者が侵入して不正行為などが起きます。　脆弱性
○ エ：停電は、インシデントの原因になります。　脅威

解答　エ

なんらかの悪さをするのがマルウェア

PCだけでなくスマホも狙われる

コンピュータウイルスは、自らを他のプログラムに付け加える自己伝染機能、なにもせずに待機する潜伏機能、ファイル破壊などを起こす発病機能の内、1つ以上の機能を持つ悪性プログラムのことです。これらの機能をもたない悪性プログラムもあるため、総称してマルウェアと呼びます。最近は、スマートフォンが狙われることも多くなりました。

マルウェアの侵入を発見するには、マルウェア対策ソフト（アンチウイルスソフト）をシステムに常駐させて、常にチェックできるようにしておくことが大切です。

マルウェア対策ソフトは、既知のマルウェアのプログラムコードの特徴的な部分（シグネチャコード）をマルウェア定義ファイルに記録しておき、このコードと一致するものがないか比較して調べていきます。新種のマルウェアには対応していないこともありますが、日々更新されるマルウェア定義ファイルを、常に最新のものにしておくことが大切です。

 解いて覚える頻出用語 　**マルウェアの種類**

次の説明文と関連の深い用語を選べ。

(1) 感染したPCのファイルを暗号化し、ファイルの復号と引換えに金銭を要求するマルウェア。　←❀スマホでも被害が多い

(2) 利用者の意図に反してPCにインストールされ、利用者の個人情報やアクセス履歴などの情報を収集するプログラム。

(3) データの破壊、改ざんなどの不正な機能をプログラムの一部に組み込んだものを送ってインストールさせ、実行させる。

(4) 利用者が公開Webサイトを閲覧したときに、その利用者の意図にかかわらず、PCにマルウェアをダウンロードさせて感染させる。

ア　ドライブバイダウンロード攻撃

イ　ランサムウェア　← Ransom は身代金の意味

ウ　スパイウェア

エ　トロイの木馬　← ギリシア軍が木馬の中に兵隊を隠して忍び込ませ、トロイ軍を破ったことに由来

解答　(1) イ　(2) ウ　(3) エ　(4) ア

確認のための実戦問題

問1　マルウェアについて、トロイの木馬とワームを比較したとき、ワームの特徴はどれか。

ア　勝手にファイルを暗号化して正常に読めなくする。

イ　単独のプログラムとして不正な動作を行う。

ウ　特定の条件になるまで活動をせずに待機する。

エ　ネットワークやリムーバブルメディアを媒体として自ら感染を広げる。

問2　ボットネットにおけるC&Cサーバが果たす役割はどれか。

ア　遠隔操作が可能なマルウェアに、情報収集及び攻撃活動を指示する。

イ　電子商取引事業者などに、偽のデジタル証明書の発行を命令する。

ウ　不正な Web コンテンツのテキスト、画像及びレイアウト情報を一元的に管理する。

エ　踏み台となる複数のサーバからの通信を制御し遮断する。

●**問1の解説** …… ワームは自らを複製して増殖する

　ワームは、ネットワーク上のコンピュータに、自分自身を複製しながら増殖する独立した悪性プログラムです。

× ア：暗号化後に身代金を要求すればランサムウェアです。

× イ：どちらも単独のプログラムです。

× ウ：正規プログラムに隠して侵入させるトロイの木馬の特徴です。

○ エ：トロイの木馬は感染しません。リムーバブルメディアとは、持ち運びできる媒体のことで、USBメモリなどがあります。

●**問2の解説** …… コマンド(指令) & コントロール(制御) サーバ

　ボットは、ネットワークに接続されたコンピュータを外部から操作することを目的に作られた悪意のプログラムです。ボットに感染させて乗っ取った多数のコンピュータでボットネットを構成します。その後、C&Cサーバ (Command and Control server) が、ボットネットに指令を送り制御して、標的となるコンピュータを攻撃します。

解答　問1　エ　問2　ア

02 情報システムへの攻撃手法

セキュリティ分野の中で、サイバー攻撃手法はとても種類が多く、年々増え続けています。試験でも毎回1～2つの用語が出題されているので要注意。p.232の対策方法とも関連しています。しかし、すべての攻撃手法を把握するのは困難です。試験対策と割り切って、正解を導くためのキーワードと結びつけておきましょう。

サイバー攻撃の種類を知ろう

インターネットに接続されたコンピュータは外部から攻撃される

コンピュータやネットワーク、特にインターネットとそれに接続された情報システムで作られるものを指すときに、サイバーという用語を用います。

例えば、インターネットに接続された情報システムに不正アクセスしたり、運用を妨害したりすることをサイバー攻撃といいます。2014年には、サイバーセキュリティ基本法が成立し、内閣サイバーセキュリティセンターが設置されました。

用語メモ

DoS攻撃 (Denial of Service) サービス運用妨害	標的とするサーバなどに大量のパケットを送りつけて過重な負荷をかけ続け、本来のサービスができないようにする攻撃。
DDoS攻撃 (Distributed DoS)	ネットに接続された多数のコンピュータによって、一斉に行われる分散DoS攻撃。
フットプリンティング	サーバなどを攻撃する前に、サーバのOSやデータベースなどの情報や弱点などの情報を集めること。
クリックジャッキング	Webページに透明化したページを重ねて、閲覧者に気づかれず透明ページのボタンをクリックさせる。
セッションハイジャック (セッション管理の不備)	セッションIDによって通信が管理されているとき、他人のセッションIDを不正に取得し、利用者になりすましてサーバにアクセスする。
SQLインジェクション	外部から入力された文をSQLの問合せ文の一部とするプログラムで、想定外のSQL文を実行させる。

SEO ポイズニング（p.224）、DNS キャッシュポイズニング（p.225）、パスワードリスト攻撃（p.232）、ブルートフォース攻撃（p.232）も、まとめて覚えよう!

ディレクトリトラバーサル攻撃

ディレクトリトラバーサル攻撃に該当するものはどれか。

ア 攻撃者が、Webアプリケーションの入力データとしてデータベースへの命令文を構成するデータを入力し、管理者の意図しないSQL文を実行させる。

＜ー相対パスを利用して上の階層に上がる

イ 攻撃者が、パス名を使ってファイルを指定し、管理者の意図していないファイルを不正に閲覧する。

ウ 攻撃者が、利用者をWebサイトに誘導した上で、WebアプリケーションによるHTML出力のエスケープ処理の欠陥を悪用し、利用者のWebブラウザで悪意のあるスクリプトを実行させる。

エ セッションIDによってセッションが管理されるとき、攻撃者がログイン中の利用者のセッションIDを不正に取得し、その利用者になりすましてサーバにアクセスする。

ディレクトリはファイルを入れるフォルダのこと

解説

トラバーサル (traversal) は、「横断」という意味です。ディレクトリトラバーサル攻撃は、ファイルを指定する際に相対パスによるファイル指定を利用して、上の階層に上がり、ディレクトリ (フォルダ) 構成を調べるなどして、アクセスが許されないディレクトリ内のファイルを盗み出す攻撃です。

アはSQLインジェクション攻撃です。SQL文の問合せ文を悪用して攻撃に用いるもので、2010年代半ばには猛威をふるいましたが、現在は対策済みのサイトが多くなりました。

ウはクロスサイトスクリプティングで、掲示板などに悪意のあるスクリプトが含まれた文を投稿し、罠を仕掛ける攻撃です。このスクリプトは、閲覧者のWebブラウザで表示される際に実行されます。エスケープ処理とは、定められたエスケープ文字に続く文字を、別の文字や機能に置き換える処理のことです。掲示板などで普通の文字だけが入力されることを想定し、エスケープ文字を取り除く対策をしていないと、悪意を持つ第三者に利用されてしまうのです。

エは、セッションハイジャック (セッション管理の不備を狙う攻撃) です。例えば、会員制のサイトなどに一度ログインすると、その後はセッションIDによって通信が管理されることを利用し、やりとりを乗っ取ってしまいます。

解答 イ

狙いを定めて弱点を探し、罠を仕掛ける標的型攻撃

特定の企業や官公庁を狙う標的型攻撃や身代金を要求するランサムウエア、ウイルスに感染しているといった偽警告による詐欺、ビジネスメール詐欺などが横行しています。

解いて覚える頻出用語　サイバー攻撃の手法

次の説明文と関連の深い用語を選べ。　　　1回目に侵入したときに
　　　　　　　　　　　　　　　　　　　　　　　　　⟵ 仕掛けるケースが多い

(1) 企業内ネットワークやサーバに侵入するために攻撃者が組み込むもの。

(2) コンピュータへのキー入力を全て記録して外部に送信する。

(3) 電子メールを発信して受信者を誘導し、実在する会社などを装った偽のWebサイトにアクセスさせ、個人情報をだまし取る。

(4) サーバにバックドアを作り、サーバ内で侵入の痕跡を隠蔽するなどの機能がパッケージ化された不正なプログラムやツール。

(5) 標的組織の従業員が頻繁にアクセスするWebサイトに攻撃コードを埋め込み、標的組織の従業員がアクセスしたときだけ攻撃が行われるようにする。

ア　キーロガー　　　⟵ key logger：キー入力のログをとる

イ　フィッシング　　⟵ phishing：釣り (fishing) をベースにした造語

ウ　ルートキット (rootkit)

エ　バックドア　　　⟵ backdoor：(簡単に侵入できる) 裏口

オ　水飲み場型攻撃　⟵ 罠を仕掛けて水飲み場に集まる動物を待つ

実際の攻撃事例

警視庁からは「インターネットカフェにて、キーボードの入力履歴を記録するキーロガーというソフトを利用し、他人のID・パスワード等の個人情報を盗み、ネットバンキングに不正アクセスした事件が発生」という警告が出されています。

水飲み場型攻撃は、特定の組織を狙う標的型攻撃です。標的とする企業の社員などがよく利用するWebサイトが改ざんされ、標的のIPアドレスからのアクセス時のみウイルスをダウンロードするように仕掛けられた事件が国内でも起こっています。実際にウイルスに感染し、容易に侵入するためのバックドアが作られて重要情報が盗まれた例もあります。

解答　(1) エ　(2) ア　(3) イ　(4) ウ　(5) オ

確認のための実戦問題

問1　SQLインジェクション攻撃を防ぐ方法はどれか。

ア　入力中の文字が、データベースへの問合せや操作において、特別な意味をもつ文字として解釈されないようにする。

イ　入力にHTMLタグが含まれていたら、HTMLタグとして解釈されない他の文字列に置き換える。

ウ　入力に上位ディレクトリを指定する文字列 (../) が含まれているときは受け付けない。　上位に移動する相対パス指定

エ　入力の全体の長さが制限を超えているときは受け付けない。

問2　標的型攻撃メールで利用されるソーシャルエンジニアリング手法に該当するものはどれか。

ア　件名に "未承諾広告" と記述する。

イ　件名や本文に、受信者の業務に関係がありそうな内容を記述する。

ウ　支払う必要がない料金を振り込ませるために、債権回収会社などを装い無差別に送信する。

エ　偽のホームページにアクセスさせるために、金融機関などを装い無差別に送信する。

● **問1の解説** ―― SQLはDB操作言語だから攻撃対象は「データベース」

○ ア：特別な意味をもつ文字 (エスケープ文字) への対策は、SQLインジェクション攻撃にも効果があります。

× イ：クロスサイトスクリプティング攻撃の対策です。

× ウ：ディレクトリトラバーサル攻撃の対策です。

× エ：大量の文字を入力してバッファをあふれさせるバッファオーバーフロー攻撃の対策です。

● **問2の解説** ―― 標的に合わせた、もっともらしいメールで信用させる

　ソーシャルエンジニアリングは、相手を信用させて騙すなど、人間関係や人の心理を利用して行われる犯罪行為の総称です。業務に関係がありそうな件名や内容のメールを送って、標的の社員などを騙すのが標的型攻撃メールです。

解答　問1 ア　問2 イ

ネットワークセキュリティ

> このテーマからは、ファイアウォールのパケットフィルタリングに関する問題がよく出ています。特に、代表的なプロトコルのウェルノウンポートの番号は、覚えておくとよいでしょう。また、FTPが2つのポート番号を使うことを問う出題もありました。そのほか、IDSやWAFなども、試験によく出る用語です。

侵入を防ぐファイアウォール

IPアドレスやTCPポート番号で、パケットをふるいにかける

　不正アクセスを防止するためのセキュリティシステムをファイアウォールといいます。基本的な機能は、許可した条件のパケットだけが通過できるようにするパケットフィルタリングです。

　社内のデータは強固に守らなければなりませんが、Webサーバやメールサーバは外部とのやりとりが必要です。そこで、外部に公開するサーバを置くために、インターネットとLANの間にDMZ (DeMilitarized Zone: 非武装地帯) というネットワーク区域を設けます。

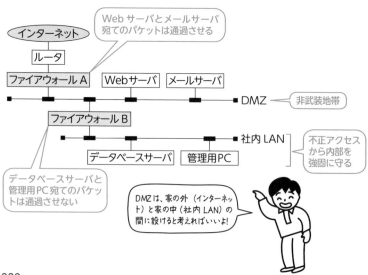

パケットフィルタリング型のファイアウォール

こんな問題が出る！

　社内ネットワークとインターネットの接続点に、ステートフルインスペクション機能をもたない、**静的なパケットフィルタリング型のファイアウォール**を設置している。このネットワーク構成において、社内のPCからインターネット上のSMTPサーバに電子メールを送信できるようにするとき、ファイアウォールで通過を許可する**TCPパケットのポート番号**の組合せはどれか。ここで、SMTP通信には、**デフォルトのポート番号**を使うものとする。

～ウェルノウンポート番号のこと

	送信元	宛先	送信元ポート番号	宛先ポート番号
ア	PC	SMTPサーバ	~~25~~	1024以上
	SMTPサーバ	PC	1024以上	~~25~~
イ	PC	SMTPサーバ	~~110~~	1024以上
	SMTPサーバ	PC	1024以上	~~110~~
ウ	PC	SMTPサーバ	1024以上	25
	SMTPサーバ	PC	25	1024以上
エ	PC	SMTPサーバ	1024以上	~~110~~
	SMTPサーバ	PC	~~110~~	1024以上

PCに割り当て可能なポート番号は1,024以上

解説

　冒頭のステートフルインスペクション機能とは、「社内ネットワーク内部からの要求に対する戻りパケットのみを通過させる」など、パケットのセッション（やりとり）情報を用いて通過の可否を決める動的なフィルタリング機能です。「ポート番号を条件として指定する、静的なパケットフィルタリング型に限定している」ことを説明しているだけなので、詳細がわからなくても解答することができます。

　パケットフィルタリングでは、送信先や送信元のIPアドレスやポート番号などの条件を設定します。トランスポート層のTCPでは、アプリケーションごとにポート番号をつけて管理します。0～1,023まではウェルノウンポートと呼ばれ、プロトコルなどが割り当てられています。よく出題されるのは、HTTP：80番、SMTP：25番、POP3：110番です。また、FTPは転送に20番、制御に21番を使うことも覚えておきましょう。

　そこで、PCに割り当てたポート番号（送信元ポート番号）が1,024以上の選択肢を探します。SMTPサーバが25のウが正解です。

解答　ウ

次の説明文と関連の深い用語を選べ。

(1) PCが参照するDNSサーバに偽のドメイン情報を注入して、利用者を偽装されたWebサーバに誘導する。

(2) 検索サイトの検索結果の上位に悪意のあるサイトが並ぶように細工する攻撃。

(3) クライアントとWebサーバの間において、クライアントがWebサーバに送信されたデータを検査して、SQLインジェクションなどの攻撃を遮断する。

(4) サーバやネットワークを監視し、侵入や侵害を検知した場合に管理者へ通知する。

(5) 電子メールを受信するサーバが、電子メールの送信元のドメイン情報と、電子メールを送信したサーバのIPアドレスから、ドメインの詐称がないことを確認する。

ア SEOポイズニング ← Search Engine Optimization poisoning（汚染）

イ DNSキャッシュポイズニング

ウ WAF ← Web Application Firewall

エ SPF（Sender Policy Framework）

オ IDS ← Intrusion Detection System
侵入 検知 システム

解説 **代表的な攻撃手法やその対策を整理しておこう**

SEOはサーチエンジン最適化のことで、特定の用語を検索した際に、最初に表示されるようにするWebページの作成技術です。これを悪用して悪意のあるWebサイトを表示させ誘導するのが、SEOポイズニングです。

SMTPは、メールの送信元を変更して送信することができ、「なりすましメール」が問題になっています。SPFは、メールを受信したサーバが、メール送信元のドメインをDNSサーバに問い合せることで、送信元メールアドレスを偽装していないか確認します。

この問題にはありませんが、インターネットとLANの間にUTM（Unified Threat Management）という統合脅威管理装置を設置することもあります。UTMはファイアウォールの機能だけでなく、ウイルス対策、侵入検知、WAFなど複数のセキュリティ機能を統合的に管理します。

解答 (1)イ (2)ア (3)ウ (4)オ (5)エ

確認のための実戦問題

問1 攻撃者が用意したサーバXのIPアドレスが、A社 WebサーバのFQDNに対応するIPアドレスとして、B社 DNSキャッシュサーバに記憶された。この攻撃によって、意図せずサーバXに誘導されてしまう利用者はどれか。ここで、A社、B社の各従業員は自社のDNSキャッシュサーバを利用して名前解決を行う。

ア　A社WebサーバにアクセスしようとするA社従業員

イ　A社WebサーバにアクセスしようとするB社従業員

ウ　B社WebサーバにアクセスしようとするA社従業員

エ　B社WebサーバにアクセスしようとするB社従業員

問2 攻撃者がシステムに侵入するときにポートスキャンを行う目的はどれか。

ア　後処理の段階において、システムログに攻撃の痕跡が残っていないかどうかを調査する。

イ　権限取得の段階において、権限を奪取できそうなアカウントがあるかどうかを調査する。

ウ　事前調査の段階において、攻撃できそうなサービスがあるかどうかを調査する。

エ　不正実行の段階において、攻撃者にとって有益な利用者情報があるかどうかを調査する。

●問1の解説 …… これがDNSキャッシュポイズニングだ

FQDN (Fully Qualified Domain Name) は、完全修飾ドメイン名ともいい、ドメイン名だけでなく、ホスト名やサブドメイン名なども指定したものです。ドメイン名とIPアドレスの対応を管理しているDNSコンテンツサーバへの問い合わせ結果をキャッシュに保存しているのがDNSキャッシュサーバです。

B社のDNSキャッシュサーバを使うのはB社の従業員です。A社のWebサーバに対応するIPアドレスが書き換えられたので、A社のWebサーバにアクセスしようとするB社の従業員がサーバXに誘導されます。

●問2の解説 …… 通信に使えるポートとサービスを表示させる

TCPやUDPのポート番号に順番にパケットを送り、通信できるポートや実行しているサービスを調べることをポートスキャンといいます。

解答　問1 イ　問2 ウ

第7章 テクノロジ系 • 情報セキュリティ

04 情報セキュリティ
暗号と
デジタル署名

データ通信の内容を盗み見ることも盗聴といいます。重要な個人データなどが盗聴されないように暗号技術が使われます。試験では、公開鍵暗号方式の特徴とその技術を用いたデジタル署名がよく出題されています。用語だけでなく、その仕組みや手順が問われるので、詳しく理解しておくとよいでしょう。

応用範囲の広い公開鍵暗号方式

各暗号方式の鍵の使い方が出題テーマになる

文書やデータを人が見てもわからないように、何らかの手順で変換したものが暗号（文）です。暗号に変換することを暗号化、暗号を元の文書やデータに戻すことを復号といいます。

暗号化や復号には、鍵と呼ばれる固定長のビット列を用います。一般にビット列が長いほど、解読が難しい暗号になります。暗号化するための鍵を暗号化鍵、復号するための鍵を復号鍵と呼ぶこともあります。

暗号方式には、暗号化と復号で同じ鍵を用いる共通鍵暗号方式と、暗号化に広く公開した公開鍵を用いる公開鍵暗号方式があります。

	共通鍵暗号方式	公開鍵暗号方式
用途	1対1	1対多
暗号化	秘密鍵	公開鍵 ←○ 注目
復号	秘密鍵	秘密鍵
処理時間	短い	長い
例	AES	RSA、楕円曲線暗号など RSAは発明した3人の名前の頭文字

AES（Advanced Encryption Standard）は、DESに代わる米国政府機関の標準暗号化方式（共通鍵暗号方式）です。RSAは、2つの素数を掛け合わせた数の素因数分解が非常に難しいことを利用した公開鍵暗号方式です。インターネットの暗号技術として広く用いられています。楕円曲線暗号は、楕円曲線の数式の演算を利用したものですが、公開鍵暗号方式ということだけを覚えておいてください。

└○ 正誤問題でまれに出る

こんな問題が出る！

公開鍵暗号方式

図は公開鍵暗号方式による機密情報の送受信の概念図である。a、b に入れる適切な組合せはどれか。

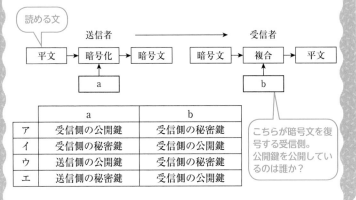

	a	b
ア	受信側の公開鍵	受信側の秘密鍵
イ	受信側の秘密鍵	受信側の公開鍵
ウ	送信側の公開鍵	受信側の秘密鍵
エ	送信側の秘密鍵	受信側の公開鍵

こちらが暗号文を復号する受信側。公開鍵を公開しているのは誰か？

 解説 **公開鍵暗号方式は、ネットショップを思い浮かべよう**

ネットショップが多数の顧客とクレジットカードなどの個人情報をやりとりするとしましょう。どちらも同じ鍵をもつ共通鍵暗号方式では、顧客の数だけ鍵が必要になり、その鍵を安全に顧客に届ける必要があるため不便です。そこで、公開鍵暗号方式を使うと便利です。

ネットショップが暗号化鍵を公開します。送信側の顧客は、この公開鍵を用いて暗号化し、暗号文を送ります。すると、受信側のネットショップは、秘密鍵を用いて復号することができます。つまり、受信側が両方の鍵を用意しています。

 時短で覚えるなら、コレ！

公開鍵暗号方式
受信側が公開した公開鍵で暗号化し、受信側の秘密鍵で復号

ところで、公開鍵暗号方式は、共通鍵暗号方式に比べて処理が複雑で暗号化や復号に時間がかかります。そこで、共通鍵の受け渡しに公開鍵暗号方式を用い、平文の暗号化や復号には、処理の速い共通鍵暗号方式を使う方法があります。

解答　ア

公開鍵を逆に用いるデジタル署名

公開鍵の使い方が逆のデジタル署名

文書が本人のものであることを保証するために、デジタル署名が用いられます。公開鍵暗号方式の技術を用いますが、鍵の使い方が暗号のときとは違うので注意してください。

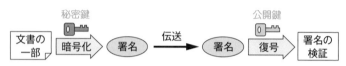

時短で覚えるなら、**コレ！**

デジタル署名

送信側の秘密鍵でデジタル署名を作り、受信者は送信側の公開鍵で検証。

公開鍵が正当なものであることを保証するため、認証局 (CA：Certification Authority) が、電子証明書 (デジタル証明書) を発行します。

こんな問題が出る！

デジタル署名

デジタル証明書をもつA氏が、B商店に対して電子メールを使って商品の注文を行うときに、A氏は自分の秘密鍵を用いてデジタル署名を行い、B商店はA氏の公開鍵を用いて署名を確認する。この手法によって確認できることはどれか。ここで、A氏の秘密鍵はA氏だけが使用できるものとする。

〜〜〜 なりすましと改ざん防止

ア　A氏からB商店に送られた注文の内容は、第三者に漏れない。
　　　　　デジタル署名は、文書の暗号化はしない 〜〜〜

イ　A氏から発信された注文は、B商店に届く。
　　　　　〜〜〜 電子メールで注文は届く。デジタル署名と無関係

ウ　B商店に届いたものは、A氏からの注文である。
　　　　　〜〜〜 A氏本人の注文であると
　　　　　　　　デジタル署名で保証できる

エ　B商店は、A氏に商品を売ることの許可が得られる。
　　　　　〜〜〜 販売の許可とは無関係

解答　ウ

確認のための実戦問題

問1　AさんがBさんの公開鍵で暗号化した電子メールを、BさんとCさんに送信した結果のうち、適切なものはどれか。ここで、Aさん、Bさん、Cさんのそれぞれの公開鍵は3人全員がもち、それぞれの秘密鍵は本人だけがもっているものとする。

ア　暗号化された電子メールを、Bさんだけが、Aさんの公開鍵で復号できる。

イ　暗号化された電子メールを、Bさんだけが、自身の秘密鍵で復号できる。

ウ　暗号化された電子メールを、Bさんも、Cさんも、Bさんの公開鍵で復号できる。

エ　暗号化された電子メールを、Bさんも、Cさんも、自身の秘密鍵で復号できる。

問2　PKIにおける認証局が、信頼できる第三者機関として果たす役割はどれか。

ア　利用者からの要求に対して正確な時刻を返答し、時刻合わせを可能にする。

イ　利用者から要求された電子メールの本文に対して、デジタル署名を付与する。

ウ　利用者やサーバの公開鍵を証明するデジタル証明書を発行する。

エ　利用者やサーバの秘密鍵を証明するデジタル証明書を発行する。

● **問1の解説** ┈┈┈ **Bさんの公開鍵だからBさんをショップと考えよう**

　Bさんの公開鍵で暗号化するので、Bさんをネットショップと考えると、Bさんだけが注文メールを読めるはずです。つまり、Bさんだけがもつ<u>Bさんの秘密鍵で復号</u>します。

● **問2の解説** ┈┈┈ **認証局は公開鍵証明書を発行する**

　PKI (Public Key Infrastructure：公開鍵基盤) とは、公開鍵暗号方式による暗号化、デジタル署名、認証局が発行した<u>デジタル証明書</u> (公開鍵証明書) などセキュリティ対策が実現された社会環境のことです。

　具体的には、<u>守秘性</u> (盗聴防止)、<u>認証</u> (なりすまし防止)、<u>完全性</u> (改ざん防止)、<u>否認防止</u> (後から契約内容などを違うといえない) などが実現されます。

解答　問1 **イ**　問2 **ウ**

05 情報セキュリティ

利用者の認証と
攻撃への対策

情報システムを利用するには、一般にユーザーIDとパスワード
を入力してログイン（利用開始）します。これに加え、指紋認証な
どが広く使われるようになっています。試験では、バイオメトリク
ス認証（生体認証）や２要素認証などが交互に出ています。また
攻撃に対する防御は、情報セキュリティ対策として出題されます。

正当な利用者であることを検証する認証

本人拒否率を下げると、他人受入れ率が上がる

　　情報システムなどの利用を始めるときに、正当な利用者であることを検証
することを認証といいます。通常、利用者ID（利用者名）とパスワードで、利
用者を認証します。なお、暗証番号の意味で、PIN（Personal Identification
Number）という用語が用いられることもあります。

　　ネットを利用できる銀行などでは、1回だけ使えるワンタイムパスワードを発
生させるトークンという装置を利用者に配布して、セキュリティを上げています。
顔認証など、人間の身体や行動の特徴を用いて認証する技術を、バイオメトリ
クス認証（生体認証）といいます。人間の特徴は日によって変化するので「どの
くらいの差異まで認めるか」という、しきい値（境界値）の設定が重要です。

こんな問題が出る！

バイオメトリクス認証

　　バイオメトリクス認証システムの判定のしきい値を変化させるとき、
FRR（本人拒否率）とFAR（他人受入率）との関係はどれか。
　　⌐本人なのに認証できない　　⌐他人なのに認証される

ア　FRRとFARは独立している。
イ　FRRを減少させるとFARは減少する。
ウ　FRRを減少させるとFARは増大する。
エ　FRRを増大させるとFARは増大する。

FRR（本人拒否率）を下げると、
判定が緩くなって
FAR（他人受入率）が増える

解答　ウ

認証のセキュリティを上げる

認証には、次の3つの要素のいずれかが用いられます。

知識	文字で表す情報	パスワード、秘密の質問の答えなど
生体	本人の身体	指紋、虹彩、静脈、声紋など
所有	所有している物	ICカード、USBキー、スマホなど

この中から2つの要素を用いるのが2要素認証です。

下記に認証が最後につく用語を整理しておきました。

用語メモ

チャレンジレスポンス認証	クライアントがサーバに認証要求をすると、①サーバが毎回変わる数値 (チャレンジ) を送り返し、②クライアントがパスワードとチャレンジを演算した値 (レスポンス) を送る方式。 ← パスワードの盗聴に強い
2段階認証	2段階で行う認証。　← 1種類の要素の場合もある 　例) パスワードを入力後、秘密の質問に答える
2要素認証	2つの要素を組み合わせて用いる認証。 　例) パスワードと指紋など
メッセージ認証	メッセージ (短い文) と共通鍵 (秘密鍵) から作成されたメッセージ認証符号 (MAC) をメッセージに付加して送り、改ざんされていないことを認証する。
時刻認証	電子データに、時刻認証局がタイムスタンプを付与して、作成された日付 (存在性の証明) と改ざんされていないこと (完全性の証明) を認証する。

こんな問題が出る！

2要素認証

2要素認証に該当するものはどれか。

ア　2本の指の指紋で認証する。

イ　虹彩とパスワードで認証する。　← 生体と知識

ウ　異なる2種類の特殊文字を混ぜたパスワードで認証する。

エ　異なる二つのパスワードで認証する。

解答　イ

複数の要素を使うということで、多要素認証と呼ぶこともあるよ！

次の説明文と関連の深い用語を選べ。

(1) 人間には読み取ることが可能でも、プログラムでは読み取ることが難しいという差異を利用して、ゆがめたり一部を隠したりした画像から文字を判読して入力させることによって、プログラムによる自動入力を排除するための技術。

(2) 一組みの平文と暗号文が与えられたとき、全ての鍵候補を一つずつ試して鍵を見つけ出す。

(3) 緊急事態を装って組織内部の人間からパスワードや機密情報を入手する不正行為。

(4) 別のサービスやシステムから流出したアカウント認証情報を用いて、アカウント認証情報を使い回している利用者のアカウントを乗っ取る攻撃。

ア　ソーシャルエンジニアリング　　←☞ social engineering
イ　CAPTCHA
ウ　パスワードリスト攻撃
エ　ブルートフォース攻撃　　←☞ brute force attack

 解説　よく出る攻撃手法を確実に覚えよう

　キャプチャ (CAPTCHA：Completely Automated Public Turing test to tell Computers and Humans Apart) は、人間とコンピュータを見分けるために完全に自動化されたテストという意味です。通常、プログラムによる自動投稿や自動ダウンロードを防止するために、人が
見て判断しなければ読めないような字を入力することで自動入力を排除します。

　ブルートフォース攻撃は、あらゆる組合せを試してみる総当たり攻撃のことで、パスワードの攻撃でも用いられます。(2) は、共通鍵暗号の鍵を見つけ出すために総当たりしています。

　ソーシャルエンジニアリングは、p.221にも出てきましたが、主に情報システムに侵入するために、人の心理などを利用してシステム外で行われる犯罪行為です。相手を信用させて、パスワードを聞き出す手口などは典型的なものです。

解答　(1) イ　(2) エ　(3) ア　(4) ウ

確認のための実戦問題

問1　Webシステムのパスワードを忘れたときの利用者認証において合い言葉を使用する場合、合い言葉が一致した後の処理のうち、セキュリティ上最も適切なものはどれか。

ア　あらかじめ登録された利用者のメールアドレス宛てに、現パスワードを送信する。

イ　あらかじめ登録された利用者のメールアドレス宛てに、パスワード再登録用ページへアクセスするための、推測困難な URL を送信する。

ウ　新たにメールアドレスを入力させ、そのメールアドレス宛てに、現パスワードを送信する。

エ　新たにメールアドレスを入力させ、そのメールアドレス宛てに、パスワード再登録用ページへアクセスするための、推測困難な URL を送信する。

問2　AES-256で暗号化されていることがわかっている暗号文が与えられているとき、ブルートフォース攻撃で鍵と解読した平文を得るまでに必要な試行回数の最大値はどれか。

ア　256　　　　イ　2^{128}　　　　ウ　2^{255}　　　　エ　2^{256}

第7章　テクノロジ系・情報セキュリティ

●問1の解説 …… 実際の経験から正解を選ぼう

　ここでは、合言葉は、秘密の質問の答えだと考えればいいでしょう。

　ウとエは、新たにメールアドレスを入力させるので、悪意の者が入力する可能性があり不適切です。現パスワードは他のサイトでも使っている可能性があります。メールを盗み見ることができる家族や同僚などがパスワードを忘れたふりをすることもあり、アとイでは、パスワードを再登録させたほうが盗み見に気づきやすくセキュリティが高いです。

●問2の解説 …… まず4ビットの鍵が何種類あるかを考えよう

　共通鍵暗号方式のAESには暗号鍵のビット数が128ビット、192ビット、256ビットの3種類があり、AES-256は、256ビットの暗号鍵を用いるものです。

　簡単な例で考えると、4ビットの鍵なら2^4で16種類です。256ビットの鍵なら2^{256}種類です。

解答　問1 イ　問2 エ

情報セキュリティの管理活動

このテーマはJIS規格がかかわるものがあり、規格が変わるタイミングで出題されることがあります。ISMSのJISが、Q27000シリーズであることも覚えておくとよいでしょう。変わらずによく出題されている用語には、PDCAサイクル、BYOD、ペネトレーションテスト、デジタルフォレンジックスなどがあります。

情報セキュリティマネジメントシステム

PDCAサイクルを回して、継続的に改善を行う

情報セキュリティマネジメントシステム (ISMS：Information Security Management System) は、組織が保護すべき情報資産を守るための組織的な管理活動の枠組みです。まず、組織が扱う情報資産のリスクを分析し、情報セキュリティの考え方や対策などを体系的に文書化した情報セキュリティポリシー (情報セキュリティ方針) を定め、組織外にも広く告知します。

方針	組織の情報セキュリティに対する根本的な方針を定めたもの。 どのような情報資産を保護し、どう対策するかなど
対策基準	方針を実現するために何をするか、組織の構成員が守るべき行為や判断基準などのルールを定めたもの。

その後、対策基準を実施するための実施手順を作ります。実施手順は、具体的な情報システムのセキュリティ対策であり、知られると攻撃しやすくなるので、非公開にします。また、情報システムを運用する組織の体制を整えます。

ISMSプロセスの構築には、右図のようなPDCAサイクルを採用し、継続的に改善を行います。

「情報セキュリティマネジメントシステム (JIS Q27001：2014)」の管理基準を満たしていることを第三者機関の審査を受けて認証を受けるISMS適合性評価制度があります。

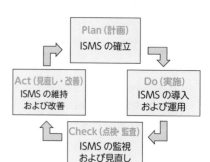

Plan (計画)
ISMS の確立

Do (実施)
ISMS の導入
および運用

Check (点検・監査)
ISMS の監視
および見直し

Act (見直し・改善)
ISMS の維持
および改善

情報セキュリティインシデントへの対応

組織内にインシデント対応チームを置こう

　情報漏えい、マルウェア感染、Webサイト改ざん、DoS攻撃など、情報システムの正常な運用を阻害するインシデントの発生が増えています。そこで、インシデントに素早く対応し、被害拡大を防止する活動などを行う体制が必要です。

用語メモ

CSIRT (Computer Security Incident Response Team)	コンピュータセキュリティのインシデントに対応する専門チーム。企業内におかれるCSIRTや国の代表として活動する国際連携CSIRT（日本では、JPCERT/CC）などがある。 ～シーサートと読む
デジタルフォレンジックス	インシデントが発生したら、磁気ディスクなどの電子的データを改ざんできないように保存し、その後、複製したものを調査分析して、法的に証拠となるデータを集める技術のこと。

こんな問題が出る！

CSIRTマテリアル

　組織的なインシデント対応体制の構築や運用を支援する目的でJPCERT/CCが作成したものはどれか。
　　～我が国の国際連携CSIRT

　ア　CSIRTマテリアル
　イ　ISMSユーザーズガイド
　ウ　証拠保全ガイドライン
　エ　組織における内部不正防止ガイドライン
　　　　　　　　　　～IPAが作成。出題されやすい？

解説

CSIRTマテリアルはネットに公開されている

　アのCSIRTマテリアルは、「組織内CSIRT」の構築を支援する目的で作られました。エは、試験を実施しているIPAが作成したもので、内部不正を防止・発見するためのガイドラインです。覚える必要はありませんが、イは日本情報経済社会推進協会、ウはデジタル・フォレンジック研究会が作成したものです。

解答　ア

デジタルフォレンジックスは、
p.237の問題も見ておいてね

235

次の説明文と関連の深い用語を選べ。

(1) コンピュータやネットワークのセキュリティ上の脆(ぜい)弱性を発見するために、システムを実際に攻撃して侵入を試みる手法。

(2) システムの企画・設計段階からセキュリティを確保する方策。

(3) ウイルス対策、侵入検知などを連携させ、複数のセキュリティ機能を統合的に管理する。

(4) 会社や団体が、自組織の従業員に貸与するスマートフォンに対して、セキュリティポリシーに従った一元的な設定をしたり、業務アプリケーションを配信したりして、スマートフォンの利用状況などを一元管理する仕組み。

(5) 従業員が個人で所有する情報機器を業務のために使用すること

ア　セキュリティバイデザイン

イ　MDM (Mobile Device Management)

ウ　ペネトレーションテスト　　<◁ penetrationは、侵入などの意味

エ　BYOD (Bring Your Own Device)

オ　UTM　　<◁ 統合脅威管理

頻出用語をしっかり覚えておくとよい

解説

　IoT機器には、情報セキュリティの貧弱なものが多いため、企画設計段階からセキュリティ対策を考慮した**セキュリティバイデザイン**という方策を内閣サイバーセキュリティセンターが推進しています。**BYOD**は個人所有のノートPCやスマホなどを使うので会社側の購入コストはないですが、個人の端末に情報が保存されることになり、情報セキュリティに注意をする必要があります。

用語メモ

UTM (Unified Threat Management)	統合脅威管理ともいう。ファイアウォールやアンチウイルス、不正侵入検知など、複数のセキュリティ機能を1台に統合したもの。
IoT (Internet of Things)	モノのインターネット。車や家電など、あらゆるものがインターネットに接続され、情報収集や自動制御などが行われること。

解答　(1)ウ　(2)ア　(3)オ　(4)イ　(5)エ

確認のための実戦問題

問1 デジタルフォレンジックスでハッシュ値を利用する目的として、適切なものはどれか。

ア 一方向性関数によってパスワードを復元できないように変換して保存する。

イ 改変されたデータを、証拠となり得るように復元する。

ウ 証拠となり得るデータについて、原本と複製の同一性を証明する。

エ パスワードの盗聴の有無を検証する。

問2 経済産業省とIPAが策定した "サイバーセキュリティ経営ガイドライン（Ver1.1）" が、自社のセキュリティ対策に加えて、実施状況を確認すべきとしている対策はどれか。

ア 自社が提供する商品及びサービスの個人利用者が行うセキュリティ対策

イ 自社に出資している株主が行うセキュリティ対策

ウ 自社のサプライチェーンのビジネスパートナーが行うセキュリティ対策

エ 自社の事業所近隣の地域社会が行うセキュリティ対策

●問1の解説 …… 同じデータなら同じハッシュ値になる

インシデントが起こったときの現状を証拠として保存するとき、時刻認証局が付与するタイムスタンプをつけて、日付（存在の証明）と改ざんがないこと（完全性）を証明します。複製を作って調査する場合に、原本と複製のハッシュ値をとっておけば、同一性を証明できます。

●問2の解説 …… 自社だけの対策では安心できない

サイバーセキュリティ経営の3原則が示してあります。

（1）経営者は、サイバーセキュリティリスクを認識し、リーダーシップによって対策を進めることが必要。
（2）自社は勿論のこと、ビジネスパートナーや委託先も含めたサプライチェーンに対するセキュリティ対策が必要。
（3）平時及び緊急時のいずれにおいても、サイバーセキュリティリスクや対策に係る情報開示など、関係者との適切なコミュニケーションが必要。

※「サイバーセキュリティ経営ガイドライン（Ver2.0）」から引用

解答 問1 ウ 問2 ウ

第7章 テクノロジ系 ● 情報セキュリティ

出題例	情報セキュリティ対策	目標解答時間 1分

問 UPSの導入によって期待できる情報セキュリティ対策としての効果はどれか。

ア PC が電力線通信 (PLC) からマルウェアに感染することを防ぐ。

イ サーバと端末間の通信における情報漏えいを防ぐ。

ウ 電源の瞬断に起因するデータの破損を防ぐ。

エ 電子メールの内容が改ざんされることを防ぐ。

●解説

情報セキュリティ対策は、ソフトウェアだけではない

情報セキュリティ対策といえば、ウイルスなどのマルウェアや不正アクセスなどの対策が真っ先に浮かぶことでしょう。しかし情報セキュリティは、情報資産を保護するために、「機密性、完全性、可用性」(p.214)を維持する活動です。停電は、物理的脅威(p.215)の１つです。UPS(p.286)は、無停電電源装置のことで、停電になってもシステムを正常に終了させることができます。マルウェアの感染を防いだり、情報漏洩や電子メールの改ざんを防ぐことはできません。

【解答】 ウ

出題例	セキュリティ関連プロトコル	目標解答時間 1分

問 電子メールをドメインAの送信者がドメインBの宛先に送信するとき、送信者をドメインAのメールサーバで認証するためのものはどれか

ア APOP　　　イ POP3S　　　ウ S/MIME　　　エ SMTP-AUTH

●解説

セキュアプロトコルや認証プロトコルを整理しておこう

メールを送信・転送するSMTPには送信者を認証する仕組みがありませんでした。認証を行うようにしたのがSMTP-AUTHです。

情報セキュリティに関連する英字を覚えておきましょう。

A、AUTH：Authentication(認証)

S：Secure(安全な)、SSL (Secure Socket Layer：暗号通信)

用語メモ

S／MIME (Secure/MIME)	公開鍵暗号方式によりセキュリティを上げたMIME (p.202)の拡張規格。
SMTP-AUTH (SMTP uthentication)	メール送信時にIDとパスワードにより、送信者をサー バが認証。
APOP (Authenticated POP)	メール受信時の認証に際して、パスワードを暗号化 する。
POP3S (POP3 over SSL/TLS)	受信時に認証情報やメール本文を暗号化する。

【解答】 エ

出題例　マルウェア対策　　　　　目標解答時間　2分

問　マルウェアの動的解析に該当するものはどれか。

ア　検体のハッシュ値を計算し、オンラインデータベースに登録された既知
　　のマルウェアのハッシュ値のリストと照合してマルウェアを特定する。

イ　検体をサンドボックス上で実行し、その動作や外部との通信を観測する。

ウ　検体をネットワーク上の通信データから抽出し、さらに、逆コンパイル
　　して取得したコードから検体の機能を調べる。

エ　ハードディスク内のファイルの拡張子とファイルヘッダーの内容を基に、
　　拡張子が偽装された不正なプログラムファイルを検出する。

●**解説**

「動的解析」とは、動作させた状態で行う検査のこと

　「動的解析」ということから、マルウェアが動作しているかどうかを考えれば解
けます。検査の対象になるものが検体で、ここではマルウェアと疑わしいプログ
ラムが保存されたファイルのことです。

×ア：ハッシュ値を計算するのは、マルウェアを動作させなくてもできます。

○イ：サンドボックスは、マルウェアなどを実行させてもシステムに影響を与え
　　　ない環境のことです。「実行し」とあるので、マルウェアが動いています。

×ウ：逆コンパイルしたコードなので、マルウェアが動いていません。

×エ：ハードディスク内のファイルを調べるので、マルウェアが動いていません。

【解答】　イ

問　ファジングに該当するものはどれか。

ア　サーバにFINパケットを送信し、サーバからの応答を観測して、稼働しているサービスを見つけ出す。

イ　サーバのOSやアプリケーションソフトウェアが生成したログやコマンド履歴などを解析して、ファイルサーバに保存されているファイルの改ざんを検知する。

ウ　ソフトウェアに、問題を引き起こしそうな多様なデータを入力し、挙動を監視して、脆弱性を見つけ出す。

エ　ネットワーク上を流れるパケットを収集し、そのプロトコルヘッダーやペイロードを解析して、あらかじめ登録された攻撃パターンと一致するものを検出する。

● 解説

目的はWebアプリケーションの弱点を見つけ出すこと

×ア：TCPのFINパケットは、通常は接続の切断を通知するために送信します。ここでは、「稼働しているサービスを見つけ出す」とあるので、ポートスキャン（p.225）の一種で、FINパケットを送信して試し開いているポートを探すFINスキャンと呼ばれるものです。

×イ：「改ざんを検知する」とあるので人がログを分析するのではなく、IDS（p.224）のログ監視機能のことです。

○ウ：正しいです。「問題を引き起こしそうな多様なデータ」のことをファズと呼びます。

×エ：ペイロードとは、パケットの中のヘッダー部を除いたデータ本体のこと。これもIDSの機能です。基本情報技術者試験では、深く問われることはないと思われますが、このような検知法をシグネチャ型といい、登録されていない未知の攻撃は検知できない弱点があります。

用語メモ	
ファジング （ファズテスト）	ファズ (fuzz) と呼ばれる不正データ、異常データ、例外データなどを大量に与えて、正常に処理できるかをテストする。通常は、自動化したテストツールで、外部からシステムに脆弱性がないかをテストする。

【解答】　ウ

システム開発技術

第8章の学習ガイダンス

システム開発技術

　システム開発技術分野の出題の定番はテスト手法。テスト工程では、従来から定番であるユニットテストや結合テストに加え、網羅基準の出題が増えています。
　また開発モデルでは、基本手法のウォーターフォールモデルの出題は減り、アジャイル開発のエクストリーム・プログラミングやスクラムに関する出題が増えています。ただし、開発モデルの違いを理解するためにも基本の理解が必須です。

この章は、システム開発を取り上げた章だから、情報処理の仕事にかかわってくるよ！

JOB

ここで学ぶのは開発の概要だけど、さまざまな標準ルールがあることを知っておいてね

まさに基本情報技術者のための章ですね。ここまで長かったです！

中分類12は、標準的な開発手順がテーマ

システム開発技術には2つの中分類が含まれています。中分類12では、システム開発について標準化された進め方 (必要な項目や手順) について取り上げています。

シラバス 中分類 12：システム開発技術
1. システム要件定義 ・ ソフトウェア要件定義 (ヒアリング、DFD、E-R図、UML、決定表など)
2. 設計 (機能要件、非機能要件、プロトタイプ、画面設計、帳票設計、テスト計画、オブジェクト指向設計、レビュー、ウォークスルーなど)
3. 実装・構築 (コーディング基準など)
4. 統合・テスト (トップダウンテスト、ボトムアップテスト、機能テスト、性能テスト、負荷テスト、セキュリティテスト、回帰テストなど)
5. 導入 ・ 受入れ支援 (移行要件、受入れテスト、教育訓練システム、妥当性確認テストなど)

●よく出題されるテスト手法は、加点しやすいテーマ

ユニットテストの手法の1つであるブラックボックステスト (p.262) は、サンプル問題でも取り上げられています。関連するホワイトボックステスト、トップダウンテスト、ボトムアップテストなどが入れ替わりで出題され続けています。また、ホワイトボックステストの網羅基準 (p.264) もよく出題されるテーマです。

中分類13は、各開発手法の特徴を掴むこと

中分類13は、さまざまなシステム開発手法について、その特徴を知ることが重要です。また関連する法制度、開発環境や管理技術なども取り上げています。

シラバス 中分類 13：ソフトウェア開発管理技術
1. 開発プロセス・手法 (ウォーターフォールモデル、プロトタイピングモデル、アジャイル、XP、スクラム、共通フレームなど)
2. 知的財産適用管理 (著作権、特許権など) → 第10章に掲載
3. 開発環境管理 (アクセス権管理、バージョン管理など)
4. 構成管理・変更管理 (ソフトウェア構成管理など)

●スクラムはトレンドの開発技法

試験に出る用語には流行がありますが、現時点でのトレンドはスクラム (p.247) です。令和5年度の公開問題にも「開発チームの全員が1人ずつ "昨日やったこと"、"今日やること"、"障害になっていること" などを話し、全員でプロジェクトの状況を共有するイベント」として、デイリースクラムを選ぶ問題がありました。しっかりと押さえておきたいテーマです。

ソフトウェア開発モデル

> ソフトウェア開発は、ウォーターフォールモデルの工程を基本として、どの開発手法でも、設計→実装（プログラムを作成して組み込む）→テストという作業を行っていきます。最近は、アジャイル開発（p.246）が注目され、XP（エクストリーム・プログラミング）やスクラムなどの出題が多くなりました。

ウォーターフォールモデルが基本

滝の水のように下へだけ流れ、上には戻らない

まとまりのある作業を時間的に並べたものを工程（プロセス）、その構成要素をフェーズと呼びます。ソフトウェアを開発する手順をモデル化したものが、プロセスモデルです。

ウォーターフォールモデル（waterfall model）は、上のフェーズから順に作業を進め、フェーズごとに作業を完結させ、作成した設計書などの成果物のレビュー（検討）を行います。特に大規模システムの開発に向き、プロジェクト管理が容易で、多くのプロジェクトで採用されています。

こんな問題が出る！

ウォーターフォールモデル

ウォーターフォールモデルによるシステム開発工程の作業内容a〜fを、実施する順序で並べたものはどれか。

〔作業内容〕

a　現状の問題点を調査・分析し、対象システムへの要求を定義する。　①

b　システムとして必要な機能をプログラムに分割し、処理の流れを明確にする。　③ f の後

c　詳細な処理手順を設計し、コーディングする。　⑤ e の後

d　テストを行う。　⑥ c の後

e　各プログラム内の構造設計を行う。　④ b の後

f　システムの要求仕様を基に、システムとして必要な機能を定義する。　② a の後

ア　a, b, f, c, e, d　　　　　　イ　a, f, b, e, c, d

ウ　a, f, b, e, d, c　　　　　　エ　a, f, e, b, c, d

解説 **上流と下流という分け方も知っておこう**

　ウォーターフォールモデルのフェーズの名称は統一されていませんが、要件定義→設計→プログラミング→テスト→保守という流れで進みます。

　設計までを上流、プログラミング以降を下流と呼びます。

用語メモ

上流	要件定義、設計
下流	プログラミング、テスト、保守

解答　イ

設計・実装を繰り返す反復型モデル

試作品を作るプロトタイピングモデル

　プロトタイピングモデルは、まずプロトタイプ（試用品、試作品）を作って、ユーザーニーズを明確にするプロセスモデルです。例えば、操作画面などを作り、実際に利用者に操作してもらい、利用者の希望を聞きながら仕様を決定します。

　プロトタイプは、実際の開発言語とは別のツールを用いて短時間で作ることができ、仕様が決定したらプロトタイプは捨てて、本番システムをゼロから開発します。また、開発言語でプロトタイプを作り、その後、修正や拡張をしていく進化型プロトタイピングと呼ばれる開発手法もあります。

リスクを最小化することを目的にしたスパイラルモデル

　ウォーターフォールモデルは、上から下に直線的に流れるものでしたが、設計や実装を繰り返す反復型モデルが登場しています。

　その代表といえるのが、スパイラルモデルです。スパイラル（spiral）は「渦巻き」の意味で、プロトタイプを作り、リスク評価と代替案の検討を繰り返し、リスクを最小限に抑えながらシステム開発を進めます。

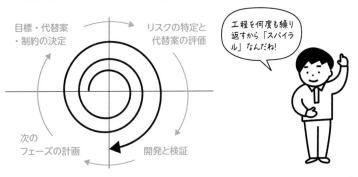

敏速なアジャイル開発

特徴的な用語が出るXP

従来のウォーターフォールモデルによる開発に比べ敏速な軽量開発手法を、総称して<u>アジャイル開発</u>と呼びます。その中で、<u>エクストリーム・プログラミング</u> (XP：Extreme Programming) の特徴を問う問題がよく出ます。XPは、顧客の要求仕様が曖昧で変化しやすいシステムを、チームで開発するためのソフトウェア開発法です。小中規模のシステムに向き、次のような特徴があります。

 時短で覚えるなら、**コレ！**

XPのプラクティス ⟵ 習慣や実践という意味

①反復型開発

2週間程度の短い期間 (イテレーション) を1つの単位として、設計・実装・テストを繰り返していく。1つの単位の中でも、実装 (コードの修正・結合) とテストを繰り返す。

②テスト駆動開発

最初にテストケースを作る (テストファースト)。その後、テストを通る最小限のコードを書いていく。

③ペアプログラミング

2人のプログラマが1台のマシンでプログラムを書く。1人がコードを書き、1人がチェックする。

④リファクタリング

外部仕様を変えず、品質を良くすることを目的にプログラムコードを書き換えること。

XP

こんな問題が出る！

XP (Extreme Programming) において、実践することが提唱されているものはどれか。 ⟵ プラクティス

ア　構造化設計　　　　　　イ　テストツールの活用

ウ　ペアプログラミング　　エ　ユースケースの活用

解答　ウ

スプリントを繰り返して進めるスクラム

経験主義に基づいた反復型開発のフレームワーク

スクラムもアジャイル開発の手法の1つで、「複雑な問題に対応する適応型のソリューションを通じて、人々、チーム、組織が価値を生み出すための軽量級フレームワーク」※と定義されています。リスクを制御するために、少しずつ進んでいく反復型の開発です。反復1回の開発単位をスプリントと呼びます。

・スクラムの3本柱

透明性	作業の状況が作業をする人やその作業を受け取る人に見えること。
検査	作成物や進捗状況は、頻繁に熱心に検査されなければならない。
適応	検査の結果、逸脱があれば最小限に抑え、継続的に改善していく。

スクラムが成功するかどうかは、5つの価値基準(確約、集中、公開、尊敬、勇気)を実践できるかにかかっています。

こんな問題が出る！

スクライムイベントの順序

スクラムでは、一定の期間で区切ったスプリント(1か月以内 1つの開発単位)を繰り返して開発を進める。各スプリントで実施するスクラムイベントの順序のうち、適切なものはどれか。

〔スクラムイベント〕

1：スプリントプランニング ← スプリントの起点。作業の計画

2：スプリントレトロスペクティブ ← 改善方法を特定。スプリント終了

3：スプリントレビュー ← 作業の結果を示し、スプリントの成果を検査

4：デイリースクラム ← 毎日行う短時間のミーティング。いわゆる朝会

ア 1→4→2→3 イ 1→4→3→2
ウ 4→1→2→3 エ 4→1→3→2

解説

スプリント(sprint)は、「短距離を全力疾走する」という意味を持つ

スクラムでは、スプリントプランニングから始まり、スプリントレトロスペクティブで終わります。「スプリントは短いプロジェクトと考えることもできる」※とあります。また、レトロスペクティブ(retrospective)は「振り返る」の意味があり、品質と効果を高める改善方法を特定します。

解答 **イ**

※「スクラムガイド2020年度版」Ken Schwaber & Jeff Sutherland著から引用

第8章 テクノロジ系 システム開発技術

確認のための実戦問題

問1 ソフトウェア開発の活動のうち、アジャイル開発においても重視されているリファクタリングはどれか。

ア ソフトウェアの品質を高めるために、2人のプログラマが協力して、一つのプログラムをコーディングする。

イ ソフトウェアの保守性を高めるために、外部仕様を変更することなく、プログラムの内部構造を変更する。

ウ 動作するソフトウェアを迅速に開発するために、テストケースを先に設定してから、プログラムをコーディングする。

エ 利用者からのフィードバックを得るために、提供予定のソフトウェアの試作品を早期に作成する。

問2 XP (Extreme Programming) のプラクティスの説明のうち、適切なものはどれか。

ア 顧客は単体テストの仕様に責任をもつ。

イ コードの結合とテストを継続的に繰り返す。

ウ コードを作成して結合できることを確認した後、テストケースを作成する。

エ テストを通過したコードは、次のイテレーションまでリファクタリングしない。

●問1の解説 ……「外部仕様を変更しない」がキーワード

～繰返し出題されている

同じ機能のプログラムでも、いろいろな書き方ができます。リファクタリングは、外部仕様を変えずに、わかりやすく、バグが生まれにくい洗練されたコードに修正することです。アはペアプログラミング、ウはテスト駆動開発、エはプロトタイピングモデルです。

●問2の解説 ……XPは反復型開発

× ア：顧客が単体テストの仕様にもつことはありません。

○ イ：反復型開発です。

× ウ：コードを書き始める前に、最初にテストケースを作成します。

× エ：リファクタリングは、必要なときにいつでも行います。

解答　問1　イ　　問2　イ

02 共通フレーム

ソフトウェアの供給者と取得者の間で、作業範囲や用語の定義といった共通認識が違っていると、トラブルが生じやすくなります。そこで、共通フレームが作られました。試験でも、共通フレームに関連する問題はよく出題されていますが、その多くは概要を知っておけば常識で解ける問題といえます。

共通フレームの重要プロセス

取得者と供給者が共通の言葉を使うための共通フレーム

共通フレーム2013 (SLCP-JCF2013：Software Life Cycle Processes-Japan Common Frame 2013) は、情報システムなどを提供する者 (供給者) とそれを購入したり利用したりする者 (取得者) に、作業範囲や用語の定義などの共通の枠組みを提供するものです。

共通フレームは、ソフトウェアの構想から、企画→開発→保守→廃棄に至るまでの作業項目を規定しています。試験対策には、下図のテクニカルプロセスの概要を知っておく必要があり、特にシステム開発プロセスとソフトウェア実装プロセスが重要です。

テクニカルプロセスの構成

共通フレームでは、情報システムを開発し運用する際の作業単位をプロセスと呼びます。例えば、システム開発プロセスは、システム開発に関連する複数のプロセスから構成されています。

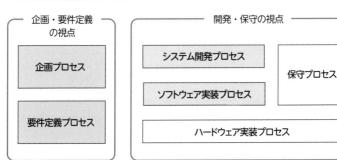

共通フレームの重要なプロセス

共通フレームで定義されている構成のうち、重要なプロセスは次のものです。

用語メモ

企画プロセス	経営要求を確認し、システム導入による新しい業務の全体像を作成して、システム化構想を立案する。サービスレベルと品質を明確にし、システム開発スケジュールや投資効果などを予測して、システム化計画を立案する。
要件定義プロセス	利害関係者※のニーズや制約条件を考慮し、業務要件、情報システムの機能要件や非機能要件を定義して、利害関係者の合意と承認を得る。　　　機能以外の要件 (p.251)
システム開発プロセス	システム要件定義から始まり、設計、テスト、受け入れまでの一連の開発作業を行う (詳しくはp.223)。
ソフトウェア実装プロセス	ソフトウェア要件定義→方式設計→詳細設計→構築→結合→テスト→導入→受入れ支援までの一連の作業を行う。
保守プロセス	システムの問題を把握し、修正を実施して、修正したものを移行する。旧システムの廃棄計画の立案なども行う。

※利害関係者：新システムの開発や導入に利害関係をもつ、取得者や供給者、資金提供者 (金融機関など)、組織内の人々、関連会社などのこと。

企画プロセス

こんな問題が出る！

共通フレームによれば、企画プロセスにおいて定義するものはどれか。

ア　新しい業務の在り方や業務手順、入出力情報、業務上の責任と権限、業務上のルールや制約などの要求事項。
　　　　要件定義プロセス (業務要件の定義)

イ　業務要件を実現するために必要なシステムの機能や、システムの開発方式、システムの運用手順、障害復旧時間などの要求事項。
　　　　要件定義プロセス (機能要件／非機能要件の定義)

ウ　経営・事業の目的及び目標を達成するために必要なシステムに関係する経営上のニーズ、システム化、システム改善を必要とする業務上の課題などの要求事項。　　　これが企画プロセス

エ　システムを構成するソフトウェアの機能及び能力、動作のための環境条件、外部インタフェース、運用及び保守の方法などの要求事項。
　　　　システム開発プロセスのシステム要件定義

解答　ウ

業務を実施するための要求事項をまとめる要件定義プロセス

「要件」とは、システムやソフトウェアに「必要な条件」と考えればよいでしょう。要件定義プロセスは、新しい情報システムを用いて、業務を適正に実施するための要件を定義し、利害関係者の承認を得ます。要件には、新しい業務のやり方を実現するためのシステムの機能やデータの流れなどに関する機能要件と、機能要件以外の非機能要件があります。

システムやソフトウェアに求められる具体的な機能などの要件は、システム開発プロセスで定義します。

用語メモ

非機能要件	情報システムの機能に関する要件ではなく、システムの品質要件、システム構成や開発言語、開発基準などの技術要件、運用形態などの運用要件、移行手順などの移行要件など。

こんな問題が出る！ 要件定義プロセス

企画、要件定義、システム開発、ソフトウェア実装、ハードウェア実装、保守から成る一連のプロセスにおいて、要件定義プロセスで実施すべきものはどれか。
　　　　　　　　　　　　　　全体がキーワード

ア　システムに関わり合いをもつ利害関係者の種類を識別し、利害関係者のニーズおよび要望及び課せられる制約条件を識別する。

イ　事業の目的、目標を達成するために必要なシステム化の方針、及びシステムを実現するための実施計画を立案する。　企画プロセス

ウ　目的とするシステムを得るために、システムの機能及び能力を定義し、システム方式設計によってハードウェア、ソフトウェアなどによる実現方式を確立する。　システム開発プロセス

エ　利害関係者の要件を満足するソフトウェア製品またはソフトウェアサービスを得るための、方式設計と適格性の確認を実施する。
　　　　　　　　　　　　　　システム開発プロセス

解説 選択肢の文章全体からプロセスを判断しよう

エで説明している方式設計や適格性の確認を行うのは、システム開発プロセスです。「利害関係者」という言葉に惑わされないように、注意しましょう。

解答　ア

システム開発プロセス

　要件定義プロセスで定義した業務を実施できるように、システム開発プロセスで情報システムを開発します。

用語メモ

プロセス開始の準備	開発モデルの選択、開発環境の準備など。
システム要件定義	開発するシステムの要件を定義。
システム方式設計 (外部設計) ※	システムの最上位レベルで、ハードウェアやソフトウェアの構成、システム方式を決める。システム結合テストの要求事項の定義。
通常、ソフトウェアの開発はソフトウェア実装プロセス (下表) で行う	
システム結合	ソフトウェアを結合し、システム結合テストを実施。
システム適格性 確認テスト	適格性確認要求事項ごとに適格性確認テストを実施。例えば、結果の適合性、テスト網羅性など。
システム導入	実際の運用環境にシステムを導入。
システム受入れ支援	取得者の受入れを支援し、システムを納品。

※システム方式設計は外部設計にほぼ対応するが、完全一致するわけではない。

ソフトウェア実装プロセス

用語メモ

プロセス開始の準備	開発環境の準備、実施計画の作成など。
ソフトウェア要件定義	システムを構成するソフトウェアの要件を定義。
ソフトウェア方式設計 (内部設計) ※	ソフトウェア構造とコンポーネントの方式設計。データベースの最上位レベルの設計。ソフトウェア結合テストの要求事項の定義。
ソフトウェア詳細設計 (プログラム設計) ※	コンポーネントやデータベースの詳細設計。コーディング、コンパイル、テストの単位であるソフトウェアユニットに詳細化。
ソフトウェア構築	コードを作成し、単体テストを実施。
ソフトウェア結合	ソフトウェアユニットやコンポーネントを結合し、ソフトウェア結合テストを実施。
ソフトウェア適格性 確認テスト	ソフトウェアの適格性確認要求事項ごとに適格性確認テストを実施。
ソフトウェア導入	実際の運用環境にソフトウェアを導入。
ソフトウェア受入れ支援	取得者の受入れを支援し、ソフトウェアを納品。

※ソフトウェア方式設計には内部設計、ソフトウェア詳細設計にはプログラム設計がほぼ対応するが、完全一致するわけではない。なお、最近の試験は、外部設計、内部設計、プログラム設計という用語での出題はあまりない。

　通常、情報システムはいくつかのソフトウェア、ソフトウェアはいくつかのコンポーネント、コンポーネントはいくつかのソフトウェアユニット（モジュールやクラス）で構成されています。

設計時にテストの要求事項を定義する

　設計時には、テスト計画書も一緒に作成します。各設計段階とテストは、下図のような対応関係にあります。

　設計段階では、大きなシステムをどんどん分割していき、1人のプログラマが容易に作成できるような小さなソフトウェアユニットにします。このような手法を段階的詳細化、トップダウンアプローチといいます。

　テストは、最初は小さな単位で行い、それを組み立てて結合しながら進めていきます。このような手法を段階的統合化、ボトムアップアプローチといいます。

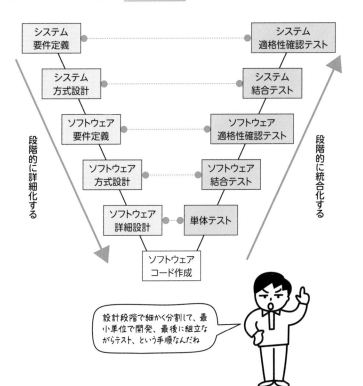

段階的に詳細化する

システム要件定義	┄┄┄	システム適格性確認テスト
システム方式設計	┄┄┄	システム結合テスト
ソフトウェア要件定義	┄┄┄	ソフトウェア適格性確認テスト
ソフトウェア方式設計	┄┄┄	ソフトウェア結合テスト
ソフトウェア詳細設計	┄┄┄	単体テスト
ソフトウェアコード作成		

段階的に統合化する

第8章 テクノロジ系　システム開発技術

設計段階で細かく分割して、最小単位で開発、最後に組立ながらテスト、という手順なんだね

確認のための実戦問題

問1 開発プロセスにおいて、ソフトウェア方式設計で行うべき作業はどれか。

ア　顧客に意見を求めて仕様を決定する。

イ　ソフトウェア品目に対する要件を、最上位レベルの構造を表現する方式であって、かつ、ソフトウェアコンポーネントを識別する方式に変換する。

ウ　プログラムを、コード化した1行ごとの処理まで明確になるように詳細化する。

エ　要求内容を図表などの形式でまとめ、段階的に詳細化して分析する。

問2 システム適格性確認テストを実施するとき、用意しておくべきテストデータはどれか。

ア　実際に業務で使うデータや、業務上例外として処理されるデータ

イ　ソフトウェアユニット間のインタフェースに関するエラーを検出するデータ

ウ　ソフトウェアユニット内の全分岐を1回以上通るデータ

エ　ソフトウェアユニット内の全命令が1回以上実行されるデータ

● **問1の解説** ……… 最上位レベルの設計が方式設計

　×ア：通常、顧客などの利害関係者に意見を求めるのは、要件定義プロセスです。

　○イ：最上位レベルの構造を明らかにして表現するのが方式設計の目的です。

　×ウ：ソフトウェア詳細設計で行う作業です。

　×エ：ソフトウェア要件定義で行う作業です。

● **問2の解説** ……… システム適格性確認テストはシステムのテスト

　システム適格性確認テストは、システム要件定義の適格性要求事項を満たすかどうかのテストです。当然、システムが業務で使われたときに、正しく稼動しなければなりませんので、実際に業務で使うデータでテストします。

　イ～エは、ソフトウェアユニットとユニット間のインタフェースをテスト対象としているため、除外することができます。したがって、正解はアになります。

解答　問1 イ　問2 ア

DFDやE-R図 などの図式

ソフトウェア要件定義やソフトウェア方式設計、データベース設計など、開発作業の場面では、いろいろな図式が用いられます。以前は必ずと言っていいほど出題されていたDFDやE-R図、状態遷移図の出題は、それほど出なくなったものの、ルールや使用する記号、手順を一通りは把握しておくとよいでしょう。

データの流れを示すDFD

データがどこで発生し、どこに保存されるかを示す

　新しい情報システムを導入する前には、どのようにして業務が行われ、どのようなデータが発生して、どこへ流れていくのかなどの業務分析を行います。業務をプロセスとデータでとらえシステムへの要求を分析する構造化分析という手法があり、データフローダイアグラム（DFD：Data Flow Diagram）が用いられます。

　DFDは、データの流れを4種類の記号で表した図です（下表）。DFDを使うと、データがどこで発生し、どう処理されて、どこに保存されるかをわかりやすく図示できます。ただし、DFDは処理の順序を示すことはできません。

名　称	記　号	説　明
データフロー	情報名 →	データの流れを示す。 矢印の上や横に、情報名（データの名前）を記入する。
プロセス ～処理のこと	○	データに対する処理の内容を示す。 コンピュータの処理だけでなく、人手による業務の内容処理も記述できる。
データストア ～ファイルのこと	──	データの蓄積を示す。 通常、コンピュータで扱えるファイルになる。 紙の帳票を表すこともできる。
外部	□	～通常、情報システムの外と考えてよい 分析対象外のデータの発生源やデータの行き先を示す。

DFD

図に示す売上管理システムのDFDの中で、Aに該当する項目として、適切なものはどれか。

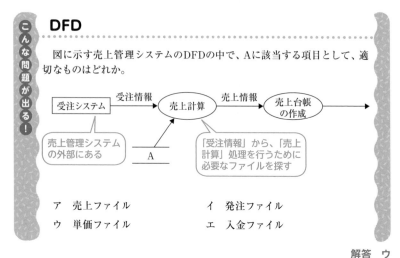

ア 売上ファイル イ 発注ファイル

ウ 単価ファイル エ 入金ファイル

解答 ウ

エンティティとリレーションシップのE-R図

先生がたくさんいても、1対多なら教えてもらう先生は1人

E-R図（ERD:Entity-Relationship Diagram）は、データベースを設計するときに、現実の世界の情報を整理して、データの構造を分析するときに用います。現実世界の情報の中で、データベースで管理すべき情報を実体（entity）といいます。E-R図は、実体と実体との関連（Relationship）を表したもので、実体関連図ともいいます。

実体と実体との対応関係を写像基数（cardinality）といい、1対1、1対多、多対1、多対多などがあります。

E-R図にはいくつかの書き方があり、問題文中に表記の説明があるため、試験中にその仕様を理解しなければなりません。

例えば、下図は「先生」と「生徒」の関係を示しています。「先生」は、多数の「生徒」を受け持っています。「生徒」には1人の「先生」がいます。

E-R図の解釈

　データモデルが次の表記法に従うとき、E-R図の解釈に関する記述のうち、適切なものはどれか。

〔表記法〕

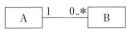

エンティティAのデータ1個に対して、エンティティBのデータがn個（n≧0）対応し、また、エンティティBのデータ1個に対して、エンティティAのデータが1個対応する。

エンティティAのデータ1個に対して、エンティティBのデータがn個（n≧1）対応し、また、エンティティBのデータ1個に対して、エンティティAのデータがm個（m≧0）対応する。

〔E-R図〕

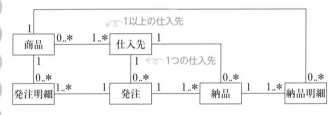

ア　同一の商品は一つの仕入先から仕入れている。

イ　発注明細と納品明細は1対1に対応している。

ウ　一つの発注で複数の仕入先に発注することはない。

エ　一つの発注で複数の商品を発注することはない。

解説

1個に対して、相手が何個あるかを示している

× ア：商品1個に対して、「1..*」なので、1つ以上の仕入先があります。

× イ：発注明細に対して商品は1つ対応しますが、商品に対して納品明細はn個（n≧0）が対応しています。発注明細と納品明細は、1対1では対応していません。

○ ウ：1つの発注に対して、1つの仕入先が対応するので正しいです。

× エ：1つの発注で複数の発注明細が作られ、それが商品1つと対応しています。また、発注に対して仕入先は1つですが、仕入先には複数の商品があります。

解答　**ウ**

257

オブジェクト指向と UML

オブジェクト指向に関する出題は用語問題が多いのですが、まれに判断が必要な正誤問題も出ています。また、よく出題されているUMLには多くの図があり、すべてをきちんと理解するには専門書を学ぶ必要があります。試験対策としては過去に出題されたところを中心に、対策しておけばよいでしょう。

データ中心からオブジェクト指向設計へ

業務プロセスが変更されてもデータは変化しない

業務プロセス（業務手順）の機能を中心にしたプロセス中心アプローチでは、業務プロセスの変更によるシステムへの影響が大きく、大規模な業務システムでは、保守を困難なものにしてきました。

そこで、業務プロセスが変更されても蓄積すべきデータ構造に変化は少ないことに注目し、先にデータをモデル化しデータの関連を分析していくのがデータ中心アプローチです。これがオブジェクト指向アプローチへと発展していきます。

用語メモ

プロセス中心アプローチ	業務で使われる「データを変化させる機能」に着目し、システムに必要な機能の面から分析を行う。 ↝業務プロセスの変更に対応しにくい
データ中心アプローチ	業務で用いるデータやデータの関連の面から分析を行う。まず、データをモデル化してデータ設計を行い、データに対する操作を設計する。 ↝全社的にデータを一元管理できる
オブジェクト指向アプローチ	データとデータに対する操作をオブジェクトとしてまとめ、分析を行う。 ↝データ構造が変化しても、変更が容易

データと手続を一体化したのがオブジェクト

オブジェクト指向では、データ（属性）と手続き（メソッド）をひとまとまりのオブジェクトにして、内部構造などを外部から隠すカプセル化を行います。

これによって、オブジェクトの内部のデータ構造や手続の処理内容を変更しても、ほかのオブジェクトには影響しないという利点があります。

データと手続きを定義したものを**ク
ラス**と呼び、クラスから複数の**インスタ
ンス**（実体）が生み出されます。クラス
はインスタンスを生み出すためのひな型
で、実行されるのはインスタンスです。

インスタンスを**オブジェクト**と呼び、
オブジェクトの組合せでプログラムを構
成するのが、オブジェクト指向です。

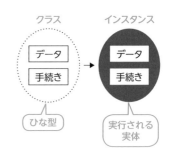

用語メモ

メッセージ	オブジェクト間でやりとりされる情報。
継承 （インヘリタンス）	階層化されたクラスで、上位クラスのデータや手続きを、下位クラスがそのまま引き継ぐこと。
多相性 （ポリモルフィズム）	同じメッセージを複数のオブジェクトに送った場合に、受け取ったオブジェクトによって動作が異なること。
委譲 （デレゲーション）	メッセージを受け取ったオブジェクトが、その処理を別のオブジェクトに委託して実行すること。
伝播 （プロパゲーション）	あるオブジェクトに操作を行うと、関連するオブジェクトにも自動的にその操作が適用されること。

オブジェクト指向

こんな問題が出る！

オブジェクト指向において、あるクラスの 属性や機能 が サブクラス で
利用できることを何というか。

ア　オーバーライド　　　　　イ　カプセル化

ウ　継承　　　　　　　　　　エ　多相性

 頻出するオブジェクト指向の用語は確実に

解説　属性・機能・サブクラスという用語が使われているため、継承の説明になります。
オーバーライドは、継承の際に、上位クラスの手続を新しい手続で置き換えて
再定義することです。これによって多相性が実現されています。

解答　ウ

統一モデリング言語UML

UMLのクラス図はE-R図に似ている

UML (Unified Modeling Language) は、オブジェクト指向分析やオブジェクト指向のために、要件定義から詳細設計まで利用できる、統一モデリング言語です。

UMLには13種類の図がありますが、大きく構造図と振る舞い図に分けることができます。構造図は、モデル化するものの構造を図にします。振る舞い図は、モデル化するものの振る舞い(動作)を図にします。

試験対策では、構造図のクラス図と、振る舞い図のシーケンス図について、概要を知っておけばよいでしょう。

構造図 ～静的	クラス図	クラスの構造 (属性やメソッド) やクラスの関係を記述する。
	オブジェクト図	ある瞬間のオブジェクト (インスタンス) の構造や関係を記述する。
振る舞い図 ～動的	シーケンス図	オブジェクト間の相互作用 (メッセージのやりとり) を時間順で記述する。
	コミュニケーション図	オブジェクト間の相互作用 (メッセージのやりとり) を接続関係で記述する。

クラス図とオブジェクト図の例

クラス図は、クラス名、属性 (変数)、メソッド (操作) の3つの区画からなり、クラス名以外は省略することもできます。

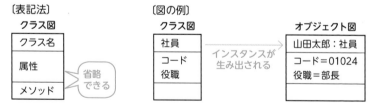

〔表記法〕
クラス図

クラス名
属性
メソッド

＞省略できる

〔図の例〕
クラス図

社員
コード 役職

インスタンスが生み出される

オブジェクト図

山田太郎：社員
コード＝01024 役職＝部長

クラス図はE-R図と似ていて、クラス間の関係を表すことができます。図中では「下限 .. 上限」で示し、＊は無制限の非負整数 (0以上の整数) を表します。

～0以上 (＊は 0 .. ＊ と同じ意味を表す)

部署	1..3 ～1〜3	＊	社員

汎化-特化関係

　クラスは階層化することができ、上位クラスを**スーパークラス**、下位クラスを**サブクラス**といいます。

　汎化-特化関係 (is a関係) は、サブクラスが**スーパークラスの一種**であるという関係です。**汎化**は、サブクラスの共通の性質を抽象化してスーパークラスに一般化したものです。**特化**は、スーパークラスの性質を継承して具体化し、サブクラスに専門化したものです。

例)バスは自動車の一種

集約-分解関係

　集約-分解関係 (part of関係) は、下位オブジェクトが**上位オブジェクトの一部**であるという関係です。**分解**は、上位のオブジェクトの性質を分割して下位のオブジェクトにすることです。**集約**は、下位オブジェクトを集めて上位のオブジェクトにすることです。

例)タイヤは自動車の一部

こんな問題が出る!

汎化－特化関係

　オブジェクト指向において、一般に"自動車"の**サブクラス**と言えるものはどれか。

自動車の「一種」に含まれるものを探す

　ア　エンジン　　　イ　製造番号　　　ウ　タイヤ　　　エ　トラック

解説 〜の"一種"か"一部"かで、関係を判断しよう

　トラックは自動車の一種です。自動車を例にした汎化－特化関係の問題が複数回出ていますので、考え方をしっかり理解しておきましょう。

解答　エ

テスト手法の種類

ユニットテストや結合テストについては、ブラックボックステストとホワイトボックステストが繰り返し出題されています。ただ用語を問う単純なものから網羅基準に関する判断問題まで、さまざまな形があるので十分に理解しておきましょう。トップダウンテストとボトムアップテストは、ドライバとスタブが定番です。

ユニットテストは白と黒の2つの手法

第三者がテストできるブラックボックステスト

p.253で示したように、テスト工程では、ソフトウェアユニット→それを結合したコンポーネントというように、段階的に統合化されてテストされます。

ソフトウェアユニットテストは、ユニットテスト、単体テスト、モジュールテストとも呼ばれ、いずれも試験で出題されたことがあります。ユニットテストの方法には、機能面から検査するブラックボックステストと、プログラム構造の面から検査するホワイトボックステストがあります。

	ブラックボックステスト	ホワイトボックステスト
テスト方法	設計書を見て、プログラムの機能仕様からテストデータを作成し、全ての機能を検査する。	ソースプログラムを見て、テストデータを作り、全ての命令の通過検査や分岐構造の検査を行う。
イメージ図	入力→ →出力 入力→	#include<stdio.h>
利点	第三者がテストすることが可能なため、客観的なテストを行うことができる。	全命令の通過検査や全分岐の分岐検査ができる。また、特殊な例外処理も検査できる。
欠点	全命令の通過検査はできない。例外処理などのテストが行いにくい場合がある。	機能が漏れていても、作られていなければ発見できない。プログラムの作成者でないと、効率的にテストを行うことが難しい。

ブラックボックステスト

ブラックボックステストにおけるテストケースの設計方法として、適切なものはどれか。　〜〜「黒い箱の中は見えないから機能
仕様を検査する」と覚える

ア　プログラム仕様書の作成またはコーディングが終了した段階で、仕様書やソースリストを参照して、テストケースを設計する。
〜〜ホワイトボックステスト

イ　プログラムの機能仕様やインタフェース仕様に基づき、テストケースを設計する。　〜〜これがブラックボックステスト

ウ　プログラムの処理手順、すなわちロジック経路に基づき、テストケースを設計する。
〜〜論理的な経路だから
ホワイトボックステスト

エ　プログラムのすべての条件判定で、真と偽をそれぞれ1回以上実行させることを基準に、テストケースを設計する。　分岐網羅 〜〜

解答　**イ**

ブラックボックステストは境界値が重要

　機能仕様からテストデータを作るブラックボックステストには、同値クラスを利用した2つの技法があります。同値クラスは、同じ結果が得られるテストデータのグループです。

　例えば、1〜12が正しい値である「月」という項目のテストデータを考えましょう。2や7は「正しい値」という結果になる同値クラスです。他に、1より小さくてエラーになる値、12より大きくてエラーになる値の同値クラスがありますので、下図のように3つの同値クラスができます。

エラー	正しい値	エラー
··· −3, −2, −1, ⓪	① 2, 3, ··· 10, 11, ⑫	⑬ 14, 15, 16, ···

　限界値分析法では、同値クラスの境界値になる {0,1,12,13} をテストデータにします。

　同値分割法の場合は、どの値を選ぶか一意には決まりません。正しい値やエラーになる値など、各同値クラスの中から代表的なものを選んで、例えば {−3, 6, 15} などの値をテストデータにします。

ホワイトボックステストの網羅基準

　プログラムコード中で実行された命令文の割合を網羅度(カバレッジ)と呼び、網羅度を調べるテスト支援ツールをカバレッジモニタといいます。ホワイトボックステストには、次の網羅基準があります。

用語メモ

命令網羅	少なくとも1回は全ての命令を通過する。
判定条件網羅 (分岐網羅)	少なくとも1回は全ての分岐を通過する。 　二分岐では、真と偽をどちらも1回通ればよい
条件網羅	少なくとも1回は、複合条件の個々の条件で、全ての可能な結果が得られる。
判定条件/条件網羅	判定条件網羅と条件網羅の基準を両方満たす。
複数条件網羅	少なくとも1回は、全ての条件の組合せで、かつ、全ての分岐を通過する。

こんな問題が出る！

網羅基準

　プログラムの流れ図で示される部分に関するテストデータを、判定条件網羅(decision coverage)によって設定した。このテストデータを複数条件網羅(multiple condition coverage)による設定に変更するとき、加えるべきテストデータのうち、適切なものはどれか。
　ここで、( )で囲んだ部分は、一組のテストデータを表すものとする。

・判定条件網羅によるテストデータ　(A = 4, B = 1)、(A = 5, B = 0)
　　　　　　　　　　　　　　　　　　　偽　偽　　　　偽　真
　　　　　　　　　　　　　　　　　　　Yes　　　　　　No

　ア　(A = 3, B = 0)、(A = 7, B = 2)
　　　偽　真　　　真　偽

　イ　(A = 3, B = 2)、(A = 8, B = 0)
　　　偽　偽　　　真　真

　ウ　(A = 4, B = 0)、(A = 8, B = 0)
　　　偽　真　　　真　真

　エ　(A = 7, B = 0)、(A = 8, B = 2)
　　　真　真　　　真　偽

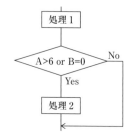

判断記号中にある、個々の条件の組合せを全てテストする

判定条件は分岐の条件となるもので、判断記号の中の条件全てです。ここで条件とは、判断記号に複数の条件が書かれている場合、その一つを指します（右図）。

問題で提示されたテストデータでは、YesとNoの分岐は、すでに判定条件網羅で満たしています。

さらに、複数条件網羅を満たすには、「A＞6」と「B＝0」のそれぞれの

判定条件と条件

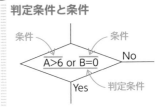

条件で真偽をとる組合せを考えます。すでに、「(偽, 偽)、(偽, 真)」のテータが示されているので、「(真, 真)、(真, 偽)」になるテストデータを探します。どの組の「A＞6」も真でなければならないので、偽になるア～ウは不正解です。

解答　エ

ソフトウェア結合テストの2つの手法

トップダウンテストにはスタブが必要

ソフトウェアユニットテストが終わると、ソフトウェアユニットを結合しながら、ソフトウェア結合テストを行います。代表的な手法として、上から下へ結合するトップダウンテストと、下から上に結合するボトムアップテストがあります。

	トップダウンテスト	ボトムアップテスト
ユニットの結合順	上位から下位へ結合する	下位から上位へ結合する
テストに必要なプログラム	スタブ（下位のユニットを模倣する）	ドライバ（テスト対象を呼び出す）
特徴	インタフェースの確認が容易	機能テストを十分行える。テストの並行作業ができる。

| 出題例 | スプリントのルール | 目標解答時間 | 3分 |

問 アジャイル開発のスクラムにおけるスプリントのルールのうち、適切なものはどれか。

ア　スプリントの期間を決定したら、スプリントの1回目には要件定義工程を、2回目には設計工程を、3回目にはコード作成工程を、4回目にはテスト工程をそれぞれ割り当てる。

イ　成果物の内容を確認するスプリントレビューを、スプリントの期間の中間時点で実施する。

ウ　プロジェクトで設定したスプリントの期間でリリース判断が可能なプロダクトインクリメントができるように、スプリントゴールを設定する。

エ　毎回のスプリントプランニングにおいて、スプリントの期間をゴールの難易度に応じて、1週間から1か月までの範囲に設定する。

● **解説　スプリント＝短いプロジェクトを忘れずに**

　独特の用語が多く、スクラムガイドを読んでいても難しい問題です。

×ア：スプリントは小さなプロジェクトのようなもので、1つのスプリントで計画から設計、実装、テストを行います。

×イ：スプリントレビューはスプリントの成果を検査するので、中間時点ではなく終了時に行います。

○ウ：スクラムのプロダクトは物やサービスですが、ここではソフトウェア製品を開発するとします。インクリメント (increment) には増加という意味があり、スクラムでは少しずつ機能などを付け加えていきます。今後も付け加えていく場合でも、インクリメントは、ある段階でリリース候補になった製品全体を意味しています。スプリントゴールは、スプリントの目標です。ウの選択肢は、小さなプロジェクトで、定められた短い期間で製品をリリースできるような目標を設定するということです。

×エ：スプリントの期間は、あらかじめスプリントが始まる前に定められています。スプリントプランニングで決めることはしません。

【解答】　ウ

マネジメント

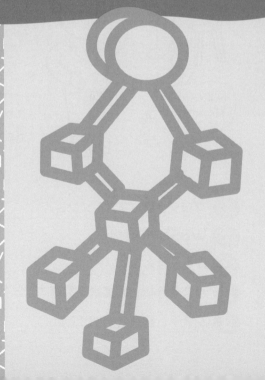

第9章の学習ガイダンス

マネジメント

マネジメント分野からは、約5問出題されています。常識で解くことができる問題も多く、それほど学習時間をかける必要はありません。プロジェクトマネジメントからよく出題されているPERT図やファンクションポイント法の問題、システム監査の問題は、確実に得点できるようにしておきましょう。

マネジメント系は、3つの中分類で構成されている

シラバスにおけるそれぞれの中分類は、項目が多いので簡略化して示します。

シラバス 中分類 14：プロジェクトマネジメント

マネジメント、統合、ステークホルダ、スコープ、資源、時間、コスト、リスク、品質、調達、コミュニケーション

●定番のPERT図は解き始める前に画面上でたどろう

プロジェクトの時間におけるPERT図も毎回のように出る定番問題です。CBT方式になり、PERT図に書き込めなくなったからか、サンプル問題や公開問題のPERT図の問題は、画面でたどるだけで正解がわかるほど、やさしい問題になっています。正しい解き方はもちろん知っておいたほうがいいですが、実際の試験では、まずは画面上で足し算しながらたどってみるといいでしょう。

●ファンクションポイント法の計算もよく出る

プロジェクトのコストでは、ファンクションポイント法が正誤問題や計算問題でよく出ています。計算問題は、1度理解しておけば簡単な問題です。実は、p.271の「こんな問題が出る」と同じ問題は何度か出たことがあり、覚えていた人はラッキーだったでしょう。

各中分類からは、数問でも確実に出題される

残り2つの中分類からも、問題数は少ないものの確実に出題されます。
シラバスにおけるそれぞれの中分類は、項目が多いので簡略化して示します。

シラバス 中分類 15：サービスマネジメント

サービスマネジメント、サービスマネジメントシステムの計画及び運用、パフォーマンス評価及び改善、サービスの運用、ファシリティマネジメント

シラバス 中分類 16：システム監査

システム監査、内部統制

●今後出題が増えるかもしれないBCP（事業継続計画）

自然災害が多い日本では、事業が大きなダメージを受けないように企業が事前にBCPを策定しておくよう、経済産業省が取り組んでいます。情報処理技術者試験を実施している省庁でもあり、推進していることは試験に出やすいはず。

●システム監査は過去問をたくさん解いておこう

用語問題や正誤問題では、監査や内部統制の問題、特にシステム監査の問題がよく出ています。システム監査の問題は、過去問がたくさんありますので、1度は解いておくとよいでしょう。

プロジェクトマネジメント

プロジェクトマネジメントでは、「時間、コスト、品質」のバランスを考慮することが重要になります。試験でよく出題されるファンクションポイント法は、計算問題が多いので慣れておくとよいでしょう。そのほか工数計算の問題やトレンドチャートやガントチャートの特徴や名称を問う出題もあります。

プロジェクトは有期性の業務

プロジェクト憲章の承認を受けてからスタートする

　一般には、目標の達成期限と予算を定め実行される業務をプロジェクト、プロジェクトのために必要な人員（メンバ）を集めて構成された一時的な組織をプロジェクトチームといいます。

　情報システムの開発では、規模に応じて開発のためのプロジェクトチームを組みます。ただし、長年にわたり同じシステムの開発や改良を繰り返す場合には部や課が作られ、その組織でプロジェクトを行うこともあります。ここで、管理の責任者をプロジェクトマネージャ（PM）と呼びます。まず、プロジェクトの目的や成果物、ルール、納期や予算などを定めたプロジェクト憲章をつくり、経営者からプロジェクトを正式に承認してもらい、プロジェクトが正式にスタートします。

用語メモ

PMBOK (Project Management Body of Knowledge)	プロジェクトマネジメントのための知識体系。

プロジェクト憲章

こんな問題が出る！

　プロジェクト立上げ時に、プロジェクトの活動を総合的に管理及び調整するために、プロジェクト憲章を定める。プロジェクト憲章に盛り込むべき内容として、適切なものはどれか。　　　一番最初にやることを選ぶ

ア　スケジュール　　　　　　イ　体制
ウ　品質マネジメント計画　　エ　プロジェクトの目的

プロジェクトが正式に開始されないと、スケジュールや体制、品質はわからない

解答　エ

ファンクションポイント法と進捗管理

機能に注目するファンクションポイント法

　ソフトウェア開発で費やされる費用のことをコスト (cost) といいます。コストを見積もるための技法がいくつかあります。

　ファンクションポイント法 (FP法：Function Point method)は、外部仕様として現れる入力や出力などの機能の数に、重み付けしたポイントを付け、そのポイント数の合計値を求めて補正したものをファンクションポイント数 (FP数)として見積もる方法です。なお、FP法では技術の能力やプログラム言語の種類などは考慮されません。

ファンクションポイント法

　あるアプリケーションプログラムの、ファンクションポイント法によるユーザーファンクションタイプごとの測定個数及び重み付け係数は、次の表のとおりである。このアプリケーションプログラムのファンクションポイント数は幾らか。ここで、複雑さの補正係数は 0.75 とする。　　　　　FP数

見落とさないように注意

ユーザーファンクションタイプ	測定個数	重み付け係数	
外部入力	1	× 4	=4
外部出力	2	× 5	=10
内部論理ファイル	1	× 10	=10
外部インタフェースファイル	0	× 7	=0
外部照会	0	× 4	=0

合計 24

ア　4　　　　　イ　18　　　　　ウ　24　　　　　エ　30

科目Aの問題では、簡略化したFP法しか出ない

　基本情報技術者試験では、FP法に限らず、重み付け係数を掛ける問題がよく出ます。表に書き込んで計算しましょう。

　測定個数に重み付け係数を掛け、それを合計し、未調整FPの24を求めます。未調整FPとは、複雑さの補正係数を掛ける調整前のFP数です。

FP数＝未調整 FP×複雑さの補正係数

FP数＝24×0.75＝18

解答　イ

271

第**9**章
マネジメント系　マネジメント

プロジェクトはよく遅延するので管理が重要

　情報システムを開発する工数を、人月（にんげつ）で表すことがあります。1人月とは、1人の技術者が、1か月で作業を完了できる作業量のことです。しかし、100人月のとき、100人の技術者が1か月で作業が完了するわけではありません。それぞれの並行作業ができるとは限らないからです。例えば、10人の技術者が10か月で開発する場合の工数も10人×10か月＝100人月です。また、技術者の能力の違いは考慮されず、その作業の難易度も事前には正確に把握できないため、作業量の目安にすぎません。実際には、遅延することも多いのです。

　作業の進捗は、ガントチャート（日程管理図）を用いて管理します。

作業項目		10 20 30 40 50 60 70 80 90
A 要件定義	予定	●——●
	実績	
B システム方式設計	予定	●———●
	実績	

　上図のように、縦軸に作業項目、横軸に日数をとり、上段の予定に作業日数の予定を線の長さで表し書き込みます。下段の実績に実際の作業を開始してから終了するまでの実績線を書き込むことで、予定よりも進んでいるのか遅れているのかが容易にわかります。

システム開発のための工数見積もり

　あるシステムを開発するための工数を見積もったところ150人月であった。現在までの投入工数は60人月で、出来高は全体の3割であり、進捗に遅れが生じている。今後も同じ生産性が続くと想定したとき、このシステムの開発を完了させるためには何人月の工数が超過するか。

　　　　　　　〜〜 何を問われているかを見逃さないように

　ア　50　　　　　　イ　90　　　　　　ウ　105　　　　　　エ　140

文章を読みながら数式に直していこう

　150人月の3割は、150人月×0.3＝45人月。45人月で済むところが60人月もかかったので、60人月÷45人月＝4/3倍。

　同じ生産性なら、150人月の作業は4/3倍かかるので、150人月×（4/3）＝200人月。したがって、全体で、200人月−150人月＝50人月だけ超過することになります。

解答　ア

矢印の向きで状況がわかるトレンドチャート

　プロジェクトにおいて、作業の完了時点、プロジェクトに重大な影響を与える意思決定が必要な時点などを**マイルストーン**といいます。試験では、1つのフェーズ（工程段階）が終わった時点だと考えておけばいいでしょう。

　トレンドチャートは、プロジェクトの進捗と費用を関連付けて管理したいときに利用します。予算消化率（または費用）を縦軸に、工期を横軸にとって、マイルストーンでの予定と実績の点をそれぞれ結んだ2本の折れ線で表します。

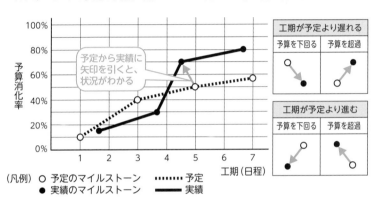

（凡例）○ 予定のマイルストーン　…… 予定
　　　　● 実績のマイルストーン　―― 実績

　予定のマイルストーンから実績に矢印を引くと、状況がわかります。間違えやすいのですが、矢印が左を向いているときは、予定より早く進んでいます。

トレンドチャート

こんな問題が出る！

　システム開発の進捗管理などに用いられるトレンドチャートの説明はどれか。

　ア　作業に関与する人と責任をマトリックス状に示したもの
　　　　　〜 責任分担マトリックス（責任分担表）

　イ　作業日程の計画と実績を対比できるように帯状に示したもの
　　　　　〜 ガントチャート

　ウ　作業の進捗状況と、予算の消費状況を関連付けて折れ線で示したもの

　エ　作業の順序や相互関係をネットワーク状に示したもの
　　　　　〜 アローダイヤグラム

解答　ウ

WBSとPERT図

プロジェクトマネジメントでは、さまざまな手法が使われますが、代表的なものがWBSとPERTです。WBSは用語問題としての出題が多いのですが、PERTは計算問題としてアローダイアグラムからクリティカルパスや日数を求める問題が出題されています。短時間で解くためには十分な演習が必要です。

全体の作業を分解して階層化する

プロジェクトでどんな作業が必要になるかを洗い出す

WBS (Work Breakdown Structure：作業分解構造) は、必要になる作業を段階的に分解したものです。例えば、「システム開発」のプロジェクトでは、「企画プロセス」や「要件定義プロセス」、「開発プロセス」などに大きく分割できます。これをさらに分解していきます。

WBSには、プロジェクトで必要になる作業を分解する方法と、プロジェクトから生み出される成果物を分割していく方法があります。 ← 試験では前者が多い

気をつけたいのは、WBSは、時間的な配列とは無関係です。したがって、WBSの作成時に、プロジェクトのスケジュールを決めたり、コストを見積もったりすることはありません。プロジェクトマネジメントでは、具体的な作業の初期段階で行われ、WBSの作成後にWBSによって洗い出された最下層の作業単位を利用して、スケジュール作成や作業コストの見積りなどを行っていきます。

こんな問題が出る！

プロジェクト作業の洗い出し

右図のように、プロジェクトチームが実行すべき作業を上位の階層から下位の階層へ段階的に分解したものを何と呼ぶか。

ア　CPM　　　　イ　EVM　　　　ウ　PERT　　　　エ　WBS

解答　エ

先にやる作業から作業順を矢印で表す

矢印に目盛りがついていると考えれば、最初の結合点は0日の意味

PERT (Program Evaluation and Review Technique) やCPM (Critical Path Method) は、プロジェクトのスケジュール管理技術です。1950年代に、アメリカ海軍と民間企業によって開発されました。

作業を矢印で表し、どの作業が終わってからどの作業に取り掛かれるかをアローダイアグラム (arrow diagram：矢線図) で表します。

例えば、5日で終わる作業を目盛り付きの線で表すとします。

PERTでは下図のように、両端に結合点を表す円をつけます。①と②の間の矢印が作業期間を表しており、①から②へ作業が進みます。四角の中にはその円までの日数を書き、①のところは0日、②のところは5日経っているという意味になります。

作業A、B、Cがあったとき、同時に始めることができるなら図1、作業Aが終わってから作業BとCを同時に始めることができるなら図2、作業Aが終わってから作業Bを始め、作業Bが終わってから作業Cを始めなければならないなら図3のようになります。

図1　同時に開始可能　　　　　図2　作業 A の終了後に、作業 B と C を同時に開始可能

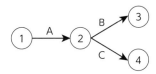

図3　作業 A から順に行う場合（同時開始不可）

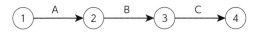

第9章 マネジメント系 ◦ マネジメント

最も日数のかかるクリティカルパスを見つけ出す

次の図4の④には、2つの矢印が向いていて、作業Cと作業Dの両方が終わらないと作業Eを始められないことを表しています。

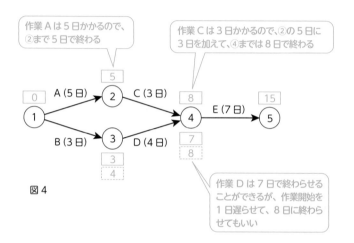

図4

①−②−④は、5日＋3日＝8日、①−③−④は、3日＋4日＝7日です。作業Eは、作業Cと作業Dの両方が終わっていなければ始められません。このため、日数の多い①−②−④で結合点④までの日数が決まり、8日かかることになります。作業Dは作業Cと同じ日に終わればいいので、1日遅く作業Dを始めることができます。同様に、作業Bも1日遅く始めることができます。

日程に余裕がある経路では、作業を始める日を選択できます。一番早く作業を開始することができる日を最早開始日、一番遅く作業を開始することができる日を最遅開始日といいます。

いくつかの経路（パス）があるとき、①−②−④−⑤のように日程の余裕がない長いほうの経路（パス）を、クリティカルパスといいます。なお、実作業はなく、順序関係のみを示したいときには、ダミー作業（点線の矢印）を用います。

時短で覚えるなら、コレ！

クリティカルパス　その1
日程に余裕のない経路。結合点の最早開始日と最遅開始日が同じになる

クリティカルパス上の作業の遅延は、プロジェクト全体の遅れに直結する

PERTのアローダイアグラム

こんな問題が出る！

図のアローダイアグラムで表されるプロジェクトは、完了までに最短で何日を要するか。

最早開始日ですすめればいい

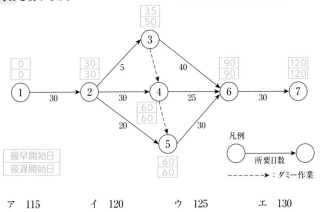

凡例

○ ――所要日数――→ ○

------→ ：ダミー作業

ア　115　　　　　イ　120　　　　　ウ　125　　　　　エ　130

解説

その結合点までの経路の日数を書き込み、最も多いのが最早開始

問題自体は、最早開始日だけで考えれば解けますが、練習のために最遅開始日も考えてみましょう。先に最早開始日を求め、複数の経路がある区間では最遅開始日を求めます。

結合点	最早開始日	最遅開始日
②	30日	経路②-③　35日-5日=30日○ 経路②-④　60日-30日=30日○ 経路②-⑤　60日-20日=40日
③	30日+5日=35日	経路③-⑥　90日-40日=50日○ 経路③-④　60日-0日=60日
④	経路③-④　35日 経路②-④　30日+30日=60日○	経路④-⑥　90日-25日=65日 経路④-⑤　60日-0日=60日○
⑤	経路④-⑤　60日○ 経路②-⑤　30日+20日=50日	60日 経路⑤-⑥の1つなので計算不要
⑥	経路③-⑥　35日+40日=75日 経路④-⑥　60日+25日=85日 経路⑤-⑥　60日+30日=90日○	90日
⑦	90日+30日=120日	120日

第9章

マネジメント系・マネジメント

左の波線で示す、余裕のある経路の開始日を逆算して、最遅開始日を求める

解答　イ

日程を短縮する手法

並行に作業したら早く終れるのではないか？

ファストトラッキングは、本来は順々に実行する計画になっている作業を、なんとか工夫して並行して行うことで、期間を短縮するという技法です。言葉ではわかりにくいので、問題を使って具体的に見ていきましょう。

皆でやれば短縮できるっていう考え方だね！

こんな問題が出る！

ファストトラッキング技法

ファストトラッキング技法を用いてスケジュールの短縮を行う。

当初の計画は図1のとおりである。作業Eを作業E1、E2、E3に分けて、図2のように計画を変更すると、スケジュールは全体で何日短縮できるか。

図1

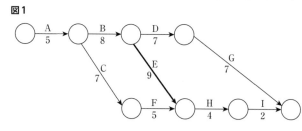

図2

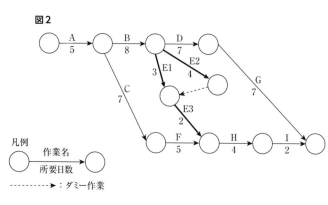

凡例

作業名
所要日数

------▶ ：ダミー作業

ア　1　　　　イ　2　　　　ウ　3　　　　エ　4

278

用語メモ

ファストトラッキング (fast tracking)	直列に並んでいる作業を、可能なものは並行して行うことで、期間 (時間) を短縮する技法。 ～並行作業に失敗するリスクあり
クラッシング (Crashing)	費用と期間 (時間) のトレードオフを分析し、期間の短縮を少ない追加費用で実現し、費用の最適化を図る技法。 ～開発要員の追加など

作業Eを3つに分解して並列に作業することで、全体の期間を短縮

　まず、図1に作業日数を足しながら書き込んで、当初の日数を計算していきましょう。A→B→D→Gが27日、A→B→E→H→Iが28日です。A→C→F→H→Iの作業Fまでは17日で終わりますが、作業Eの終了を待って作業Hを始めるので、28日かかります。3つの経路の中で、日程の余裕がなく、最も期間のかかるA→B→E→H→Iがクリティカルパスです。

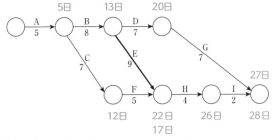

　図2では、作業Eを3つに分解して並列に作業することで、全体の期間を短縮します。図1のEは9日で行っていましたが、図2はE1とE2を並列に行うことで、6日に短縮できます。図1でクリティカルパス上にあった作業Eが2日以上短縮されるため、27日かかるA→B→D→Gが新たなクリティカルパスになります。つまり、作業Eを短縮しても、スケジュール全体では1日しか短縮されません。

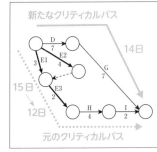

　3日短縮と早とちりしないよう注意

 時短で覚えるなら、コレ!

クリティカルパス　その2
作業の短縮によって、クリティカルパスが変わることがある

解答　ア

279

ITサービスマネジメント

ITサービスマネジメントは、稼働を開始したシステムを運用する局面で行われる管理で、ITサービスを効果的に提供するための活動といえます。サービスレベル契約などの基本用語の意味、サービスデスクの種類、インシデント管理と問題管理の違いを理解しているかなどを問う問題がよく出題されます。

ITサービスマネジメントで重要なこと

サービスレベルは、数値で明確に決める

アイティルと読む

ITIL (IT Infrastructure Library) は、情報システムを運用したり、ITサービスを提供したりする際の標準的なガイドラインとして使われています。ITILをベースにJIS Q20000シリーズが制定されています。

用語メモ	
JIS Q20000-1 (仕様)	ITサービスの提供者に対する要求事項。ITSMS認証の基準になる
JIS Q20000-2 (実践のための規範)	ITサービスの品質をどのようにして向上させるかを示した、実践のためのベストプラクティスを提示。

ITサービスの体系的な管理活動をITサービスマネジメントシステム (ITSMS) と呼びます。ITサービスマネジメントシステムが確立しているかを、第三者の認証機関が評価するITSMS適合評価制度が実施されています。

ITサービスの質をサービスレベルと呼びます。多くの場合、ITサービスの提供者と利用者の間でサービスレベルを定め、サービスレベル契約 (SLA) を交わします。

用語メモ	
サービスレベル合意書 (SLA : Service Level Agreement) SLA の JIS の定義	サービスの利用者とサービスの提供者の間で、事前にサービスの品質を数値で示して取り交わした合意文書。SLAは、サービスレベル契約の意味で用いることもある。

例えば、「年間の稼働率99.8％以上」、「システム障害発生時の復旧は3時間以内」などと、具体的に数値を定めます。サービスレベルを達成できない場合のペナルティを課し、例えば、契約時間を越えてもシステムが復旧しない場合は、その損害を賠償するような厳しい契約もあります。

サービス提供プロセス

　JISの容量・能力管理は、ITILのキャパシティ管理という用語でも出題されています。例えば、磁気ディスク装置の容量が足りなくなりそうなときには、増設したり、容量の大きなものに置き換えたりします。磁気ディスク装置などの資源の利用状況の変化を時系列で把握する傾向分析などを行い、将来、必要になる能力を予測し、最適な構成にします。

用語メモ

サービスレベル管理	サービスレベルを定義し、維持・記録・改善する。
サービス継続及び可用性管理	サービスレベルを継続して維持できるようにする。ITサービスをユーザーがいつでも使えるようにする。
容量・能力管理（キャパシティ管理） ← ITIL	ITサービスを提供するための負荷を把握し、ITシステムの構成を最適化する。
情報セキュリティ管理	適切な情報セキュリティ管理策を導入。

解決プロセス

　インシデントは、通常のITサービスができなくなる状況・事故と考えればよいです。インシデント及びサービス要求管理は、インシデント管理として出題されることも多いですが、原因追及よりも敏速にITサービスを回復することを優先します。例えば、システムを再起動させて回復できれば、それ以上の原因追及はしません。原因追及を行うのは、問題管理です。

用語メモ

インシデント及びサービス要求管理	インシデントが発生したら、なるべく早く通常のITサービスを回復する。　← 原因追究は行わない
問題管理	インシデントや問題点の根本的な原因を追究し取り除くことで、ITサービスの中断が起きないようにする。

統合的制御プロセス

　変更管理は、すべての変更を定められた手順で確実に行うものです。すべての変更について、その影響を分析し、承認を得て行うことで、問題が起きないようにします。

用語メモ

構成管理	ハードウェアやソフトウェアの構成を管理する。
変更管理	ユーザーの要求に応じて、業務に適合するようにIT環境を適切に変更する。
リリース及び展開管理	変更管理で承認された変更を問題なく実施するための検証や教育などを行う。

第9章 マネジメント系 ※ マネジメント

問合せ窓口がサービスデスク

　サービスデスクは、ITサービスを利用する顧客の一元的な問合せ窓口です。
このような窓口をSPOC (Single Point Of Contact) と呼んだりします。

　サービスデスクには、次のような種類があり、ローカルサービスデスクが繰り
返し出題されています。

用語メモ

ローカル サービスデスク	・運用コストは高いがユーザー部門に近いところに設置する。 　　　　　　　　　　　　　オフィス内、隣のビルなど ・営業時間、専門性、言語や文化、習慣、政治の違いなど、ユーザー 　ごとにきめ細かな対応ができる。
中央 サービスデスク	1か所、あるいは近くに集中して設置するので、運用コストは 安い。　　大量の問合せにも対応可能
バーチャル サービスデスク	各地に分散して配置されたオフィスや在宅勤務などの要員を ネットワークでつなぎ、中央で管理することで、あたかも1つの サービスデスクのように機能させる。

こんな問題が出る！　サービスデスク

　サービスデスク組織の構造とその特徴のうち、ローカルサービスデスク
のものはどれか。
　　　　　　　中央サービスデスク

ア　サービスデスクを1拠点または少数の場所に集中することによって、
　サービス要員を効率的に配置したり、大量のコールに対応したりす
　ることができる。　　　　　ローカルサービスデスク

イ　サービスデスクを利用者の近くに配置することによって、言語や文
　化の異なる利用者への対応、専用要員によるVIP対応などができる。

ウ　サービス要員が複数の地域や部門に分散していていても、通信技
　術の利用によって単一のサービスデスクであるかのようにサービス
　が提供できる。
　　　　　どちらもバーチャルサービスデスク

エ　分散拠点のサービス要員を含めた全員を中央で統括して管理する
　ことによって、統制の取れたサービスが提供できる。

解答　イ

確認のための実戦問題

問1 ITサービスマネジメントの活動のうち、インシデント及びサービス要求管理として行うものはどれか。

ア　サービスデスクに対する顧客満足度が合意したサービス目標を満たしているかどうかを評価し、改善の機会を特定するためにレビューする。

イ　ディスクの空き容量がしきい値に近づいたので、対策を検討する。

ウ　プログラムを変更した場合の影響度を調査する。

エ　利用者からの障害報告に対し、既知の誤りに該当するかどうかを照合する。

問2　次の条件でITサービスを提供している。SLAを満たすことのできる、1か月のサービス時間帯中の停止時間は最大何時間か。ここで、1か月の営業日数は30日とし、サービス時間帯中は、保守などのサービス計画停止は行わないものとする。

〔SLAの条件〕
・サービス時間帯は、営業日の午前8時から午後10時までとする。
・可用性を99.5%以上とする。

ア　0.3　　　　　イ　2.1　　　　　ウ　3.0　　　　　エ　3.6

●問1の解説 …… 過去に経験した障害なら、対応策がある

　<u>利用者からの障害報告は、インシデントの発生です。</u>このとき既知の誤りであれば既に対応策があるはずですから、素早く回復できます。

　アはサービスレベル管理、イは容量・能力管理（キャパシティ管理）、ウは変更管理です。

●問2の解説 …… 「1－稼働率」が不稼働率

　サービス時間は、午前8時から午後10時までの14時間です。営業日数は30日なので、全運用時間は、14時間×30日＝**420時間**。

　可用性を99.5%以上とするので、停止時間は全体運用時間420時間の0.5%以下でなければなりません。

　　420時間×0.005＝**2.1時間**

解答　問1 エ　問2 イ

04 マネジメント
リスク分析と事業継続計画

このテーマの出題頻度はそれほど高くありませんが、リスク分析の手順やリスク移転、リスク保有などの用語が出題されています。ファシリティマネジメントでは、2つの用語「UPS」と「SPD」が繰返し出ています。また、事業継続計画では、インパクト分析とともに、BCPという略語も覚えておきましょう。

リスク対策には戦術がある

損失が発生しそうな事故などが起こる可能性がリスク

災害などによって、ITサービスの継続や業務を継続することが困難になったり、システム障害が発生して受注業務ができず、損失が発生することもあります。

災害やシステム障害など、損失が発生する直接の原因をペリル (peril) といいます。このペリルが発生する可能性がリスクです。もっとわかりやすくいえば、損失が発生するかもしれない事故や障害などが発生する可能性のことです。

すべてのリスクが同じ確率で起こるわけではありません。また、リスクによって損失も異なるため、リスクの大きさは、発生確率と損失額の両方でみなければなりません。

 時短で覚えるなら、コレ!

リスクの大きさ
発生した場合の損失額×発生確率

どのようなリスクがあるかを検討し (リスク特定)、リスクの大きさを算出し (リスク分析)、優先順位を決めてリスク対策を検討すること (リスク評価) を、リスクアセスメントといいます。

リスク対応には、次のような対策があります。

対策	概要
リスク回避	リスクが発生することを行わず、リスク自体をなくす。
リスク低減	リスクが発生しても、損失が少なくなるような対策を講じておく。
リスク移転	損害保険などに加入して、リスク発生時の損失を移転する。
リスク保有	発生しても損失が少ない許容範囲のリスクは、対策しない。

こんな問題が出る！

リスク分析

リスク分析に関する記述のうち、適切なものはどれか。

ア 考えられるすべてのリスクに対処することは時間と費用がかかりすぎるので、損失額と発生確率を予測し、リスクの大きさに従って優先順位を付けるべきである。 リスクの大きさ＝損失額×発生確率

イ リスク分析によって評価されたリスクに対し、すべての対策が完了しないうちに、繰り返しリスク分析を実施することは避けるべきである。 何らかの対策をするとリスクの大きさが変わる可能性があるから必要

ウ リスク分析は、将来の損失を防ぐことが目的であるから、過去の類似プロジェクトで蓄積されたデータを参照することは避けるべきである。 損失額と発生確率の予測をする際の参考になる

エ リスク分析は、リスクの発生による損失額を知ることが目的であり、その損失額に応じて対策の費用を決定すべきである。

解説

リスク分析では、リスクの大きさを把握することが大切

リスクの大きさは「損害額×発生確率」で評価します。損害額だけで対策費用を決定することはありません。先行して一部のリスク対策を行うと、損害額や発生確率が変化してリスクの大きさが変わることがあります。したがって、リスク分析は繰り返し実施する必要があります。

情報システムのリスク分析は、次のような手順で行います。

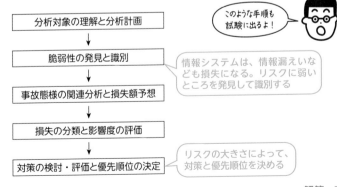

分析対象の理解と分析計画

↓

脆弱性の発見と識別
情報システムは、情報漏えいなども損失になる。リスクに弱いところを発見して識別する

↓

事故態様の関連分析と損失額予想

↓

損失の分類と影響度の評価

↓

対策の検討・評価と優先順位の決定
リスクの大きさによって、対策と優先順位を決める

このような手順も試験に出るよ！

第9章 マネジメント系 マネジメント

解答 ア

施設管理のファシリティマネジメント

マネジメントは「常に監視し改善する」こと

建物や設備などが常に最適な状態を維持できるようにしておく施設管理をファシリティマネジメントといいます。情報システムでは、各種装置や電源、コンピュータ室のセキュリティなど、最適な使われ方をしているかを常に監視し改善する活動です。

例えば、情報の蓄積されたノートパソコンやハードディスクなどの盗難防止も重要です。軽量な情報機器の盗難防止には、セキュリティワイヤーが用いられます。これは、家電量販店の売り場などでも見られますが、容易には切断できない金属のワイヤーで、ノートパソコンと柱や机などとを固定するものです。

停電時や雷の対策が重要になる

汎用コンピュータを稼動しているセンターでは、停電に備えて自家発電装置を備えています。オフィスでも、パソコンで仕事中のデータが停電によって失われないように、無停電電源装置 (UPS：Uninterruptible Power Supply) が利用されます。UPSは、バッテリ (蓄電池) を備えており、停電時に10分程度電力を供給し、ファイルの保存操作などができるようにしています。

コンセントに接続されたパソコンなどの情報機器が、雷によって被害を受けることもあります。雷による過電圧や過電流をサージと呼び、サージから情報機器を守るのがサージ防護デバイス (SPD：Surge Protective Device) です。

こんな問題が出る！ 情報システムの落雷対策

落雷によって発生する過電圧の被害から情報システムを守るための手段として、有効なものはどれか。

　　　🖉 Surge：瞬間的な過電流

ア　サージ保護デバイス (SPD) を介して通信ケーブルとコンピュータを接続する。

イ　自家発電装置を設置する。　🖙 停電時に役立つ

ウ　通信線を、経路の異なる2系統とする。　🖙 断線などの障害時に役立つ

エ　電源設備の制御回路をデジタル化する。　🖙 落雷には効果がない

解答　ア

事業継続計画と災害時対応計画

災害発生時にも情報システムを守ろう

災害などが発生して、情報システムがダウンし、事業の継続が困難になっては大変です。情報システムの停止は、社会生活に大きな影響を与える場合があり、事前に備えることが大切です。

不測の事態が発生しても事業を継続するための計画が、事業継続計画（BCP）です。通常、ビジネスインパクト分析をして、重要な業務を優先して継続できる計画を立てます。コンティンジェンシープランは、災害などの緊急事態が発生した直後に、情報システムなどを素早く回復する方法に重点をおいた計画です。

用語メモ

事業継続計画 (BCP：Business Continuity Plan)	災害やテロなどが発生しても事業を継続するために、手順や体制、資源などを具体化した計画。
コンティンジェンシープラン (contingency plan) 緊急時対応計画	災害などが発生したことを想定し、損失が最小限になるように、システムや業務を素早く復旧させる手順を定めた計画。
ビジネスインパクト分析	重要な事業や業務に関連する事業継続に及ぼす影響を分析すること。 ←復旧時間の目標を定める

事業継続計画（BCP）

こんな問題が出る！

事業継続計画（BCP）について監査を実施した結果、適切な状況と判断されるものはどれか。

ア 従業員の緊急連絡先リストを作成し、最新版に更新している。
　　　　　　　　　　　　　　　　　　　 重要。正しい

イ 重要書類は複製せずに1か所で集中保管している。
　　　　　　　　　　　　　　　保管場所が災害にあうと失われる

ウ 全ての業務について、優先順位なしに同一水準のBCPを策定している。
　　　　　　　　　　　　　　重要な業務を優先する

エ 平時にはBCPを従業員に 非公開 としている。
　　　　　　　　　　　公開し、訓練を行うことが必要

解答　ア

05 システム監査と 内部統制

法律や社内規則などで定められたとおりに、適切に業務が行われているかを検証し結果を報告することを監査といい、情報システムを対象としたものがシステム監査です。システム監査や監査人に関する問題は、必ずと言ってよいほど出ていますが、監査業務をある程度知っておけば正解を判断できるでしょう。

システム監査業務の流れ

システム監査は、監査のニーズを把握して行う

システム監査とは、「情報システムのガバナンス、マネジメントまたはコントロールを点検・評価・検証する業務」です。ガバナンスには、「統治」などの意味があり、正しい方向へ導き、正しい状態を保つための仕組みのことです。

システム監査人は、依頼されてシステム監査を行い、監査報告書を作り、依頼者（通常は経営陣だが、役職員の場合も）に報告します。また、経済産業省が定めるシステム監査基準は、「システム監査業務の品質を確保し、有効かつ効率的に監査を実施することを目的とした監査人の行為規範」です。

監査計画の立案・策定	リスク評価に基づく監査計画を策定 └ リスクの影響が大きい監査対象を重点的に
↓	
予備調査	資料を集めたりアンケートやインタビューをしたりする
↓	
本調査	文書やヒアリングなどで、監査の評価を裏付けるための監査証拠を集める
↓	
結論・提出	結論を導き、監査報告書を作り提出する。
↓	
改善提案の フォローアップ	適切な指導と改善状況のモニタリング（監視） └ 改善結果を依頼者に報告

監査証拠とは、監査における評価の合理的な根拠となる文書や資料、記録、証言などの客観的な証拠のことです。システム監査業務の実施記録として、監査証拠や関連資料などを監査調書にまとめておきます。

システム監査人の責任

監査において発見した問題に対するシステム監査人の責任として、適切なものはどれか。

ア 発見した問題を監査依頼者に報告する。

イ 発見した問題をシステムの利用部門に通報する。
　　　　　　　　　　　　　　＼ 報告相手は依頼者

ウ 発見した問題を被監査部門に是正するよう命じる。
　　　　　　　　　　　　　　＼ 命じる権限はない

エ 発見した問題を自ら是正する。
　　　　＼ 指導はするが自ら是正することはない

解答　ア

システム監査人は独立していて、守秘義務が課せられる

システム監査人は、高い専門能力をもって誠実にシステム監査業務を行わなければなりません。知りえた秘密を口外してはいけないという守秘義務も課せられます。システム監査人は、所属する組織が監査対象から独立していて、身分などで利害関係がないという外観上の独立性が必要です。また、偏った考えをなくし、客観的な立場で公正な判断を行う精神的な態度が求められます。

システム監査人の独立性

システム監査実施体制のうち、システム監査人の独立性の観点から最も避けるべきものはどれか。

ア 監査チームメンバに任命された総務部のAさんが、他のメンバと一緒に、総務部の入退室管理の状況を監査する。
　　　　　＼ 同じ総務部なので外観上の独立性がない

イ 監査部のBさんが、個人情報を取り扱う業務を委託している外部企業の個人情報管理状況を監査する。　外観上の独立性がある ＼

ウ 情報システム部の開発管理者から5年前に監査部に異動したCさんが、マーケティング部におけるインターネットの利用状況を監査する　　　＼ 外観上の独立性がある

エ 法務部のDさんが、監査部からの依頼によって、外部委託契約の妥当性の監査において、監査人に協力する。
　　　法務部が関与した契約でも、監査に協力することはできる

解答　ア

不正を排除し組織を規律する内部統制

権限を分散することで不正しにくくなる

内部統制は、組織において不正行為が起こらないようにし、効率的に業務が進められるようにする仕組みです。業務が法律や社内規則を遵守して適切に行われるように、業務実施ルールを定め、定期的に業務実施ルールが守られているかをチェックする体制が必要です。

違法行為や不正行為、不注意によるミス行為の抑止には、1つの部署や1人の社員に特定の業務や権限が集中しないように部署や権限を分けることが重要です。職務ごとに仕事の内容や権限を定めたものを職務分掌といい、職務ごとに実行するものとチェックや承認をする者を分けることで不正防止になります。このように、業務を遂行する際に、複数の部署や社員が分担することで、不正などの発見や予防ができるようにすることを相互牽制といいます。

相互牽制とは、同じ業務を1つの部署や1人の社員がしてはいけないということなんだ！

こんな問題が出る！　相互牽制の仕組み

内部統制の観点から、組織内の相互牽制の仕組みで、データのインテグリティが確保できる体制はどれか。　保全性(p.114参照)

ア　業務ニーズにそった効率の良いデータ入力システムを実現するため、情報システム部門がデータ入力システムを開発してデータ入力する。
〜〜同じ部門ではダメ

イ　情報システム部門の担当者は、その経験を生かし、システム開発においてデータの整合性が保てるように、長期間、同一部署に配置する。
短期間で部署を交代させることで牽制になる〜〜

ウ　情報システム部門の要員が他部門に異動する場合は、関連する資料をもたせ、システムトラブルなどの緊急時に戦力となるようにする。　〜〜他部門に移動する者に資料をもたせてはいけない

エ　情報システム部門は、データを入力する利用部門からの独立を保ち、利用部門がデータの正確性を維持できるようにする。　〜〜正しい

解答　エ

確認のための実戦問題

問1 システム監査におけるヒアリングを実施する際に、システム監査人の対処として、適切なものはどれか。

ア　ヒアリングの結果、調査対象の現状に問題があると判断した場合は、その調査対象のあるべき姿について被監査部門の専門的な相談に応じる。

イ　ヒアリングの結果、問題と思われる事項を発見した場合は、その裏付けとなる記録の入手や現場確認を行う。

ウ　ヒアリングを行っている際に、被監査部門との間で見解の相違が生じた場合は、相手が納得するまで十分に議論を行う。

エ　被監査部門のヒアリング対象者が複数の場合は、職制上の上位者から集中的に話を聞く。

問2 IT統制を予防統制と発見統制に分類した場合、データ入力の誤りや不正の発見統制に該当するものはどれか。

ア　データ入力画面を、操作ミスを起こしにくいように設計する。

イ　データ入力結果の出力リストと入力伝票とを照合する。

ウ　データ入力担当者を限定し、アクセス権限を付与する。

エ　データ入力マニュアルを作成し、入力担当者に教育する。

●**問1の解説** …… 監査依頼者に報告するために監査するという常識で解く

× ア：システム監査のためのヒアリングであり、問題があれば報告します。相談に応じることはありません。

○ イ：監査には監査証拠が必要であり、裏付けとなる記録の入手や現場確認を行います。

× ウ：システム監査人は、自分の判断で監査を行い報告するだけで、被監査部門と議論して、納得させる必要はありません。

× エ：意見が偏らないように、いろいろな立場の人から話を聞きます。

●**問2の解説** …… 起こった後で発見するから、既に起こっているものを探す

　選択肢の中で、既に入力ミスなどが起こっているのは、イの「データ入力の結果」です。出力リストと入力伝票を照合して入力ミスを発見します。ア、ウ、エは、これからデータ入力が始まります。

解答　問1 イ　問2 イ

出題例 プロジェクトライフサイクル 目標解答時間 1分

問 プロジェクトライフサイクルの一般的な特性はどれか。

ア 開発要員数は、プロジェクト開始時が最多であり、プロジェクトが進むにつれて減少し、完了に近づくと再度増加する。

イ ステークホルダがコストを変えずにプロジェクトの成果物に対して及ぼすことができる影響の度合いは、プロジェクト完了直前が最も大きくなる。

ウ プロジェクトが完了に近づくほど、変更やエラーの修正がプロジェクトに影響する度合いは小さくなる。

エ リスクは、プロジェクトが完了に近づくにつれて減少する。

●**解説** プロジェクトを思い浮かべて、選択肢を読めば解答できる

×ア：開始時の調査や計画より、実際の開発を行うときに要員が必要です。

×イ：ステークホルダ(利害関係者)は、開始時のほうが影響を与えます。

×ウ：完了に近づくと仕様変更や修正が大きな影響を与えます。修正の際は、別プログラムへの影響を確認し、必要なときはテストのやり直しも考えます。

【解答】 エ

出題例 システム監査 目標解答時間 1分

問 情報セキュリティ監査において、可用性を確認するチェック項目はどれか。

ア 外部記憶媒体の無断持出しが禁止されていること

イ 中断時間を定めたSLAの水準が保たれるように管理されていること

ウ データ入力時のエラーチェックが適切に行われていること

エ データベースが暗号化されていること

●**解説** 可用性=「いつでも使える状態にある」ということ

可用性 (p.281) は、サービスレベルが維持できるように管理されているかの確認が必要です。

【解答】 イ

ストラテジ

第10章の学習ガイダンス

ストラテジ系

ストラテジ

　ストラテジ分野は範囲が非常に広く、膨大な用語があります。完璧を目指そうとすると挫折しかねないので、3割は捨てて7割の正解を目指しましょう。ただ、社会人の方にとっては常識的な用語も多いので加点しやすい範囲ともいえます。

ここまでが情報システムに関する知識だよ！

ここから先は、社会人としての一般知識ですね！

過去問で出たところだけピンポイントで狙おう

　この分野は範囲がとても広いので、それぞれを突き詰めるのは困難。1度試験に出たところを中心に覚えていきましょう。知識問題がほとんどですが、数問、計算問題や思考問題が出ています。また、英略語が問われることが多いので、ピックアップしながら学習を進めるとよいでしょう。例えば、CIO (p.296) は繰り返し出題されています。

シラバス 中分類 17：システム戦略
　情報システム戦略、業務プロセス、ソリューションビジネス、システム活用促進・評価

シラバス 中分類 18：システム企画
　システム化計画、要件定義、調達計画・実施

シラバス 中分類 19：経営戦略マネジメント
　経営戦略手法、マーケティング、ビジネス戦略と目標・評価、経営管理システム

シラバス 中分類 20：技術戦略マネジメント
　技術開発戦略の立案、技術開発計画

シラバス 中分類 21：ビジネスインダストリ
　ビジネスシステム、エンジニアリングシステム、e-ビジネス、民生機器、産業機器

シラバス 中分類 22：企業活動
　経営・組織論、OR・IE、会計・財務

シラバス 中分類 23：法務
　知的財産権、セキュリティ関連法規、労働関連・取引関連法規、その他の法律・ガイドライン・技術者倫理、標準化関連

●試験に出た新用語は、自分なりにまとめておくとよい

　随時公開される試験問題には、本書には掲載していない新用語も登場します。これらは再び出ることもあることから、用語と問題文をピックアップするか、用語そのものをネットで調べてまとめておくことをお勧めします。面倒な作業ですが、合格へ一歩近づくと考えましょう。ここでは、新用語の例を挙げておきます。

用語	問題文
ハイブリッドクラウド	自社専用に使用するクラウドサービスと、汎用のクラウドサービスとの間でデータ及びアプリケーションソフトウェアの連携や相互運用が可能となる環境を提供すること。
ダイバーシティマネジメント	性別や年齢、国籍などの面で従業員の多様性を尊重することによって、組織の活力を向上させることである。

情報システム戦略

情報システムを用いて業務を効率化するときは、IT投資の効果や運用費用なども考慮しながら戦略を立てる必要があります。システム目標を明確化する手法として、よく出題されるのがエンタープライズアーキテクチャです。また、調達の流れに登場するRFIやRFPは、まぎらわしい用語として要注意です。

全社的な観点で戦略を決める

経営戦略に基づいた情報システム戦略でなければならない

CIO (Chief Information Officer：最高情報責任者) を中心に、経営戦略に基づいて、全社的な観点で業務を効率化する情報システムの戦略を策定し、経営陣の承認を得ます。　←よく考えて決めること

情報システム戦略の策定にあたっては、

・業務環境の調査分析 (業界や競合他社の動向、法律など)
・現在の業務や情報システムの調査分析 (現行システムの問題点や最新技術)

などを行い、基本戦略を策定します。その後、費用対効果などを検討し、情報システム戦略を策定します。

こんな問題が出る！

CIOの役割

CIOの説明はどれか。
←CEO (Chief Executive Officer)：最高経営責任者

ア　経営戦略の立案及び業務執行を統括する最高責任者

イ　資金調達、財務報告などの財務面での戦略策定及び執行を統括する最高責任者　←CFO (Chief Financial Officer)：最高財務責任者

ウ　自社の技術戦略や研究開発計画の立案及び執行を統括する最高責任者　←CTO (Chief Technology Officer)：最高技術責任者

エ　情報管理、情報システムに関する戦略立案及び執行を統括する最高責任者

解答　エ

EAは、業務・システム最適化計画

出題されるのはテクノロジアーキテクチャ

エンタープライズ・アーキテクチャ (EA: Enterprise Architecture) とは、「組織全体の業務とシステムを統一的な手法でモデル化し、業務とシステムを同時に改善することを目的とした、組織の設計・管理手法」(経済産業省) です。

EAは、業務・システム最適化計画とも呼ばれます。IT投資の効率化や顧客重視の目的を達成するために、全体を最適化するという観点で業務やシステムを改善する仕組みです。

実際には、各業務と情報システムを、次の問題の図のように、「政策・業務体系」、「データ体系」、「適用処理体系」、「技術体系」で体系化したものです。

エンタープライズアーキテクチャ

エンタープライズアーキテクチャに関する図中の ［ a ］ に当てはまるものはどれか。ここで、□□□ の部分は表示していない。

※注 ここでは色文字で補足

ビジネス アーキテクチャ	政策・業務体系 …業務機能の構成
データ アーキテクチャ	データ体系 …業務機能に使われる情報の構成
アプリケーション アーキテクチャ	運用処理体系 …業務機能と情報の流れをまとめた サービスの固まりの構成
a アーキテクチャ	技術体系 …各サービスを実現するための 技術 の構成

テクノロジアーキテクチャでは、技術的なネットワーク構成図、ソフトウェア構成図などが作られる

ア　アプリケーション

イ　データ

ウ　テクノロジ

エ　コンピュータ

解答　ウ

情報システムの開発とベンダ選定

まずRFIやRFPの意味を知る

業務の情報化を行うために、情報システムを開発し運用する際には、ベンダに開発や運用を依頼します。まず、情報システムの目的や業務内容などを示したRFI (Request For Information) をベンダに示し、情報の提供を依頼します。
～　情報

RFIは、RFPを作るための資料になります。

一方、システムの概要や予算などの調達条件を示したRFP (Request For Proposal) を作り、各ベンダに対して、情報システムの提案を求めます。
～　提案

調査	情報システムの計画	→	RFI：情報提供依頼書
調達	提案依頼書の作成	→	RFP：提案依頼書 ←～ 欲しい情報システムの概要
	ベンダの選定	←～ ベンダからの提案書を検討し、ベンダを決める
	ベンダとの契約	SLA：サービスレベル合意書

ベンダの選定

こんな問題が出る！

RFIに回答した各ベンダに対してRFPを提示した。今後のベンダ選定に当たって、公正に手続を進めるためにあらかじめ実施しておくことはどれか。

ア　RFIの回答内容の評価が高いベンダに対して、選定から外れたときに備えて、再提案できる救済措置を講じておく。

イ　現行のシステムを熟知したベンダに対して、RFPの要求事項とは別に、そのベンダを選定しやすいように評価を高くしておく。

ウ　提案の評価基準や要求事項の適合度への重み付けをするルールを設けるなど、選定の手順を確立しておく。

エ　ベンダ選定後、迅速に契約締結をするために、RFPを提示した全ベンダに内示書を発行して、契約書や作業範囲記述書の作成を依頼しておく。

解説

説明なしにRFIやRFPが略語で使われますが、この問題は、一番公正なものを常識で選べば解けます。

× ア：特定のベンダに救済措置を講じるのは公正ではありません。

- × イ：特定のベンダの評価を高くしておくのは公正ではありません。
- ○ ウ：通常、このような方法で、ベンダが選定されます。
- × エ：全ベンダなので公平ともいえそうですが、全ベンダに内示書を発行すること自体がビジネスモラルに反し、公正な手続きではありません。

解答　ウ

用語メモ

RFI (Request For Information)	情報提供依頼書。調達に際し、必要となる情報や技術などをベンダに提供してもらうため、情報システムの目的やその内容について示す。
RFP (Request For Proposal)	提案依頼書。調達を予定しているシステムの範囲、その他の調達条件などを示して、提案書を求める。

企業の社会的な責任

情報システムの調達にも環境負荷の少ないものを

　企業は、人権や労働環境へ配慮することはもちろん、地域社会への貢献、地球環境へかける負荷を低減させるなどの社会的責任 (CSR：Corporate Social Responsibility) を果たしていく必要があります。

　グリーン購入などをCSR活動として、Webサイトなどで公表する企業が多くなりました。

グリーン調達 (グリーン購入)	環境に与える負荷が少ないものを優先して購入すること。 原材料だけでなく、製造過程も負荷が少ないもの
CSR調達	環境に与える負荷、人権への配慮などの調達基準を示し、調達先企業にもCSRを求めること。
グリーン購入法	国等による環境物品等の調達の推進等に関する法律。 公的機関が環境負荷の低い製品やサービスを調達する。
環境会計	環境保全活動に使った費用や効果を金額や物量などで定量的に測定して公開すること。 CO_2排出量を抑えたり、水の使用量を減らしたりなど
グリーンIT	環境に配慮したIT活用を行う考え方。 ①IT機器の環境負荷を削減すること。 ②IT活用により、業務などの環境負荷を削減すること。
環境ラベリング制度	環境負荷の少ない商品などをラベルで表示する制度。 エコマークや再生紙使用マーク

第10章 ストラテジ系・ストラテジ

ストラテジ

情報システムの運用と利用

企業が抱える経営上の問題点を解決するためのITサービスをソリューションビジネスと呼んでいます。その形態には、一括して請け負うものから一部分を提供するものまで数多くの形態があります。類似サービスや派生サービスの出現により、まぎらわしい用語が多く、試験でもよく出題されています。

情報システムの運用も重要

外部に委託するアウトソーシング

企業が情報システムを活用するためには、情報システムの開発だけでなく、ネットワークやサーバの運用・管理が重要になりました。

業務を外部に委託することをアウトソーシングといいます。情報システムにおいては、汎用大型コンピュータのメーカが、情報システムの開発から運用業務までを一括して請け負うアウトソーシング事業が広く行われていました。

その後、顧客企業の問題解決のために、各メーカの製品を組み合わせて、最適な情報システムを企画し、設計、構築、導入、運用、保守までの業務を一貫して請け負うシステムインテグレーション事業に発展しました。事業者をシステムインテグレータ (SI:Systems Integrator) といいます。試験では、SI事業者という用語が用いられたこともあります。

少し話題がそれますが、業務プロセス全体を委託するのがBPOです。下記のような先頭にBがつく3文字略語は混同しやすいので注意が必要です。

用語メモ

BPO (Business Process Outsourcing)	社内の特定の部門の業務プロセス全体を、一括して外部に委託すること。
BPM (Business Process Management)	日々の業務プロセスを継続して改善・発展させることを目指す管理活動。
BPR (Business Process Re-engineering)	企業の業務プロセスを抜本的に見直して、全社的に統合化したものに再設計することで、競争力のある企業にする企業改革。

自社のサーバを使うのがハウジングサービス

情報システムを活用するために、常に最新の技術に対応し、セキュリティ管理をすることは負担になります。そこで、専門知識をもつサービス事業者にサーバの設置や運用・管理を依頼することが多くなりました。

自社で購入したサーバを運用してもらうハウジングサービスとサーバを貸してもらうホスティングサービスがあります。

ハウジングサービス	ホスティングサービス
・顧客が用意したサーバを、サービス事業者の管理する施設内に設置するサービス。 ・自前のサーバなので、OSやソフトウェアを顧客が自由に選択できる利点があり、拡張性や柔軟性が高い。	・サービス事業者の所有するサーバを、顧客に貸し出すサービス。 ・サーバ1台利用できる専用サーバや複数の顧客で共同利用する共有サーバがある。OSやソフトウェアなどを自由に選択しにくい。
顧客の依頼によりサービス事業者がサーバの運用管理を行うこともある。	サーバの運用管理やネットワークの監視は、サービス事業者が行う。

こんな問題が出る！

ホスティングサービス

ホスティングサービスの特徴はどれか。

ア　運用管理面では、サーバの稼働監視、インシデント対応などを全て利用者が担う。　　　　サービス事業者が行う

イ　サービス事業者が用意したサーバの利用権を利用者に貸し出す。

ウ　サービス事業者の高性能なサーバを利用者が専有するような使い方には対応しない。　　　　専用サーバもある

エ　サービス事業者の施設に利用者が独自のサーバを持ち込み、サーバの選定や組合せは自由に行う。　　　　ハウジングサービス

解説　サーバを設置する家を貸すのがハウジング、ホスト (高性能サーバ) を貸すのがホスティングと覚えておきましょう。

解答　イ

次ページのクラウド形態のサービスが増えているから、併せて違いを整理しておくといいよ！

クラウドコンピューティングへ

似たようなもが次々に登場している

SOA (Service-Oriented Architecture) は、サービス指向アーキテクチャと呼ばれ、用意された機能の中から顧客が必要な機能だけを選択してシステムを構成するものです。

SOA の実現例として、ASP (Application Service Provider) やSaaS (Software as a Service) があります。ASPは、通常、顧客ごとに1台のサーバとソフトウェアを用意するため高価でした。そこで、複数の顧客が1つのサーバやソフトウェアを共同で利用するマルチテナント方式を売りとして、SaaSが登場しました。PaaS (Platform as a Service) やDaaS (Desktop as a Service) など類似サービスも多く、キーワードで覚えておくとよいでしょう。

用語	出題された説明文とキーワード（下線）
SOA	・再利用可能なサービスとしてソフトウェアコンポーネントを構築し、そのサービスを活用することで高い生産性を実現するアーキテクチャ。
ASP	・サーバ上のアプリケーションソフトウェアを、インターネット経由でユーザーに提供する事業者、またはそのサービス形態。
SaaS	・利用者が、インターネットを経由してサービスプロバイダ側のシステムに接続し、サービスプロバイダが提供するアプリケーションの必要な機能だけを必要なときにオンラインで利用するもの。 ・ソフトウェアの機能を複数の企業にインターネット経由でサービスとして提供し、使用料を課金する。　マルチテナント方式
PaaS	・プラットフォームの管理やOSのアップデートは、サービスを提供するプロバイダが行うので、導入や運用の負担を軽減することができる。

ネットによるアプリケーション機能の提供

インターネット経由でアプリケーション機能を提供するもので、一つのシステムを複数の企業で利用するマルチテナント方式が特徴であるサービスはどれか。

ア　ISP (Internet Service Provider)

イ　SaaS (Software as a Service)

ウ　ハウジングサービス

エ　ホスティングサービス

解答　イ

必要なITサービスをいつでも利用できるクラウドサービス

クラウドサービスは、自社で情報システムを所有することなく、ネットワークを利用して、その時々に最適なITサービスを利用できる仕組みです。クラウドとは、ネットワークをイメージした雲（cloud）のことです。ネットワーク上に用意された複数のサーバを、顧客は特に意識することなく利用できます。負荷に応じてサーバを増やすことができるため、スケーラビリティ（拡張性）やアベイラビリティ（可用性）の高いサービスを受けることができます。

用語メモ

●スケーラビリティ（scalability）
　情報システムが、利用者の増加や処理件数の増加に応じて、システムの性能や機能を適応させられる拡張性の度合いのこと。

こんな問題が出る！

クラウドサービス

社内業務システムをクラウドサービスへ移行することによって得られるメリットはどれか。

　　　　　Platform as a Service　OS+ミドルウェアを提供
ア　PaaSを利用すると、プラットフォームの管理やOSのアップデートは、サービスを提供するプロバイダが行うので、導入や運用の負担を軽減することができる。

　　　　　自社運用
イ　オンプレミスで運用していた社内固有の機能を有する社内業務システムをSaaSで提供されるシステムへ移行する場合、社内固有の機能の移行も容易である。　　　　　　　　　　　　　　　難しい

ウ　社内業務システムの開発や評価で一時的に使う場合、SaaSを利用することによって自由度の高い開発環境が整えられる。
　　　　　　　システム開発環境は用意されない

　　ハードウェアを提供　Infrastructure as a Service
エ　非常に高い可用性が求められる社内業務システムをIaaSに移行する場合、いずれのプロバイダも高可用性を保証しているので移行が容易である。
どのプロバイダも保証しているわけではなく、保証されても移行は大変

解答　ア

自社の分析と競争戦略

競争戦略では、自社の製品やサービスの分析に加えて、他社との比較や位置づけの把握が必要になります。分析を行ったり、戦略を練ったりする手法がいくつかあるので特徴を整理をしておきましょう。試験では、PPMやSWOT分析、バランススコアカード、また競争地位戦略などがよく出題されています。

プロダクトライフサイクルの4つの期間

導入期、成長期、成熟期、衰退期に分けられる

製品を市場に投入すると、少しずつ売れ（導入期）、急激に売れ（成長期）、安定した売上を維持し（成熟期）、その後、売れなくなります（衰退期）。

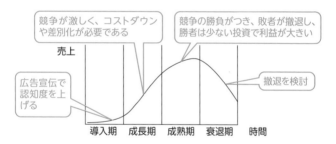

競争が激しく、コストダウンや差別化が必要である

競争の勝負がつき、敗者が撤退し、勝者は少ない投資で利益が大きい

広告宣伝で認知度を上げる

撤退を検討

売上

導入期　成長期　成熟期　衰退期　時間

こんな問題が出る！

プロダクトライフサイクル

プロダクトライフサイクルに関する記述のうち、最も適切なものはどれか。

　　　　　　　　　　　↩ 資金の増減　　　　　↩ マイナス

ア　導入期では、キャッシュフローはプラスになる。

イ　成長期では、製品の特性を改良し、他社との差別化を図る戦略をとる。

ウ　成熟期では、他社からのマーケット参入が相次ぎ、競争が激しくなる。
　　　　　　　　　↩ 成長期の説明

エ　衰退期では、成長性を高めるための広告宣伝費の増大が必要である。
　　　　　　　　↩ 導入期の説明

解答　イ

4つに分けて分析する手法

競争に勝ち残ると、金のなる木が育つ 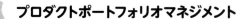 よく出ている

　　プロダクトポートフォリオマネジメント（PPM）は、X軸に<u>市場占有率</u>、Y軸に<u>市場成長率</u>をとり、4つの領域に分けます。製品の売上高を円の大きさで表し、市場において、その製品がどのような位置にあるのかを分析し、今後の戦略を立てます。通常、右上が「花形」製品ですが、次の問題のように領域を分けている場合もあるので、注意してください。

こんな問題が出る！

プロダクトポートフォリオマネジメント

　　プロダクトポートフォリオマネジメント（PPM）マトリックスの a、b に入れる語句の適切な組合せはどれか。

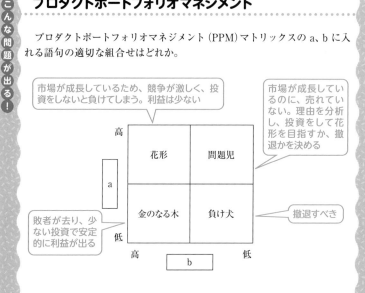

	a	b
ア	売上高利益率	市場占有率
イ	市場成長率	売上高利益率
ウ	市場成長率	市場占有率
エ	市場占有率	市場成長率

花形はどちらも高く、負け犬はどちらも低い
市場成長率は鈍化して低いのに、市場占有率が高い「金のなる木」から判断する

解答　ウ

強みと弱み、機会と脅威で分析するSWOT分析

SWOT分析は、自社の内部要因を、強み（Strength）と弱み（Weakness）、外部要因を、機会（Opportunity）と脅威（Threat）に分けて分析します。内部要因は、自社だけで決まる要因で、人材、設備、資金力、技術力、営業力などです。外部要因は、規制緩和、経済政策、技術の進歩、顧客の嗜好の変化、競合他社の動向などです。

		内部要因	
		強み (S)	弱み (W)
外部要因	機会 (O)	自社の強みと機会を最大限に生かす積極戦略。	自社の弱みを克服して、機会を生かす差別化戦略。
	脅威 (T)	自社の強みや他社との提携などで脅威を乗り切る戦略。	脅威があり、自社に弱みがあるので、撤退を検討する。

企業を財務だけで評価すると、財務は過去の業績なので、将来が読めないことがあります。バランススコアカードは、財務、顧客、内部業務プロセス、学習と成長の4つの視点で企業をとらえ、経営戦略を立て実行し評価します。

過去のこと　　　　　　　　　　　　　　将来のこと

財務	学習と成長
収益を上げ企業価値を上げる	人材を育成し、改善・変革する
業務の遂行能力を上げる	顧客満足度を向上させる
内部業務プロセス	**顧客**

内部のこと　　　　　　　　　　　　　　外部のこと

こんな問題が出る！

バランススコアカード

バランススコアカードの学習と成長の視点における戦略目標と業績評価指標の例はどれか。

ア　持続的成長が目標であるので、受注残を指標とする。
　　　　　　　　　　　　　　　　　← 財務

イ　主要顧客との継続的な関係構築が目標であるので、クレーム件数を指標とする。
　　　　　　　　　　　　　　　　　　　　　← 顧客

ウ　製品開発力の向上が目標であるので、製品開発領域の研修受講時間を指標とする。
　　　　　　　　　　　　　　　　　　　学習と成長 ↙
　　内部業務プロセス ↘

エ　製品の納期遵守が目標であるので、製造期間短縮日数を指標とする。

解答　ウ

隙間を狙うニッチ戦略、柳の下を狙うフォロワ戦略

競争地位戦略は、企業の競争上の地位を市場シェアで4つに分類し、地位に応じた戦略をとるためのものです。

地位	説明
リーダ	シェアトップの企業。需要を拡大させる戦略をとる。全ての顧客を対象にする全方位戦略。幅広い商品を揃えるフルライン戦略。
チャレンジャ	トップシェアを目指す企業。リーダの弱点をついて魅力ある商品を作る差別化戦略。
フォロワ 模倣者	トップシェアは目指さず、売れている商品を真似て低価格で投入し、柳の下を狙う模倣戦略。
ニッチャ	競合する相手がいない特殊な隙間市場に特化・専門化し地位を築く企業。市場の隙間を独占して高利益率を目指す集中戦略。

ニッチャの企業をニッチ企業、戦略をニッチ戦略と呼びます。試験では、ニッチャとフォロワがよく出題されますが、次のようにリーダ戦略が問われることもあります。

こんな問題が出る！ リーダ戦略

企業の競争戦略におけるリーダ戦略はどれか。

ア　市場シェアを奪うことを目標に、製品、サービス、販売促進、流通チャネルなどのあらゆる面での差別化戦略を取る。　←チャレンジャ

イ　潜在的な需要がありながら、他の企業が参入してこないような専門特化した市場に、限られた経営資源を集中する。　　ニッチャ

ウ　目標とする企業の戦略を観察し、迅速に模倣することによって、開発や広告のコストを抑制し、市場での存続を図る。　フォロワ

エ　利潤、好評判の維持・向上と最適市場シェアの確保を目標として、市場内の全ての顧客をターゲットにした全方位戦略を取る。　リーダ

解答　エ

第10章　ストラテジ系・ストラテジ

04 ビジネス戦略と業務システム

さまざまな局面や業務形態において利用するシステムは、イチから開発するのではなく、高品質、高機能な多くのパッケージソフトウェアを利用することが多くなっています。試験では、3文字英略語のシステム名がよく問われます。覚えにくいときは、略さない英単語の意味を知っておくと印象に残ります。

ビジネスで使われるIT技術

紛らわしい英略語のシステム名は英文で覚える

情報システム戦略やビジネス戦略で利用されるシステムには、数多くの種類があります。なかでもERPは、製造管理や在庫管理、会計管理などを行っている各部門の情報を統合管理し、効率的な経営を目指します。ただし、ERP用のパッケージソフトウェアそのものを指すこともあります。

次に挙げた英略語のシステムは、多くの場合パッケージソフトウェアが提供されています。

英略語	英文		訳語と出題文
ERP	Enterprise Resource Planning	企業 資源 計画	企業資源計画 企業全体の経営資源を有効かつ総合的に計画・管理し、経営の効率化を図るための手法である。 業務プロセスをERPに合わせる必要があり、経営者が強い意思で実行しないと失敗しやすい
MRP	Materials Requirements Planning	資材 所要 計画	資材所要量計画 製品の需要を予想し、製造に必要な資材がいつどれだけ必要になるかを割り出す。また、調達期間（リードタイム）を考慮して計画的に資材を発注し、適切な生産ができるように指示する。 発注量の算出を誤りやすい場合に効果的
SCM	Supply Chain Management	供給 連鎖 管理	供給連鎖管理 購買、生産、在庫、販売及び物流を結ぶ一連の業務を統合的な視点から見直し、納期短縮や在庫削減を図る。 供給連鎖（サプライ・チェーン）という

CRM	Customer Relationship Management	顧客 関係 管理	顧客関係管理 例えば、営業部門や保守部門など 多様なチャネルを通して集められた顧客情報を 一元化することで、顧客との関係を密接にして いく。 顧客満足度が向上し、顧客の囲い込みができる
KMS	Knowledge Management System	知識 管理 システム	知識管理システム：ナレッジマネジメント 個人がもっている経験、ノウハウなどの知的資 産を共有して、創造的な仕事につなげていく。
HRM	Human Resources Management	人的 資源 管理	人的資源管理 社員のスキルや行動特性を管理し、人事戦略の 視点から人員配置、評価制度などを適切に実現 する。
RSS	Retail Support System	小売 支援 システム	小売支援システム 小売店の経営活動を支援するためのシステム。 小売店の売上と利益を伸ばすことによって、卸 売業・メーカが自社との取引拡大につなげる。

CRM

こんな問題が出る！

CRMを説明したものはどれか。

ア 卸売業者・メーカが、小売店の経営活動を支援してその売上と利益 を伸ばすことによって、自社との取引拡大につなげる方法である。 RS（リテールサポート）RSを行うためのシステムがRSS

イ 企業全体の経営資源を有効かつ総合的に計画して管理し、経営の 高効率化を図るための手法である。 ERP

ウ 企業内のすべての顧客チャネルで情報を共有し、サービスのレベル を引き上げて顧客満足度を高め、顧客ロイヤリティの最適化に結び 付ける考え方である。 CRMのキーワード

エ 生産、在庫、購買、販売、物流などのすべての情報をリアルタイムに 交換することによって、サプライチェーン全体の効率を大幅に向上 させる経営手法である。 SCM

解答 ウ

CRM の "C" が "Customer" ということを覚えておくだけで、正解を見つけることができるよ！

第10章 ストラテジ系・ストラテジ

営業や販売にもコンピュータが使われる

コンビニなどでは、商品を購入した時点で、何時何分に30代の男性が買ったというような情報が収集されます。POSはもはや常識の範ちゅうで、POSの意味を問う問題はあまり出題されなくなりました。文章の中で当然知っている用語として使われます。

英略語	英文		訳語と出題文
SFA	Sales Force Automation	営業 力 自動化	営業支援 ITを活用して営業部門の業務支援を行い、効率のよい営業活動をするとともに、顧客満足度の向上によって売上の増加を目指す。
POS	Point Of Sales System	時点 販売 システム	販売時点管理システム 店舗で商品を販売した時点で販売情報を記録し、商品売上情報を単品ごとに収集、蓄積、分析するシステム。 ←☞ バーコードを利用
EDI	Electronic Data Interchange	電子 データ 交換	電子データ交換 電子商取引に使用される、企業間でデータ交換を行う仕組み。←☞ 業界ごとに標準規格がある
EC	Electronic Commerce	電子 商取引	電子商取引 消費者向けや企業間の商取引を、インターネットなどの電子的なネットワークを活用して行うことである。

SFA

こんな問題が出る！

SFAに関する説明として、適切なものはどれか。

ア　営業活動にITを活用して営業効率と品質を高め、売上・利益の増加や、顧客満足度の向上を目指す方法である。

イ　企業全体の経営資源を有効に総合的に計画、管理し、経営の効率を良くするための手法・概念である。←☞ ERP

ウ　小売店の売上と利益を伸ばすことによって、卸売業・メーカが自社との取引拡大につなげるための小売店の経営活動を支援するシステムである。←☞ RSS

エ　消費者向けや企業間の商取引を、インターネットなどの電子的なネットワークを活用して行うことである。←☞ EC

解答　ア

家電や節電でもITが活躍している

通信回線を使って、電気使用量を収集する

　一昔前は、電力会社の検針員が各家庭の電力メーターを見て、電気使用量を調べていました。現在では、通信回線で電気使用量を電力会社に送るスマートメーターの導入が進んでいます（電力会社で普及率に違いがあります）。

 解いて覚える頻出用語　IT 機器の関連用語

　次の用語と関連の深い用語を選べ。

(1) あらかじめ定められた順序または条件に従って、制御の各段階を逐次進めていく制御方法である。

(2) 外乱による影響を検知してから修正動作を行う。制御量を常に検出して制御に反映しているので、予測できないような外乱に強い制御方法である。

(3) 自動検針によって、検針作業の効率を向上させる。
　　　—電気使用量の検針

(4) 複数の家電製品をネットワークでつなぎ、電力の可視化及び電力消費の最適制御を行うシステム。

　　ア　フィードバック制御

　　イ　シーケンス制御　　←シーケンスとくれば"順序よく"

　　ウ　スマートメーター　←電力会社が取り付けるもの

　　エ　HEMS　　　　　　←Home Energy Management System

 　問題文にある「外乱」とは、制御を乱すシステム外からの作用のことです。例えば、エアコンは設定温度になるように制御していますが、外気温や直射日光などによる室温の変化が外乱になります。シーケンス制御では外乱に対応できませんが、フィードバック制御なら、外乱が発生した場合、修正動作を行って制御に反映できます。
　HEMSは太陽光パネル、家電、スマートメーターなどをネットワークでつなぎ、消費電力を見える化し、節電を促す管理システムです。

第10章 ストラテジ系 ＊ ストラテジ

　　　　解答　(1)イ　(2)ア　(3)ウ　(4)エ

311

組織形態と経営

組織形態は、企業活動のテーマの1つです。出題頻度は多くはありませんが、なぜかマトリックス組織が出題されます。また、経営戦略に関する用語もよく出題されています。規模の経済性（スケールメリット）やシナジー効果（相乗効果）などは、意味をよく理解しておけば、応用問題にも対応できるでしょう。

企業の組織形態

経営戦略に基づいて最適な組織を編成する

小さな企業では、製造から営業、経理までを1人で行うこともあります。しかし、ある程度の規模になると、製造や営業などのように利益を得るための実務を担当するライン部門とラインを支援する経理や総務などのスタッフ部門に分かれています。スタッフ部門は、ライン部門への指揮命令権はありません。

多くの企業が、業務ごとに部や課で分けて階層化する職能部門別組織を採用しています。

職能部門別組織 ファンクショナル型組織	・経理部や人事部、設計部、営業部などの職能別に部門を分けて編成した組織。 ・部長、課長、主任といった階層型で、命令系統は単純である。 　社員には必ず1人の直接的な上司がいる
マトリックス組織	・職能部門別組織と事業部制組織の利点を取り入れた組織。 ・1人の社員が職能部門と事業部門の両方に所属する。 　　　　　　　　上司が複数いる ・職能部門と事業部門の調整が容易にできるが、命令系統が複数あり、社員の管理が難しい。
事業部制組織	・製品や地域などで、事業部を設けた組織。 ・事業部ごとに、スタッフ部門をもち職能部門別組織を構成する。 ・顧客ニーズや環境変化に独自の判断で柔軟に対応できる。 ・事業部間の連携が難しく、調整が難航することもある。

過去の試験で出た"プロジェクト組織"は、「戦略的目標を達成するために、必要な専門家を各部門から集めて編成する」という形態だよ！

各組織形態には長所や短所がある

職能部門別組織では、会社の規模が大きくなるほど、スタッフ部門などの固定費の比率が減ります。また、部品や原料などの大量購入が可能になり、調達コストが下がります。その結果、1つの商品のコストが安くなります。これを規模の経済性 (スケールメリット) といいます。少品種大量生産では、非常に効率がよい組織形態です。

管理者が直接監督できる部下の人数をスパン・オブ・コントロール (直接監督の範囲) といいます。

社員数が多いのにスパン・オブ・コントロールが少ないと、階層の深いピラミッド型の組織になり、命令伝達などに時間がかかり、効率のよい組織運営がしにくくなります。

社員数が数万人の大企業では、製品分野や市場などで事業部に分けた事業部制組織が用いられます。事業部単位で見ると、ラインやスタッフなどの職能組織をもち、1つの独立した企業のように活動します。大きな権限を事業部に与える代わりに、独立採算制をとり、利益責任を明確にすることで効率のよい経営を行おうとするものです。

職能組織に属しながら、プロジェクトチームに参加したり、製品別のグループに所属したりする形態をマトリックス組織といいます。組織が活性化できる半面、それぞれに上司がいて、指揮命令系統が複雑になる欠点もあります。

マトリックス組織

こんな問題が出る！

マトリックス組織を説明したものはどれか

事業部制組織 ⤸

ア　業務遂行に必要な機能と利益責任を、製品別、顧客別または地域別にもつことによって、自己完結的な経営活動が展開できる組織である。

イ　構成員が、自己の専門とする職能部門と特定の事業を遂行する部門の両方に所属する組織である。　← マトリックス組織

ウ　購買・生産・販売・財務など、仕事の専門性によって機能分化された部門をもつ組織である。　職能部門別組織 ⤸

プロジェクト組織 ⤸

エ　特定の課題の下に各部門から専門家を集めて編成し、期間と目標を定めて活動する一時的かつ柔軟な組織である。

解答　イ

組織に関連した用語をまとめておきます。M&Aやアライアンスは、過去に出題されています。

社内ベンチャ組織	リスクのある新規部門に参入する際に、既存の組織の枠を離れて事業に取り組むこと。 利益責任と権限のある事業部や子会社などを作る
カンパニー制組織	1つの企業内に、事業分野ごとに独立性の高いカンパニーを設けて、複数のカンパニーの集合体で企業を構成したもの。カンパニーは、事業部よりも多くの権限をもち、独立性が高いが、子会社ほどではない。 純粋持ち株会社で、子会社を支配する形へ移行
純粋持ち株会社	自らは事業を行わず、経営権を握り支配する目的で子会社の株式を保有する会社。傘下のグループ全体の経営戦略に専念することができ、新規事業にも進出しやすい。
M&A	企業の合併 (merger) と買収 (acquisition) のこと。
アライアンス alliance	企業同士の業務提携。例えば、技術や販売など自社の弱点に強みをもつ企業と業務提携する。

よく出る経営関係用語

組織形態とは関係ありませんが、次のような用語が、よく出題されています。

コアコンピタンス core competence	他社よりも圧倒的に優れた、企業の中核となる技術やサービスなどの能力。
ベストプラクティス	目標を達成するための最高の実践方法。
ベンチマーキング	ベストプラクティスを求めるために、基準 (ベンチマーク) を定めて、競合他社と比較し、製品やサービス、業務の実践方法を測定すること。
コスト・リーダーシップ戦略	大量生産、大量仕入れなどで、業界内の価格決定権をもち、コスト競争で勝ち残る戦略。
シナジー効果 相乗効果	複数のものを組み合わせることで、単独で行うよりも大きな効果が得られること。 M&Aやアライアンスも、シナジー効果を狙ったもの

どの用語も出やすいので、まとめて覚えておきたいね

スケールメリットとシナジー効果

あるメーカがビールと清涼飲料水を生産する場合、表に示すように6種類のケース（A～F）によって異なるコストが掛かる。このメーカの両製品の生産活動におけるスケールメリットとシナジー効果についての記述のうち、適切なものはどれか。

ケース	ビール（万本）	清涼飲料水（万本）	コスト（万円）	
A	20	0	1,500	
B	40	0	3,300	← Aの2倍は3,000
C	0	10	500	
D	0	20	1,100	← Cの2倍は1,000
E	20	10	1,900	← 1,500＋500＝2,000
F	40	20	4,200	← 3,300＋1,100＝4,400

ア　スケールメリットはあるが、シナジー効果はない。

イ　スケールメリットはないが、シナジー効果はある。

ウ　スケールメリットとシナジー効果がともにある。

エ　スケールメリットとシナジー効果がともにない。

解説

①スケールメリットの確認

スケールメリットは、ここでは大量生産でコストが下がることです。

ケースAが20万本で1,500万円なので、生産量を2倍にしたケースBは3,000万円未満でなければスケールメリットがありません。3,300万円なので、スケールメリットがあるとしたアとウが消えます。

②シナジー効果の確認

シナジー効果は、1＋1が2以上の効果を生むことですが、ここでは、同時に生産したらコストが下がることです。

ケースEは、ケースA＋ケースCで、単独に生産したら1,500＋500＝2,000万円です。ところが、1,900万円なのでコストが下がっています。したがって、シナジー効果があると判断できます。

解答　イ

ネットビジネス

インターネットを利用したビジネスやサービスについては、テーマ "e-ビジネス" として出題されます。ロングテールやCGMなど、ネットを利用していれば目にしたことのある用語は多いものの、なんとなく知っていても、詳しく問われると迷ってしまう用語も。この際、しっかりと意味を知っておくといいですよ。

ネットを利用した商取引

toの左側が製品やサービスを提供する

現在、単にネットといえば、一般にインターネットを指します。Webサイトやブログを検索して情報を閲覧したり、電子メールを使ったり、動画を閲覧したり、ネットを利用することが当たり前になりました。

ネットを利用して販売から決済までを行う電子商取引のことをEコマース（EC: Electronic Commerce）といいます。

B to B (Business to Business)	企業同士の取引
B to C (Business to Consumer)	企業と消費者の取引 ⇐ ネットショップ
C to C (Consumer to Consumer)	消費者同士の取引 ⇐ オークション
G to B (Government to Business)	政府（自治体）と企業の取引 ⇐ 電子入札
G to C (Government to Consumer)	政府（自治体）と国民（市民）のやりとり

電子自治体

電子自治体において、G to B に該当するものはどれか。

ア　自治体内で電子決裁や電子公文書管理を行う。　⇐ 該当なし

イ　自治体の利用する物品や資材の電子調達、電子入札を行う。
　　　　　　　　　　　　　　　　　　　　　　　⇐ G to B

ウ　住民基本台帳ネットワークによって、自治体間で住民票データを送受信する。　⇐ G to G (Government to Government)

エ　住民票や戸籍謄本、婚姻届、パスポートなどを電子申請する。
　　　　　　　　　　　　　　　　　　　　　　　⇐ G to C

解答　イ

アフィリエイトなども既に出題されている

　ネットビジネスには、O to O (Online to Offline) という言葉もあります。スマホなどでネットショップを利用している顧客を実店舗に誘導したり、逆に実店舗の顧客をネットショップに誘導して、購入につなげる仕組みがO to Oです。例えば、Webサイトに実店舗で使用できるクーポンを置いたり、実店舗を訪問した客に、ネットで会員登録するとポイントをサービスする案内を行います。

　自社のWebサイトへ顧客を誘導するには、検索サイトで上位に表示されることが重要になります。そのようなWebサイト作成技術をSEO (Search Engine Optimization) といいます。

　また、実店舗では商品棚に制限があるため、あまり売れない商品をたくさん並べるわけにはいきません。ところが、ネットショップは、多数の商品を並べることが可能です。

　販売数量の少ない多数の商品が、ネットショップ全体の売上に貢献していることを、長いしっぽに見立ててロングテールといいます。

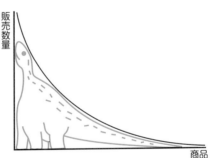

　ネットビジネス関連用語をまとめておきます。

バーチャルモール	インターネットなどを利用した仮想商店街。
eマーケットプレイス	ネット上で、売手と買手が直接取引を行うことができる電子市場。　中間業者がいない
アフィリエイト	Webサイトなどに広告を貼ったり商品を紹介したりして、企業サイトに誘導することで、誘導実績に応じた成功報酬を企業がWebサイトの主催者に支払う広告形態。
逆オークション	ネット上に買いたい品物と価格などの条件を示し、複数の売り手がよりよい条件で競い合う取引形態。
ドロップシッピング	在庫を一切もたず販売だけを行うネットショップの運営形態。　商品は、卸元などが直接顧客に発送
オプトインメール	あらかじめ受信者の許可を得て、広告などを電子メールで送る方式。

個人が情報を発信できる

ネットを使って情報を発信すると、多数の利用者に届き、情報をやりとりすることができる掲示板やブログなどを**ソーシャルメディア**といいます。会員登録して交流できるソーシャルメディアサービスを**SNS** (Social Networking Service) と呼びます。　←Instagram、Twitterなどが有名

よく試験に出る**CGM** (Consumer Generated Media) は、「消費者生成メディア」のことで、個人が作成した文章や写真、映像などを投稿して配信するブログやSNS、動画配信サイト、口コミサイトなどのことです。

個人の情報発信は、良いことばかりではありません。真実性や公平性の怪しい記事も投稿でき、著作権の侵害やプライバシーの侵害などが発生しています。

ネットを使えない情報弱者も生まれている

ネットが生活に大きくかかわってくると、情報にアクセスできず不利益をこうむる**情報弱者**と呼ばれる人たちへの配慮も必要です。**デジタルディバイド**は、PCやネットに関する知識や利用できる環境があるかどうかによって、経済的不平等が生じることです。

デジタルディバイド

デジタルディバイドを説明したものはどれか。

ア　PCや通信などを利用する能力や機会の違いによって、経済的、または社会的な格差が生じること

イ　インターネットなどを活用することによって、住民が直接、政府や自治体の政策に参画できること　パブリック・インボルブメント

ウ　国民の誰もが、地域の格差なく、妥当な料金で平等に利用できる通信及び放送サービスのこと　ユニバーサルサービス

エ　市民生活のイベントまたは企業活動の分野ごとに、すべてのサービスを1か所で提供すること　ワンストップサービス

解説

パブリック・インボルブメント (Public Involvement) は、市民参画、住民参画という意味です。

解答　ア

問1 ソーシャルメディアをビジネスにおいて活用している事例はどれか。

ア 営業部門が発行部数の多い雑誌に商品記事を頻繁に掲載し、商品の認知度の向上を目指す。

イ 企業が自社製品の使用状況などの意見を共有する場をインターネット上に設けて、製品の改善につなげる。

ウ 企業が市場の変化に合わせた経営戦略をビジネス専門誌に掲載し、企業の信頼度向上を目指す。

エ 企業の研究者が、国内では販売されていない最新の専門誌をネット通販で入手して、研究開発の推進につなげる。

問2 インターネットオークションなどで利用されるエスクローサービスの取引モデルの⑤に当てはまる行為はどれか。ここで、①〜⑥は取引の順序を示し、③〜⑥はア〜エのいずれかに対応する。

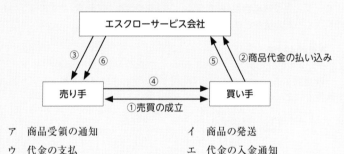

ア 商品受領の通知　　　　　イ 商品の発送

ウ 代金の支払　　　　　　　エ 代金の入金通知

●**問1の解説** …… ネットを使っているものを探す

イ以外は、雑誌、専門誌などの紙媒体だから誤りです。ソーシャルメディアの意見などをビジネスに活用している企業は多いです。

●**問2の解説** …… 第三社のサービス会社が届いたのを確認してから支払う

売買の際に、代金を第3者のサービス会社に預託し、⑤商品受領の通知を受けてから、⑥代金の支払いが行われます。

解答　問1 イ　問2 ア

第10章
ストラテジ系・ストラテジ

在庫管理と発注方式

在庫管理は、オペレーションズリサーチの手法の1つで、やや複雑な計算で発注量を求めます。ただ、試験では関連するABC分析とパレート図がよく出題されます。パレート図は、品質管理を行うQC七つ道具に含まれるもので、ABC分析はそれを応用したものです。用語だけでなく、使い方も理解しておきましょう。

3つのグループに分けるABC分析

売上の多い商品を重点管理したほうが効率がいい

ABC分析は、在庫管理や販売管理などで、重点的に管理する商品や項目などを分析する手法です。例えば、商品を売上金額の大きな順に並べ、累積金額の割合で上位からA、B、Cの3つのグループに分けます。例えば在庫管理では、Aグループを重点的に管理し、Cグループはやや大まかに管理、Bグループはその中間といった方法をとります。

こんな問題が出る！

ABC分析

取扱商品をABC分析した場合、Aグループの管理対象となる商品の商品番号はどれか。　　　売上高の多い、重点管理の対象品目

商品番号	年間販売数	単価	年間売上高	
1	110	2	220	
2	60	40	2,400	←○←年間1位
3	10	4	40	
4	130	1	130	
5	50	12	600	←○←年間2位
6	1	25	25	
7	10	2	20	
8	150	2	300	
9	20	2	40	
10	50	1	50	
合計	591		3,825	

どの選択肢も2つの商品番号しかないので、年間売上高の1位と2位を選べばよい

ア　1と2　　　　イ　2と5　　　　ウ　2と6　　　　エ　4と8

曲線の形を覚えておきたいパレート図

年間売上高は、通常百万円などの大きな単位ですが、この説明では円を用います。

この問題は、選択肢のいずれも2つの商品しかないことから、結果として重点管理する商品を2つ選ぶ問題になっています。年間売上高の多い商品を2つ探すだけです。商品番号2番の2,400円が1位、商品番号5番の600円が2位です。

さて、本試験ではこのように要領よく解くべきですが、ABC分析は、いろいろな角度から理解しているかを試す問題が出ます。

ABC分析を行う場合、この例では年間売上高の多い順に並べ替え、商品番号ごとに年間売上高を棒グラフで示します。次に、年間売上高の累積和を示す折れ線グラフを重ねて示します。このような図をパレート図といいます。

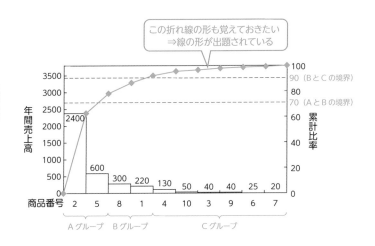

累積比率の何％をAグループにするかは、分析対象のものや目的などによって変わります。試験で何％か指定がないときは、Aグループ（70％以上）、Bグループ（90％以上）、Cグループ（残り）と考えてください。

この例では、累積比率の折れ線が70％を超えた商品番号5番までがAグループ、次の商品番号8番から90％を超えた1番までがBグループ、残りがCグループです。ABC分析を行うと、商品番号2番と5番の商品を重点管理するだけで、売上高の70％以上を厳密に管理できることがわかります。

解答　イ

第10章 ストラテジ系・ストラテジ

重要なものだけ厳密な発注方式にする

ABC分析の各グループと発注方式を対応付けよう

ABC分析に基づく在庫を管理では、厳密な管理が必要なAグループは定期発注方式、BとCグループは手間のかからない定量発注方式を用います。

グループ	発注方式	説明
A	定期発注方式	発注間隔を決めて定期的に必要な量を発注
B	定量発注方式	在庫が発注点まで減ったとき一定量を発注
C	定量発注方式	1つの棚の在庫がなくなったら一定量を発注

発注から納入までには日数がかかるため、Bグループの定量発注方式では、在庫量がこの量まで減ったら発注するという発注点を定めます。

在庫がなくならないように維持する在庫量を安全在庫量といいます。発注点は、調達期間を考慮して、ここで発注しないと安全在庫量を下回ってしまう可能性がある在庫量と考えます。

在庫切れは困りますが、在庫を持ちすぎると、負担が大きくなります。発注するときには、これ以上は無駄という在庫の上限である最大在庫量を上回らないようにします。

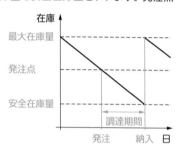

ABC分析と発注方式

ABC分析に基づく在庫管理に関する記述のうち、適切なものはどれか。

ア　A、B、Cの各グループ共に、あらかじめ統計的・確率的視点からみた発注点を決めておくほうがよい。　各グループで発注方法が変わる

イ　Aグループは、少数の品目でありながら在庫金額が大きいので、重点的にきめ細かく品目別管理をするほうがよい。

ウ　Bグループは品目数が多いわりに在庫金額が小さいので、できるだけおおざっぱな管理がよい。　Cグループほどではなく、おおざっぱすぎもダメ

エ　Cグループは、定期的に必要量と在庫量を検討し、発注量を決める方式がよい。　手間をかけるのは無駄

解答　イ

確認のための実戦問題

問1 発注方式に関する記述のうち、適切なものはどれか。

ア 単価が高く、調達期間が長い商品は、定期発注方式より定量発注方式の方が適している。

イ 定期発注方式は、多くの商品を同時に発注でき、在庫量の減少を図ることもできる。

ウ 定量発注方式では、毎回需要予測を行って発注量を決める。

エ 二棚法を用いて発注を行うと、発注事務作業が容易にでき、需要の変化に的確に対応できる。

問2 あるコンピュータセンタでは、定期発注方式によって納期3か月の用紙を毎月月初めに購入している。次の条件のとき、今月の発注量は何千枚か。

		単位 千枚
当月初在庫量	180	
月間平均使用量	60	
発注残	50	
安全在庫量	30	

ア 10　　　　イ 40　　　　ウ 90　　　　エ 180

●**問1の解説** …… 厳密に管理→「定期発注方式」の連想で解く

× ア：このような商品は、需要予測を行う定期発注方式が適します。

○ イ：在庫を厳密に管理するので、在庫量を減らすことができます。

× ウ：定量発注方式は、一定量を発注します。

× エ：二棚法は2つの棚に在庫を置き、1つの棚の在庫がなくなると一定量を発注します。発注事務は容易ですが、需要の変化には対応しづらいです。

●**問2の解説** …… 4か月後に何枚必要かを考えて解く

納期が3か月なので、3か月後にX千枚納品され、4か月後に安全在庫量の30千枚が残っている必要があります。発注残は、3か月後の納品とします。

在庫	1か月後	2か月後	3か月後	4か月後
	180−60（使用）	120−60（使用）	60−60（使用）+50（発注残）	50−60（使用）+ X（発注）
180	120	60	50	30（安全）

つまり、50−60+X=30を解き、X=40

図やグラフの使い方

> 図やグラフは、QC七つ道具に含まれるものが中心に出題されています。散布図は、正の相関か負の相関かを問うものが過去に繰り返し出題されています。また、特性要因図や管理図、前節で取り上げたパレート図なども出題実績があります。1次式を使った計算問題は、過去問を使って慣れておきましょう。

2つの項目の相関関係がわかる散布図

右上がりなら正の相関、右下がりなら負の相関

散布図は、相関関係があると予想できる2つの項目を横軸と縦軸にとり、データの点を打った図です。点が項目Aが増えると項目Bも増える右上がりに分布しているものを正の相関、項目Aが増えると項目Bが減る右下がりに分布しているものを負の相関、そのような特徴のないものを無相関といいます。

こんな問題が出る！

散布図と相関

散布図のうち、"負の相関"を示すものはどれか。

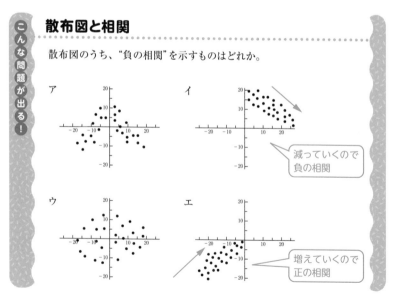

減っていくので
負の相関

増えていくので
正の相関

解答　イ

確認のための実戦問題

問 図は、製品の製造上のある要因の値xと品質特性の値yとの関係をプロットしたものである。この図から読み取れることはどれか。

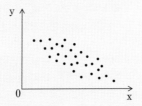

ア　xからyを推定するためには、2次回帰係数の計算が必要である。

イ　xからyを推定するための回帰式は、yからxを推定する回帰式と同じである。

ウ　xとyの相関係数は正である。

エ　xとyの相関係数は負である。

●問の解説 …… 右下がりは負の相関だから、と考えて解く

　選択肢のウとエが反対の内容ですが、このような場合には、どちらかが正解のことが多いです。右下がりは負の相関なのでエを選べばいいでしょう。

　さて、データのX値とY値の関係を分析して、XとYの関係式を作って予測などに用いる統計的な手法を回帰分析といいます。1つのXからYを推定できる場合、最小二乗法という手法で、各点からの距離が最小となる直線の式を作ります。このy＝ax＋bを回帰直線といいます。

　傾きのaを求めるときに、相関係数というものを計算します。複雑な計算なので、具体的に計算問題が出ることはありません。が、相関係数という用語とその意味を知っておく必要があります。

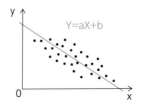

　XとYの関係の強さを相関係数といい、−1から1までの範囲をとります。

　相関係数が負の場合は負の相関、0の場合は無相関、正の場合は正の相関を表します。

また、−1か1に近いほど相関関係が強く、点は回帰直線の近くにあります。逆に0に近いと相関関係が弱く、回帰直線から離れた点が多数あります。

第10章
ストラテジ系 ● ストラテジ

解答　エ

解いて覚える頻出用語　図やグラフの特徴

　次の説明文と関連の深い用語を選べ。

(1) 原因と結果の関連を魚の骨のような形状として体系的にまとめ、結果に対してどのような原因が関連しているかを明確にする。

(2) 時系列的に発生するデータのばらつきを折れ線グラフで表し、管理限界線を利用して客観的に管理する。

(3) 収集したデータを幾つかの区間に分類し、各区間に属するデータの個数を棒グラフとして描き、品質のばらつきをとらえる。

(4) データを幾つかの項目に分類し、横軸方向に大きさの順に棒グラフとして並べ、累積和を折れ線グラフで描き、問題点を整理する。

(5) 複数の項目に対応する放射状の各軸上に、基準値に対する度合いをプロットし、各点を結んで全体のバランスを比較する。

ア　レーダーチャート

イ　特性要因図　　　　　←☜ 頻出する選択肢

ウ　管理図

エ　ヒストグラム

オ　パレート図

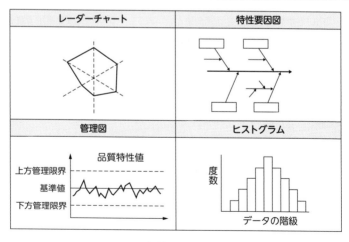

解答　(1)イ　(2)ウ　(3)エ　(4)オ　(5)ア

1次式による需要予測

直線の式は、Y＝aX＋b

直線は、傾きaと切片bで表すことができます。

需要予測

ある製品の設定価格と期待需要の関係が **1次式で表せる**とき、aに入る
適切な数値はどれか。　　　　　　　　　　～～ Y＝aX＋b の形

(1)　設定価格を3,000円にすると、需要は0になる。

(2)　設定価格を1,000円にすると、需要は60,000個になる。

(3)　設定価格を1,500円にすると、需要は ☐a☐ 個になる。

ア　30,000　　　　　イ　35,000　　　　　ウ　40,000　　　　　エ　45,000

解説

1次式はグラフを書いて解くのが速い

問題の条件に2点があるので、直線が決まります。

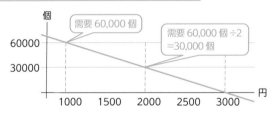

設定価格1,000円と3,000円の中間の2,000円のときは、30,000個。
1,500円は、1,000円と2,000円の中間なので、
　　(60,000＋30,000)÷2＝45,000円

もちろん、次の方程式を解いて求めることもできます。
　　0＝3,000a＋b
　　60,000＝1,000a＋b
これを解くと、次の式になります。
　　Y＝−30X＋90,000
設定価格1,500を代入します。
　　Y＝−30×1,500＋90,000＝45,000

第10章
ストラテジ系・ストラテジ

解答　エ

09

財務諸表と利益の計算

企業の財政状態を報告することを決算と呼び、決算に必要な書類を財務諸表といいます。この中で代表的な書類が貸借対照表（B/S：Balance sheet）と損益計算書（P/L：Profit and Loss Statement）です。単に用語を問うだけでなく、損益計算書から読み取る利益の計算なども出題されることがあります。

財務諸表の目的は？

企業の財政状態を明らかにする貸借対照表

株式会社は株主から資本を集め、利益を得る目的で活動しています。企業の業績は毎年示す必要があり、複式簿記を用いて会計期間の損益と財務状況を計算します。このとき必要な報告書として代表的なものが次の2つです。

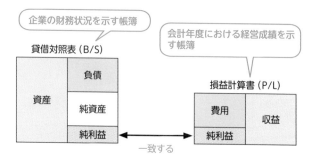

資産は、企業が所有する経済的な資源です。代表的なものだけを次に示します。

流動資産	当座資産	現金、預金、受取手形、売掛金など。
	棚卸資産	商品、製品、原材料、半製品など。 販売目的で持っている。いわゆる在庫
固定資産	有形固定資産	土地、建物、設備機械など。
	無形固定資産	借地権、特許権、商標権など。 目に見えない権利と覚えよう

流動資産は、1年以内に換金できるものです。当座資産や棚卸資産が代表ですが、他にもあります。固定資産は、長期間保有するものです。

負債は、将来に支払い義務のある債務です。

| 流動負債 | 支払手形、買掛金、短期の借入金など。　短期で支払うもの |
| 固定負債 | 社債、長期借入金など。　1年を超えてから支払うもの |

　純資産は、資産から負債を引いた正味の資産です。株主から集めた株主資本である資本金などを指します。

　収益は、営業活動の結果としての商品の売り上げや営業以外で得られる利息など、企業に入る経済的な価値です。

| 営業収益 | 本業の営業活動から得られた商品やサービスの売上高など。 |
| 営業外収益 | 営業活動以外から得られた受取利息や受取配当金など。 |

　費用は、商品の仕入れや従業員の給料など、企業から出て行った経済的な価値です。

売上原価	商品の仕入原価、製品の原材料費など
一般管理費	営業活動に必要な人件費、家賃、広告費、光熱費など。
営業外費用	営業活動以外の費用。支払利息など。

　これらの全てを暗記する必要はありませんが、どのようなものか、一度目を通しておくといいでしょう。

こんな問題が出る！

財務諸表

　財務諸表のうち、一定時点における企業の資産、負債及び純資産を表示し、企業の財政状態を明らかにするものはどれか。

> この用語もよく出題される

ア　株主資本等変動計算書　　イ　キャッシュフロー計算書
ウ　損益計算書　　　　　　　エ　貸借対照表

解説

キャッシュフローは現金の流出入

　企業の財政状況を示すのは、エの貸借対照表です。さて、イのキャッシュフロー計算書に注目してください。

　キャッシュフロー (cash flow) というのは、現金の流れ、現金の出入りのことです。企業会計では、会計期間内の現金や預金、有価証券などの流入と流出のことです。イのキャッシュフロー計算書は、会計期間内のキャッシュフローを、営業、投資、財務に分けて計算した書類です。

　アの株主資本等変動計算書は、すぐには出題されないと予想していますが、貸借対照表の純資産の変動状況を示す書類です。

解答　エ

利益の計算式

企業の本来の営業活動で得たのが営業利益

営業活動によって売上があり、会計期間の売上高が得られます。売上高から売上原価を引いたものが売上総利益です。各利益は、次のように求めます。

売上高		

①売上総利益＝売上高−売上原価

売上総利益		売上原価

②営業利益＝売上総利益−販売費及び一般管理費

営業利益 （マイナスのときは、営業損失）	販売費及び一般管理費

③経常利益＝営業利益±営業外損益
　　　　＝営業利益＋（営業外収益−営業外費用）

経常利益	営業外損益	
	収益	費用

受取利子など

④税引前純利益＝経常利益±特別損益
　　　　　　＝経常利益＋（特別収益−特別損失）

税引前純利益	特別損益	
	収益	損失

⑤純利益＝税引前純利益−税金

純利益	税金

売上がすべて利益になるわけじゃないってこと。いろいろなものが引かれていくのがよくわかるね

営業損益

こんな問題が出る！

営業損益の計算式はどれか。

プラスのとき営業利益、マイナスのとき営業損失になる
→営業利益の計算式を探せばよい

ア　売上高−売上原価　←　売上総利益

イ　売上高−売上原価−販売費及び一般管理費　←　営業利益

ウ　売上高−売上原価−販売費及び一般管理費＋営業外損益
　　　　　　　　　　　　　　　　　　←　経常利益

エ　売上高−売上原価−販売費及び一般管理費＋営業外損益＋特別損益
　　　　　　　　　　　　　　　　　　　　←　税引前純利益

解答　イ

解いて覚える頻出用語　**会計の関連用語**

次の説明文と関連の深い用語を選べ。

(1)　製造原価、営業費を基準にし、希望マージンを織り込んで価格を決める。
　　　　　価格＝直接費＋間接費＋マージン

(2)　自己資本に対する利益の比率である。株主持分に対する収益力の指標
　　　であり、株主持分の運用効率を示し、配当能力の目安にもなる。

(3)　総資産に対する利益の比率である。企業の経営活動に投下された資本
　　　の運用効率を示す。

(4)　投下資本に対する利益の比率である。企業全体、個別投資プロジェクト、
　　　事業部などの投資効率を判断するための指標となる。

(5)　法律の定めはなく、部門、製品、地域別などの予算統制、利益管理、業
　　　績評価など、経営判断のための会計である。

(6)　製品１単位当たりの達成すべき原価を設定し、それを基準に計算した
　　　結果と実際原価との原価差異を分析する。

ア　コストプラス法　　←"コストプラス価格決定法"でも出題された

イ　ROE (Return On Equity)　　←自己資本利益率

ウ　ROA (Return On Assets)　　←総資産利益率

エ　ROI (Return On Investment)　　←投下資本利益率

オ　標準原価計算

カ　管理会計

　ROE、ROA、ROIの中で出題可能性が最も高いのは、ROEです。紛らわしい
ので、区別するために、ROAやROIも示しています。

$$ROE＝\frac{利益}{自己資本}×100\%$$

　標準原価計算は、事前に見積もった原価と、実際にかかった原価との差（原
価差異）がなぜ出たのかを分析し、実際原価を下げることができないかを検討し
ます。

　法律に則って、業績を報告するために財務諸表を作るのが財務会計です。こ
れに対して、経営陣が意思決定に利用するための会計が管理会計です。

解答　(1) ア　(2) イ　(3) ウ　(4) エ　(5) カ　(6) オ

損益分岐点と会計

企業会計に関連した計算問題としてよく出題されるのが、損益分岐点と棚卸資産の評価です。損益分岐点は、計算に加えて図の読み取りや要素の名称が問われます。また棚卸資産の評価は、先入先出法や総平均法などの違いを理解し、計算問題として出されても対応できるように練習しておきましょう。

損得ゼロの損益分岐点

1個も売れなくても、家賃は払わなければならない

　企業には、商品が売れようが売れまいが、毎月一定額の費用がかかる給料や家賃などがあり、これを固定費といいます。また、商品の仕入額など、売上に応じて増えていく費用があり、これを変動費といいます。固定費と変動費を加えたものが、総費用です。次の図を見てください。

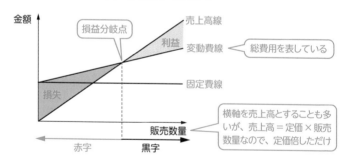

　固定費線は、売上に係わらず一定です。変動費線は、売上が増えると比例して増えます。この図は、固定費の上から変動費線を入れているので、変動費線は総費用線でもあります。売上高と総費用が一致する点を損益分岐点といいます。損益分岐点を超えて、売上が増えれば黒字になります。

　損益分岐点は、ここでの損益分岐点販売数量を指すこともありますが、試験では損益分岐点の売上高である損益分岐点売上高を指すことが多いです。

　損益分岐点の図は、ぜひ3本の線をフリーハンドで書けるようにしておいてください。この図を書くことができれば解ける正誤問題が多く出ています。さらに、次の式まで覚えておくと、損益分岐点の問題はほぼ正解できます。

時短で覚えるなら、コレ!

損益分岐点

売上高と総費用が一致する点で、利益も損失も0

$$損益分岐点売上高 = \frac{固定費}{1-変動費率} = \frac{固定費}{1-\dfrac{変動費}{売上高}}$$

← 変動費率

左ページの図を見ながら次のように理解してもよいでしょう。

売上高線：y＝1個の売上×N
変動費線：y＝1個の変動費×N＋固定費

← 1個の売上とは定価のこと　Nは販売数量

売上高線と変動費線の交点が損益分岐点なので、

1個の定価×N＝1個の変動費×N＋固定費

$$N = \frac{固定費}{1個の売上-1個の変動費}$$

損益分岐点の売上高は、1個の売上にNを掛けたものです。

$$損益分岐点売上高 = \frac{1個の売上×固定費}{1個の売上-1個の変動費} = \frac{固定費}{1-\dfrac{1個の変動費}{1個の売上}}$$

分母と分子を1個の売上で割る

損益分岐点

損益分岐点の図と売上高を求める式を書き出して考えよう

損益分岐点の特性を説明したものはどれか。

ア　固定費が変わらないとき、変動費率が低くなると損益分岐点は高くなる。　← 分母が大きくなる

イ　固定費が変わらないとき、変動費率の変化と損益分岐点の変化は正比例する。　← 分母が変わるので正比例ではない

ウ　損益分岐点での売上高は、固定費と変動費の和に等しい。　← 図から明らか

エ　変動費率が変わらないとき、固定費が小さくなると損益分岐点は高くなる。　← 分子が小さくなる

解答　ウ

在庫として持っているのが棚卸資産

先に仕入れたものから先に出荷する先入先出法

商店は、商品を仕入れて、店頭に並べ、販売します。工場は、原材料を仕入れ、製品を作り、販売します。いずれ売り上げになる在庫を棚卸資産と呼びます。

仕入れ値は、同じ商品でも時期によって変化します。そこで、次のような方法で在庫の商品の原価（仕入れ値）を決めて、棚卸資産の総額を計算します。

先入先出法	先に仕入れた商品から先に出荷したものとして計算する。
総平均法	期末の時点で、仕入れ総額を総個数で割って、原価を計算する。
移動平均法	仕入れのたびに、仕入れ値を平均して、平均原価を計算する。 平均原価＝（仕入高＋残高）÷（仕入数量＋残高数量）

計算方法によって、棚卸資産の評価額が変わってきます。

こんな問題が出る！

先入先出法による在庫の評価

商品Aの当月分の全ての受払いを表に記載した。商品Aを先入先出法で評価した場合、当月末の在庫の評価額は何円か。

日付	摘要	受払個数 受入	受払個数 払出	単価（円）
1	前月繰越	10		100
4	仕入	40		120
5	売上		30	
7	仕入	30		130
10	仕入	10		110
30	売上		30	

←ここから10個払出

←ここから10個払出
在庫　20個×130円
在庫　10個×110円

ア　3,300　　　　イ　3,600　　　　ウ　3,660　　　　エ　3,700

受入と払出の差を求め、残りの在庫数を日付の新しい順から計算

期末時点での受入と払出の差は30個です。先入先出法では、在庫が古いものから払い出されていくので、日付の新しい在庫が残っています。

在庫残：日付：10日　10個×110円＝1100円

日付：　7日　20個×130円＝2600円　　合計3700円

解答　エ

確認のための実戦問題

問1　単位当たりの変動費を500円、固定費を36万円で製造する製品を、単位当たり800円で販売したい。利益を300万円確保するために必要な販売数はいくつか。

　　ア　4,950　　　　イ　10,000　　　　ウ　10,450　　　　エ　11,200

問2　損益計算資料から求められる損益分岐点売上高は、何百万円か。

[損益計算資料]　単位 百万円

売上高	500
材料費（変動費）	200
外注費（変動費）	100
製造固定費	100
総利益	100
販売固定費	80
利益	20

　　ア　225　　　　イ　300　　　　ウ　450　　　　エ　480

●問1の解説 …… 利益の式を作って解く

損益分岐点の図で、損益分岐点を超えると利益が出ました。つまり、利益は、次の式で求めることができます。

　利益＝売上高−固定費−変動費

販売数をNとすると、売上高は800×N、変動費は500×Nです。

　3,000,000＝800×N−360,000−500×N

　300×N＝2,640,000

　N＝11,200

●問2の解説 …… 損益分岐点の公式で解く

固定費は製造固定費と販売固定費の合計、変動費は材料費と外注費の合計です。

分子と分母に500を掛ける

$$損益分岐点売上高 = \frac{固定費}{1-\dfrac{変動費}{売上高}} = \frac{100+80}{1-\dfrac{200+100}{500}} = \frac{180 \times 500}{500-300} = 90 \times 5 = 450$$

解答　問1 エ　問2 ウ

産業財産権と著作権

産業財産権の出題は、4つの権利について問われることが多いので、しっかり押さえておきましょう。また著作権の出題では、「アルゴリズムやプログラム言語規約などが保護されないこと」、「社員として開発した著作物は会社に権利があること」などがよく問われます。過去問でポイントを掴んでおきましょう。

特許庁が所管する産業財産権

発明は特許、工夫は新案、形は意匠、ブランドは商標

次の特許権、実用新案権、意匠権、商標権の4つを産業財産権（工業所有権）といいます。特許庁に出願し審査を受けて登録されると、定められた期間、独占的に使用できる権利を得られます。特許権は、ネットワーク上で配布されるソフトウェア単体でも、高度な発明があれば保護の対象になります。また、ビジネス方式についても、ビジネスモデル特許として保護の対象になる場合があります。

用語メモ

特許権	発明を保護。⇐ 発明とは、自然法則を利用した技術的な創作のなかで高度なもの
実用新案権	物品の形状、構造、その組合せに係る考案を保護。⇐ 特許権ほど高度でなくてもよい　例）洗濯機の糸くず取り
意匠権	物品の形やデザインを保護。
商標権	商品やサービスのブランド名や名称、マークなどを保護。

こんな問題が出る！

産業財産権

日本において、産業財産権と総称される4つの権利はどれか。

ア　意匠権、実用新案権、商標権、特許権 ⇐ 過去に繰り返し出題されている

イ　意匠権、実用新案権、著作権、特許権

ウ　意匠権、商標権、著作権、特許権

エ　実用新案権、商標権、著作権、特許権

著作権は産業財産権ではない

解答　ア

創作した時点で権利が発生する著作権

著作者人格権は譲渡できない

著作権は、文芸や美術、音楽などの著作物を保護します。プログラムの表現形式やデータを独自に体系化したデータベースなども保護されます。ただし、アイデアやアルゴリズムは保護されません。産業財産権のように出願する必要はなく、創作した時点で著作権を得られます。ただし、プログラムは、外から見てわかりづらいため、創作から6か月以内に登録することができます。

 時短で覚えるなら、コレ！

著作者人格権　　　　←☞ 他人に譲渡できない
　　著作物に氏名を表示し公表する権利

著作財産権（著作権）　　←☞ 譲渡可
　　著作物の出版や上映など財産に係わる権利

こんな問題が出る！

著作権

　A社は顧客管理システムの開発を、情報システム子会社であるB社に委託し、B社は要件定義を行った上で、設計・プログラミング・テストまでを協力会社であるC社に委託した。C社では優秀なD社員にその作業を担当させた。このとき、開発したプログラムの著作権はどこに帰属するか。ここで、関係者の間には、著作権の帰属に関する特段の取決めはないものとする。

　ア　A社　　　　　イ　B社　　　　　ウ　C社　　　　　エ　D社員

仕事で作成したプログラムの著作権は会社のもの

解説

　著作権は、契約による取り決めがないときは、創作した者が権利を有します。ただし、「法人等の発意に基づきその法人等の業務に従事する者が職務上作成するプログラムの著作物の著作者は、その作成の時における契約、勤務規則その他に別段の定めがない限り、その法人等とする」とあり、給料をもらって作ったプログラムは、会社のものになります。

　ソフトウェアについては、①利用するための必要な改変や複製は許される、②コピープロテクトを回避するプログラムは著作権の侵害になる、という2点が重要です。

第10章 ストラテジ系 → ストラテジ

解答　**ウ**

SNS時代の著作権

写真をネットにアップする人が多いですが、このときに問題になるのが、ポスターなど他人の著作物が背景に写ってしまう「写り込み」です。平成24年に著作権が改正され、写真やビデオ映像に偶然に写り込んで分離できない著作物や偶然に録音されたBGMなどの著作物は、そのままネットで公開することができるようになりました。

オープンソースソフトウェア

プログラムの改変、再配布を認めたOSS

市販のソフトウェアを購入しても、著作財産権を購入したわけではありません。通常、ソフトウェアの使用開始時に使用許諾契約（ライセンス契約）に同意する必要があり、その範囲内で利用する権利を購入しただけです。

オープンソースソフトウェア（OSS：Open Source Software）は、無料で使用できるだけでなく、ソースプログラムを公開し、自由な改変や再配布を認めています。例えば、OSSのソフトウェア統合開発環境として、Eclipseを選ぶ問題が数回出題されています。

オープンソースライセンス

オープンソースライセンスにおいて、"著作権を保持したまま、プログラムの複製や改変、再配布を制限せず、そのプログラムから派生した二次著作物（派生物）には、オリジナルと同じ配布条件を適用する"とした考え方はどれか。

　　　　　　　　University of California, Berkeley で策定
　　　　　　　（カリフォルニア大学バークレー校）

ア　BSDライセンス　　　　　　イ　コピーライト
ウ　コピーレフト　　　　　　　エ　デュアルライセンス
　　　　　　　　　　　　　　　　　2種類のライセンス

解説　コピーレフトは、改変可能とするためソースコードの公開が原則

著作権のコピーライト(copyright) をもじり、右の反対でコピーレフト(copyleft)という問題文のような考え方があります。改変を行えるようにソースコードの公開が原則です。選択肢のBSDライセンスは、自由に複製・改変・配布を許しますが、コピーレフトではないので、ソースコードを公開せずに配布できます。

解答　ウ

確認のための実戦問題

問1 包括的な特許クロスライセンスの説明として、適切なものはどれか。

ア インターネットなどでソースコードを無償公開し、誰でもソフトウェアの改良及び再配布が行えるようにすること。

イ 技術分野や製品分野を特定し、その分野の特許権の使用を相互に許諾すること。

ウ 自社の特許権が侵害されるのを防ぐために、相手の製造をやめさせる権利を行使すること。

エ 特許登録に必要な費用を互いに分担する取決めのこと。

問2 著作権法において、保護の対象とならないものはどれか。

ア インターネットで公開されたフリーソフトウェア

イ ソフトウェアの操作マニュアル

ウ データベース

エ プログラム言語や規約

●**問1の解説** …… 特許のライセンス(使用許諾)に関するものを選ぶ

　クロスライセンス (Cross License) は、特許をもつ企業同士が、自らもつ特許を使用することを互いに許諾することです。

　アはOSS、ウは差止請求権、エは特許共同出願契約です。

●**問2の解説** …… 保護の対象になるものを消していく

× ア：迷ったかもしれません。しかし、フリーソフトウェアのライセンスには、「著作権は放棄しません」と書かれたものがほとんどです。

× イ：操作マニュアルは文書ですから著作権で保護されます。

× ウ：データベースも保護されます。

○ エ：著作権法に「著作物に対するこの法律による保護は、その著作物を作成するために用いるプログラム言語、規約及び解法に及ばない」と明記されています。試験でよく狙われます。

解答 問1 イ　　問2 エ

情報処理に関連する法律

情報処理に関わる法律は意外に多いものです。試験の定番は、請負と派遣の違いを問う問題。また個人情報保護法については「個人情報とは何か」というところから問われることもあります。その他の法律は、出題頻度が低いので概要を知っておく程度で正解できますが、法改正による変更もあるので更新が必須です。

個人情報保護法

個人情報保護法の対象は生存する個人

個人情報保護法は、個人情報を取り扱う全事業者の遵守すべき義務等を定めた法律です。

この法律の個人情報とは、生存する個人を特定し識別することができる情報です。例えば、氏名や生年月日などが書かれた文書、免許証番号、個人の顔がわかる防犯カメラの映像、指紋などです。

こんな問題が出る！

個人情報保護法

個人情報保護委員会 "個人情報の保護に関する法律についてのガイドライン（通則編）平成28年11月（平成29年3月一部改正）" によれば、個人情報に該当しないものはどれか。

ア　受付に設置した監視カメラに録画された、本人が判別できる映像データ

イ　個人番号の記載がない、社員に交付する源泉徴収票

ウ　指紋認証のための指紋データのバックアップデータ

エ　匿名加工情報に加工された利用者アンケート情報

解説

匿名加工情報は本人の同意がいらない

ポイントカードの利用履歴などのビッグデータを、個人を特定できないようにしたものを匿名加工情報といいます。匿名加工情報は個人情報ではないので、本人の同意なしに活用したり、他社に提供したりすることができます。

解答　エ

労働者派遣と請負の違い

指揮命令関係と雇用関係を確認しよう

　ソフトウェア開発を請負契約で受注した場合は、請負業者は自社が雇用する
社員を指揮命令して、ソフトウェアを開発します。

　労働者派遣事業法で、労働者派遣とは、「自己の雇用する労働者を、当該雇
用関係の下に、かつ、他人の指揮命令を受けて、当該他人のために労働に従事
させることをいい、当該他人に対し当該労働者を当該他人に雇用させることを
約してするものを含まないものとする」と定義されています。

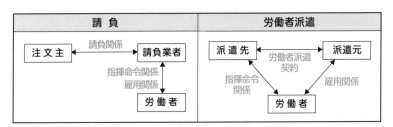

こんな問題が出る！

ソフト開発業務での請負と派遣

　図のような契約の下で、A社、B社、C社の開発要員がプロジェクトチー
ムを組んでソフト開発業務を実施するとき、適法な行為はどれか。

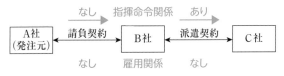

ア　A社の担当者がB社の要員に直接作業指示を行う。

イ　A社のリーダがプロジェクトチーム全員の作業指示を行う。

ウ　B社の担当者がC社の要員に業務の割り振りや作業スケジュールの
　　指示を行う。　B社の担当者は C社の要員に指揮命令できる

エ　B社の担当者が業務の進捗によってC社の要員の就業条件の調整を
　　行う。　　B社と C社の要員に雇用関係はない

解答　ウ

いろいろな法律の概要

法律問題で問われるところはだいたい決まっている

過去に出題されたことがある法律や選択肢に登場したことがある法律の概要をまとめておきます。色文字で示したところが試験で狙われやすいところです。

用語メモ

不正アクセス禁止法	ネットワークを利用して、情報システムへの不正アクセスや不正アクセス助長行為を禁止している。 ＜ふ 例えば他人のパスワードを公開
プロバイダ責任制限法	電子掲示板などに、プライバシ侵害や誹謗中傷などの書込みがあった場合のプロバイダや掲示板管理者の責任範囲を定めたもの。
電子署名法	電子署名や電子署名の認証業務などについて定めている。
e-文書法	各種法令で保存が義務付けられている文書を電子文書や画像ファイルで保存することを認めたもの。 ＜ふ 電子署名やタイムスタンプが必要な文書もある
IT基本法	高度情報通信ネットワーク社会を作るための基本方針や国などの責任などを定めている。
製造物責任法 (PL法)	＜ふ 小さな損害は対象外 製造物の欠陥などで人的被害や大損害を受けた場合の、製造業者の損害賠償責任を定めたもの。
公益通報者保護法	組織内部の部署や公的な機関、マスコミなどへの内部告発者を保護する。＜ふ 電子掲示板などでの告発は保護されない
特定商取引法	訪問販売や通信販売、電話勧誘販売などを規制し、クーリングオフなどのルールを定め、購入者を保護する。 ＜ふ 消費者による一定期間内の契約の解除
電子消費者契約法	＜ふ 注文内容を確認できないと無効 ネット取引の消費者の誤操作を救済する。 契約が成立するのは、事業者側の承諾通知が消費者に届いた時点。

試験では、あまり詳しい知識は問われないけど、時間があったら調べておくといいよ！

確認のための実戦問題

問1 準委任契約の説明はどれか。

ア　成果物の対価として報酬を得る契約

イ　成果物を完成させる義務を負う契約

ウ　善管注意義務を負って作業を受託する契約

エ　発注者の指揮命令下で作業を行う契約

問2 不正競争防止法において、営業秘密となる要件は、"秘密として管理されていること"、"事業活動に有用な技術上または経営上の情報であること"ともう一つはどれか。

ア　営業譲渡が可能なこと

イ　期間が10年を超えないこと

ウ　公然と知られていないこと

エ　特許出願をしていること

●問1の解説 —— 準委任契約には善管注意義務がある

請負契約は、請け負った業務を完成させ、不具合があれば修正を行います。これらの権利と責任は、取り交わした契約を基準に発生します。

準委任契約は、請負と同様に指揮命令権は委託された企業にありますが、完成責任や瑕疵担保責任はありません。その代わり、善良な管理者に期待される注意をしながら業務を行う善管注意義務があります。

アとイは請負契約です。エは発注者に指揮命令権があるので労働者派遣契約です。

●問2の解説 —— 公然と知られたものは秘密ではない

不正競争防止法は、事業者間の公正な競争を確保するために、不正競争を防止するためのものです。営業秘密の侵害の他に、類似商品の販売や原産地の偽装なども不正競争です。

営業秘密となる3つの要件があり、丸秘などのスタンプを押して"秘密として管理されていること"、"事業活動に有用な技術上または経営上の情報であること"、そして"公然と知られていないこと"です。

第10章
ストラテジ系 ＊ ストラテジ

解答　問1 ウ　問2 ウ

出典：基本情報技術者試験
科目A試験サンプル問題

解説動画
p.6

出題例 テレワークで活用するツール

目標解答時間 1分

問 テレワークで活用しているVDIに関する記述として、適切なものはどれか。

ア PC 環境を仮想化してサーバ上に置くことで、社外から端末の種類を選ばず自分のデスクトップPC 環境として利用できるシステム

イ インターネット上に仮想の専用線を設定し、特定の人だけが利用できる専用ネットワーク

ウ 紙で保管されている資料を、ネットワークを介して遠隔地からでも参照可能な電子書類に変換・保存することができるツール

エ 対面での会議開催が困難な場合に、ネットワークを介して対面と同じようなコミュニケーションができるツール

●解説 VDIは、システム構成の形態としても頭に入れておこう

用語メモ

VDI (Virtual Desktop Infrastructure) ；仮想デスクトップ基盤	PCの操作環境やソフトウェアの実行環境を仮想的にサーバ上に作り、端末側にはデスクトップ画面だけを転送する。

○ア：正しい。簡単にいえば、手元のPCがディスプレイとキーボード、マウスだけになって、メモリやCPUはサーバ側にあるイメージです。データがPC側には保存されないので、情報漏洩のリスクが低くなります。

×イ：インターネットVPNです。

×ウ：紙を読み込んでPDFや画像ファイルにするドキュメントスキャナー。PDF (Portable Document Format) は、OSや機種を問わず文書を閲覧できるようにして、文書を共有化するための文書フォーマットです。基本情報技術者試験の試験要綱や過去問題もPDFで提供されています。

×エ：新型コロナウイルス感染症がはやった頃、テレワークやオンライン授業に切り替える企業や学校がありました。Zoomなどのビデオ会議システムを使った経験がある人も多いでしょう。

【解答】 ア

技術開発戦略　　　　　　目標解答時間　2分

問　新しい事業に取り組む際の手法として、E.リースが提唱したリーンスタートアップの説明はどれか。

ア　国・地方公共団体など、公共機関の補助金・助成金の交付を前提とし、事前に詳細な事業計画を検討・立案したうえで、公共性のある事業を立ち上げる手法

イ　市場環境の変化によって競争力を喪失した事業分野に対して、経営資源を大規模に追加投入し、リニューアルすることによって、基幹事業として再出発を期す手法

ウ　持続可能な事業を迅速に構築し、展開するために、あらかじめ詳細に立案された事業計画を厳格に遂行して、成果の検証や計画の変更を最小限にとどめる手法

エ　実用最小限の製品・サービスを短期間で作り、構築・計測・学習というフィードバックループで改良や方向転換をして、継続的にイノベーションを行う手法

●**解説**　「リーン＝ぜい肉のない」から正解を導こう

　米実業家のE.リースが執筆した「The Lean Startup」という本で提唱したものです。試験対策としては、「ぜい肉のない (Lean)、起業 (Startup)の仕方」で顧客の意見を重視する、と覚えておけばいいでしょう。

用語メモ

リーンスタートアップ (Lean Startup)	少ない費用で最小限の機能の製品やサービスを作り、顧客の意見を聞きながら改善を繰り返し、競争力のある製品やサービスに育てていく手法。

×ア：事前に詳細な事業計画は作りません。

×イ：競争力を失った事業のリニューアル手法ではありませんし、経営資源を大規模に投入することはしません。少ない費用で始めます。

×ウ：あらかじめ詳細な事業計画を作ることはなく、顧客の意見を聞きながら変更していきます。

○エ：正しい。PDCAサイクル (p.234) に似ていますが、構築 (製品やサービスを作る) →計測 (顧客の意見を収集分析) →学習 (改善方法を検討) を繰り返します。

【解答】　エ

第10章 ストラテジ系・ストラテジ

出題例 減価償却費の計算 | 目標解答時間 3分

問 令和2年4月に30万円で購入したPCを3年後に1万円で売却するとき、固定資産売却損は何万円か。ここで、耐用年数は4年、減価償却は定額法、定額法の償却率は0.250、残存価額は0円とする。

ア 6.0　　　　イ 6.5　　　　ウ 7.0　　　　エ 7.5

●解説　式にあてはめて、3年分の減価償却費を計算しよう

　パソコンなどは、使用すると価値が下がっていきます。このような固定資産は、取得した年に全額を費用とするのではなく、物品ごとに定められた法定耐用年数の期間で、価値が下がった分を減価償却費として計上します。

🕐 **時短で覚えるなら、コレ！**

定額法の計算式
　　計算する際には、小数の掛け算より、耐用年数で割ったほうが楽なことが多い

　　減価償却費＝取得価額×定額法の償却率

　1年の減価償却費：30万円÷4年＝7.5万円

　1年で7.5万円の価値が減るので、3年では、3×7.5万円の価値が減り、7.5万円の価値しか残っていません。7.5万円の価値があるPCを1万円で売ったら、
　　7.5万円－1万円＝6.5万円　の売却損です。

【解答】 エ

出題例 目標利益達成に必要な売上高 | 目標解答時間 3分

問 売上高が100百万円のとき、変動費が60百万円、固定費が30百万円掛かる。変動費率、固定費は変わらないものとして、目標利益18百万円を達成するのに必要な売上高は何百万円か。

ア 108　　　　イ 120　　　　ウ 156　　　　エ 180

●解説　先の条件から変動費率を出し、後の計算式にあてはめる

　変動比率＝変動費÷売上高なので、60÷100＝3/5
　利益＝売上高－固定費－変動費なので、18＝売上高－30－(売上高×3/5)
　売上高×2/5＝18＋30　　売上高＝48×5/2＝120　　変動費
　　　　　　　　　　　　　　　　　　　　　　　　　　＝売上高×変動費率

【解答】 イ

重要用語チェックリスト

重要用語チェックリスト

重要用語チェックリスト

重要用語チェックリスト

重要用語チェックリスト

■著者略歴

福嶋 宏訓（ふくしま ひろくに）
情報処理試験対策分野での幅広い執筆活動を行っており、
専門学校の指導経験を活かした、独自の切り口によるわか
りやすい解説には定評がある。

●カバーデザイン　NONdesign　小島 トシノブ
●カバーイラスト　みずす
●本文デザイン・イラスト　渡辺 ひろし
●本文レイアウト　渡辺 ひろし、鈴木 ひろみ
●担当　熊谷 裕美子
●本文編集　イエローテールコンピュータ

[改訂3版]要点・用語早わかり
基本情報技術者　ポケット攻略本

| 2011年 | 3月25日 | 初 版 | 第1刷発行 |
| 2023年 | 8月17日 | 第3版 | 第1刷発行 |

著　者　福嶋宏訓
発行者　片岡巌
発行所　株式会社技術評論社
　　　　東京都新宿区市谷左内町21-13
　　　　電話　03-3513-6150　販売促進部
　　　　　　　03-3513-6166　書籍編集部
印刷／製本　昭和情報プロセス株式会社

定価はカバーに表示してあります。

ISBN978-4-297-13647-5　C3055
Printed in Japan

■お問い合わせについて

　本書に関するご質問は、FAXか書面でお願
いいたします。電話での直接のお問い合わせ
にはお答えできませんので、あらかじめご了承
ください。また、下記のWebサイトでも質問用
フォームを用意しておりますので、ご利用くだ
さい。

　ご質問の際には、書籍名と質問される該当
ページ、返信先を明記してください。メールを
お使いになられる方は、メールアドレスの併記
をお願いいたします。

　お送りいただいたご質問には、できる限り迅
速にお答えするよう努力しておりますが、場合
によってはお時間をいただくこともございま
す。なお、ご質問は、本書に記載されている
内容に関するもののみとさせていただきます。

◆お問い合わせ先
〒162-0846
東京都新宿区市谷左内町21-13
株式会社技術評論社　書籍編集部
「基本情報技術者 ポケット攻略本」係
Web：https://gihyo.jp/book
FAX：03-3513-6183

　ご質問の際に記載いただいた個人情報は質
問の返答以外の目的には使用いたしません。ま
た、質問の返答後は速やかに削除させていた
だきます。